U0390818

本书由
中央高校建设世界一流大学（学科）
和特色发展引导专项资金
资助

中南财经政法大学“双一流”建设文库

生｜态｜文｜明｜系｜列｜

生态城镇化长效机制研究

胡雪萍　著

中国财经出版传媒集团
经济科学出版社
Economic Science Press

图书在版编目（CIP）数据

生态城镇化长效机制研究/胡雪萍著．—北京：经济科学出版社，2019.12

（中南财经政法大学“双一流”建设文库）

ISBN 978 -7 -5218 -1117 -9

Ⅰ.①生… Ⅱ.①胡… Ⅲ.①生态城市 - 城市化 - 研究 - 中国 Ⅳ.①X321.2

中国版本图书馆 CIP 数据核字（2019）第 274317 号

责任编辑：白留杰　李晓杰
责任校对：靳玉环
责任印制：李　鹏

生态城镇化长效机制研究
胡雪萍　著
经济科学出版社出版、发行　新华书店经销
社址：北京市海淀区阜成路甲 28 号　邮编：100142
教材分社电话：010 -88191354　发行部电话：010 -88191522
网址：www.esp.com.cn
电子邮件：bailiujie518@126.com
天猫网店：经济科学出版社旗舰店
网址：http://jjkxcbs.tmall.com
北京密兴印刷有限公司印装
787×1092　16 开　19 印张　310000 字
2019 年 12 月第 1 版　2019 年 12 月第 1 次印刷
ISBN 978 -7 -5218 -1117 -9　定价：66.00 元

总 序

“中南财经政法大学‘双一流’建设文库”是中南财经政法大学组织出版的系列学术丛书，是学校“双一流”建设的特色项目和重要学术成果的展现。

中南财经政法大学源起于1948年以邓小平为第一书记的中共中央中原局在挺进中原、解放全中国的革命烽烟中创建的中原大学。1953年，以中原大学财经学院、政法学院为基础，荟萃中南地区多所高等院校的财经、政法系科与学术精英，成立中南财经学院和中南政法学院。之后学校历经湖北大学、湖北财经专科学校、湖北财经学院、复建中南政法学院、中南财经大学的发展时期。2000年5月26日，同根同源的中南财经大学与中南政法学院合并组建“中南财经政法大学”，成为一所财经、政法“强强联合”的人文社科类高校。2005年，学校入选国家“211工程”重点建设高校；2011年，学校入选国家“985工程优势学科创新平台”项目重点建设高校；2017年，学校入选世界一流大学和一流学科（简称“双一流”）建设高校。70年来，中南财经政法大学与新中国同呼吸、共命运，奋勇投身于中华民族从自强独立走向民主富强的复兴征程，参与缔造了新中国高等财经、政法教育从创立到繁荣的学科历史。

“板凳要坐十年冷，文章不写一句空”，作为一所传承红色基因的人文社科大学，中南财经政法大学将范文澜和潘梓年等前贤们坚守的马克思主义革命学风和严谨务实的学术品格内化为学术文化基因。学校继承优良学术传统，深入推进师德师风建设，改革完善人才引育机制，营造风清气正的学术氛围，为人才辈出提供良好的学术环境。入选“双一流”建设高校，是党和国家对学校70年办学历史、办学成就和办学特色的充分认可。“中南大”人不忘初心，牢记使命，以立德树人为根本，以“中国特色、世界一流”为核心，坚持内涵发展，“双一流”建设取得显著进步：学科体系不断健全，人才体系初步成型，师资队伍不断壮大，研究水平和创新能力不断提高，现代大学治理体系不断完善，国际交流合作优化升级，综合实力和核心竞争力显著提升，为在2048年建校百年时，实现主干学科跻身世界一流学科行列的发展愿景打下了坚实根基。

“当代中国正经历着我国历史上最为广泛而深刻的社会变革，也正在进行着人类历史上最为宏大而独特的实践创新”，“这是一个需要理论而且一定能够产生理论的时代，这是一个需要思想而且一定能够产生思想的时代”①。坚持和发展中国特色社会主义，统筹推进“五位一体”总体布局和协调推进“四个全面”战略布局，实现“两个一百年”奋斗目标、实现中华民族伟大复兴的中国梦，需要构建中国特色哲学社会科学体系。市场经济就是法治经济，法学和经济学是哲学社会科学的重要支撑学科，是新时代构建中国特色哲学社会科学体系的着力点、着重点。法学与经济学交叉融合成为哲学社会科学创新发展的重要动力，也为塑造中国学术自主性提供了重大机遇。学校坚持财经政法融通的办学定位和学科学术发展战略，“双一流”建设以来，以“法与经济学科群”为引领，以构建中国特色法学和经济学学科、学术、话语体系为己任，立足新时代中国特色社会主义伟大实践，发掘中国传统经济思想、法律文化智慧，提炼中国经济发展与法治实践经验，推动马克思主义法学和经济学中国化、现代化、国际化，产出了一批高质量的研究成果，“中南财经政法大学‘双一流’建设文库”即为其中部分学术成果的展现。

文库首批遴选、出版二百余册专著，以区域发展、长江经济带、“一带一路”、创新治理、中国经济发展、贸易冲突、全球治理、数字经济、文化传承、生态文明等十个主题系列呈现，通过问题导向、概念共享，探寻中华文明生生不息的内在复杂性与合理性，阐释新时代中国经济、法治成就与自信，展望人类命运共同体构建过程中所呈现的新生态体系，为解决全球经济、法治问题提供创新性思路和方案，进一步促进财经政法融合发展、范式更新。本文库的著者有德高望重的学科开拓者、奠基人，有风华正茂的学术带头人和领军人物，亦有崭露头角的青年一代，老中青学者秉持家国情怀，述学立论、建言献策，彰显“中南大”经世济民的学术底蕴和薪火相传的人才体系。放眼未来、走向世界，我们以习近平新时代中国特色社会主义思想为指导，砥砺前行，凝心聚

---

① 习近平：《在哲学社会科学工作座谈会上的讲话》，2016年5月17日。

力推进“双一流”加快建设、特色建设、高质量建设，开创“中南学派”，以中国理论、中国实践引领法学和经济学研究的国际前沿，为世界经济发展、法治建设做出卓越贡献。为此，我们将积极回应社会发展出现的新问题、新趋势，不断推出新的主题系列，以增强文库的开放性和丰富性。

“中南财经政法大学‘双一流’建设文库”的出版工作是一个系统工程，它的推进得到相关学院和出版单位的鼎力支持，学者们精益求精、数易其稿，付出极大辛劳。在此，我们向所有作者以及参与编纂工作的同志们致以诚挚的谢意！

因时间所囿，不妥之处还恳请广大读者和同行包涵、指正！

中南财经政法大学校长 [signature]

前　言

进入新时代，推进生态城镇化已经上升到国家战略的高度。从实现长效发展的视野，来梳理国内外城镇化建设的理论脉络，总结国内外城镇化实践经验，构建推进生态城镇化可持续发展的长效机制是本书的任务要求。

生态城镇化把城镇化融入政治、社会、经济、文化和生态文明建设，依据“五位一体”的总体要求全面推进，并形成良好的组合，从根本上改变我国传统的城镇化模式，促使城镇化从仅注重规模扩张和数量增加向绿色、低碳、智慧、生态、宜居融合的方向转型发展。

目前对生态城镇化的研究，无论是国内还是国外、无论是经济学还是生态学，都没有系统地反映如何使生态城镇化保持长效性、连续性。推进生态城镇化必须要建立以生态可持续为核心的长效机制，通过科学、高效和相对公平的长效机制确保生态城镇化长期运行的平稳性，从而保障生态城镇化符合我国“五位一体”战略发展的目标和诉求。因此本书从长效机制设计的视角切入，从决策机制、运行机制、监督机制三方面研究构建一种生态与经济、社会、政治、文化一体化的城镇化生态内生发展机制，是对推进生态城镇化的理论与实践的总结与升华。

梳理生态城镇化长效机制构建的逻辑起点、立足点，并构建生态城镇化长效机制具体框架，是本书研究的两大主要内容。把国内外生态城镇化理论的研究作为生态城镇化长效机制构建的逻辑起点，把推进生态城镇化的目标诉求、现实困境作为生态城镇化长效机制构建的立足点，较好地解决了生态文明有机融入城镇化建设过程的理论与实践问题。本书从理论上详细提出并论证了“生态城镇化”的概念，它是城镇化融入经济、政治、文化、社会和生态文明“五位一体”建设中形成的最佳组合。并全面分析了制约我国生态城镇化长效性的因素、现实困境，提出构建由决策机制、运行机制、监督机制三大机制组成的长效机制，在三大支撑机制中突出主体要件、解决重点问题，分项提出政策导向，落实发展路径，是立体地、全面地保障生态城镇化长效推进的重要内核。

建立生态城镇化的长效机制，必须突出长效机制的特色功能定位，强调建立严谨合理的监督考评体系，有效统筹决策机制、运行机制和监督机制三大主体机制的规制功能，建立以三大机制为核心的生态城镇化长效机制，保障生态城镇化长期平稳推进。三大机制的重点任务各具特色。生态城镇化决策机制的重点是顶层设计。顶层设计用来解决生态城镇化战略层面的问题，在顶层设计中要突出特色功能定位，体现差异化、特色化、个性化。推进生态城镇化应根据区域资源条件、城市不同规模、城镇新建改建扩建的不同状况区别做好顶层设计，合理布局，让城市融入大自然，使决策机制体现科学化、特色化。生态城镇化运行机制的重点是制度体系的构建，生态城镇化是把矛盾和现实融合在一起的概念，其背后充满着各方面的博弈。通过构建资源保护制度、经济产业制度、社会保障制度，熨平多方利益博弈矛盾，使生态城镇化运行更为规范化、常态化。生态城镇化监督机制的重点是考评体系的完善，构建生态城镇化监督机制，是对推进生态城镇化中的决策、运行过程进行全程监督。通过建立和完善生态城镇化考评体系、多方合作机制、公众监督机制、责任追究机制和社会问责机制，来解决约束力问题，在监督机制设计中要强调考评体系的严谨性、合理性。

生态城镇化长效机制的研究，遵循“五位一体”总体布局要求，保障我国走向绿色、低碳的新型城镇化发展道路。

胡雪萍

2019年11月10日

目　录

第三篇　生态城镇化长效机制设计

第四篇　生态城镇化的决策机制

第五篇　生态城镇化的运行机制

第六篇　生态城镇化的监督机制

导　论

生态城镇化是生态文明融入城镇化全过程的实现路径，建设生态城镇化是中国特色城镇化道路的必然选择，是对传统城镇化模式深刻反思的结果，我国对此高度重视，已经把它提升到了国家战略层面。如何推进生态城镇化，建立一种城镇化与生态文明相融合的长效机制，成为急需研究的课题。

一、生态城镇化长效机制研究的背景

城镇化是现代化建设的必经阶段，它为解决我国“三农”问题提供了有效出路，在促进产业升级、增加内需、协调区域发展等方面发挥着支撑作用。

与西方国家的城镇化道路不同，我国城镇化的推进有其特殊性，是在人口多、资源相对匮乏、城乡发展失衡、生态环境脆弱的背景下开展的，在建设过程中会遇到很多问题。从我国目前城镇化发展状况看，在农业转移人口的安置、城镇建设用地使用、城镇化布局、城镇化建设水平、城镇化管理、城镇化建设的特色等方面还有一些不尽人意的地方。为了尽快改变这种现状，需要走一条低碳、集约、绿色、智慧、生态、宜居的生态城镇化发展道路，需要建立长效机制来保证城镇化的良性生态发展，要求我们与时俱进，顺应我国新时代的发展要求。

（一）经济社会发展的必然要求

生态城镇化重在城镇化与生态文明的融合，是城镇化良性发展提出的必然要求。我国传统的城镇化发展大体上是一种高扩张、高消耗、高排放和低效率的“三高一低”的粗放型发展模式，在这种模式下的城镇化，虽然促进了城市建设、推动了经济发展，但也带来了生态环境问题，对生态环境未能很好地加以保护，造成了严重的环境污染。同时，由于大量人口向城镇快速集中，加重了城市的负荷，影响了城市的正常运转。因此，转变城镇化发展方式，贯彻协调、绿色发展理念，提升城市治理能力，改善城市环境质量，走生态城镇化发展道路是必然选择。

生态城镇化模式注重城镇的集约开发与资源的节约和环境的保护相结合，使经济、社会、生态系统相协调，它是生态文明与城镇化建设有效融合的结晶，更符合我国城镇化建设的总体布局和长远发展，更加具有长效性。

（二）以人为本发展理念的贯彻

城镇化的核心是人的城镇化，即在城镇化的过程中，要优先和着重考虑人的需要，倾听人们的心声，解决人们的诉求。城镇化的推进，就是要能够通过就业支撑，使进入城市的农民在城市能够安稳下来、生活得更好，并且能享受到更多的社会服务保障。

城镇化作为一种社会发展过程，必然会对社会经济带来巨大的影响，尤其表现为会对人产生影响。伴随着农业人口向非农产业和城镇转移，农业转移人口的迁入、就业与安置，新居民与老居民的融合成为困扰城镇化发展的难题，而解决这些问题的关键在于树立“以人为本”的长效发展理念。农业人口进入城市，不但要解决他们的就业和安置问题，还要协调好新居民同老居民之间的关系，使人与人、人与经济、人与社会、人与自然之间形成和谐的关系，既能够使经济得到发展，人们能得到更多实惠，社会公正公平，又能够节约资源、保护环境。若处理不当，城镇化将很难朝着生态发展的方向推进，只有贯彻以人为本理念，首先考虑人的需求，才能确保生态城镇化的长效推进和顺利实施。

建立长效机制，是为了确保实现生态城镇化的最终目标。生态城镇化的最终目标是为人的全面发展创造条件，同时兼顾人、社会和自然的和谐统一，要将以人为本的理念贯彻到城镇化的进程中。生态城镇化强调在推进城镇化建设的同时，确保生态环境健康，百姓生活安定，社会和谐有序，从而真正实现全方位可持续发展。

（三）五大发展理念的引领

2018 年 10 月，党的十八届五中全会提出“创新、协调、绿色、开放、共享”的五大发展理念，为我国新阶段的发展要求与发展方向提供了科学指引。坚持五大发展理念融入新型城镇化与新型工业化、信息化、农业化的协同发展是我国生态城镇化建设的有效之路。

抓住全面建设小康社会这个关键时期与决胜阶段，深化我国城镇化发展显得尤为重要。随着人口的不断集聚，工业经济快速发展，城镇化水平也不断提高。虽然近些年我国城镇化的总体进程很快，但以工业化为重点、以经济总量为目标、依赖劳动力红利的粗放型增长模式使城镇发展的总体质量与效益低下，且后续发展乏力。在国家新政策与新型城镇化建设的战略指引下，走绿色、集约、高效的城镇化模式是我国城镇化发展的必然方向。因此，推进生态城镇化的发展要以改革创新为动力，转变传统发展理念，以创新思维贯彻城镇规划、管控与治理等过程，丰富城镇功能，优化城镇布局，促进产业转型升级，改善生态环境，实现城镇绿色发展，提升人民幸福水平。基于城乡一体化建设目标下，统筹规划，协调城乡发展水平。以开放共享的态度，尊重城乡差异，坚持城乡并重，充分利用互补功能，增强城乡各类要素的互动性，形成优势互补、相互依存的城乡一体化格局。

生态城镇化并不仅只关注城镇经济、政治、文化、社会、生态文明建设，更加注重这五个方面的协同发展，我们要坚持用创新、协调、绿色、开放和共享五大发展理念因地制宜，全面提升城镇治理与建设水平，建立起复合可持续发展的城市长效运作机制。

（四）“五位一体”总体布局的要求

党的十八大报告指出，在全面建成小康社会的阶段，形成建设中国特色社会主义的“五位一体”的总体布局，并且提出将生态文明放在突出位置，树立对自然尊重、顺应、保护的生态文明理念，以应对趋紧的资源约束、严重的环境污染、退化的生态系统，在经济、政治、文化、社会建设的各方面建设中都要考虑生态文明因素，努力建设美丽中国，使中华民族得到永续发展。在这一总体布局下，在经济建设方面需要转变经济发展方式，增强经济发展的后劲，使城镇化与工业化、信息化、农业现代化同步发展，使人们生活舒适；在政治建设方面，依法治国，人们享有平等权利；在文化建设方面，丰富人民精神文化生活；在社会建设方面，以民生为导向，造福人民，形成人与人和谐相处的社会；在生态文明建设方面，坚持节约资源和保护环境，在产业结构、生产方式、生活方式上贯彻绿色发展、循环发展、低碳发展理念，为人们创造良好生产生活环境。

落实“五位一体”总体布局要求，须促使城镇化建设走生态文明发展之路，生态长效化成为我国城镇化发展的必然走向。单一的生态化并不能保证城镇化科学、连续、长效地发展，需要在推动城镇化发展的过程中兼顾生态健康、经济发展、政治稳定以及社会和谐，只有将这几大因素有效地结合在一起，才能在建设经济、政治、社会和文化的同时，兼顾生态环境保护，从而更好地推动生态城镇化的长远发展，使人与人、人与经济、社会、自然的关系得到妥善处理。

生态城镇化是一个经济、政治、文化、社会“五位一体”建设相融合的系统概念，在这个概念下，需要把生态文明建设理念融入城镇化建设，形成“五位一体”、和谐发展的城镇化模式；同时也要将经济系统、社会系统、生态系统协调统一的理念贯彻其中。生态城镇化遵循“五位一体”相协调的原则，是顺应中国特色城镇化道路整体布局的产物，更加符合时代特色和发展需要。

（五）国家城镇化发展战略的指引

2014 年发布的《国家新型城镇化规划（2014—2020）》指出我国城镇化发展的目标：在我国城镇化水平稳步提升的现阶段，更要注重城镇格局优化，增强城市功能结构，努力开发集约紧凑型城市发展模式，让绿色贯穿城市经济生活，消除阻碍城镇健康持续发展的体制机制，打造和谐宜人的城市生态圈。同时在城镇化建设过程中要坚持以人为本，注重公平共享，稳步推进城镇资源的全面覆盖；坚持四化同步，深入推动新型工业化、城镇化、信息化、农业化的互动、协调与融合，统筹城乡发展，建立新工农、城乡关系；坚持科学规划，优化城市布局及结构，促进城镇集约紧凑发展；坚持将生态文明理念融入城市建设过程，推动绿色低碳的经济生活；坚持文化传承，尊重区域差异性，因地制宜地开发各具特色的城市发展模式；坚持市场主导，尊重市场规律，合理发挥政府引导的作用。

在国家新型城镇化规划的战略指引下，生态城镇化更响应宏观政策，更符合长远发展趋势。生态城镇化道路是一条可持续的道路，其目标是发展绿色经济，优化资源利用，保护生态环境，建设生态文明，实现人与自然、人与人的和谐共进。以国家新型城镇化发展战略为立足点来构建生态城镇化的长效机制必将迸发出无限的活力。

从我国具体情况看，可利用的耕地有限，且质量不高，这对我国的粮食安全会产生影响，也不利于城镇化开展。同时，城镇化中大量植被遭破坏、资源过度使用、环境污染严重，因此，走生态城镇化的发展道路是当务之急。因此，通过走生态城镇化道路，建立一种城镇化与生态文明相融合的长效机制，可以使生态城镇化保持规范性、长效性、连续性，打造出一个绿色、生态、宜居、和谐的城市，使人民更加幸福安康。

二、生态城镇化长效机制研究的意义

我国是一个人口大国，在这样一个大国推进生态城镇化，按“五位一体”总体布局要求，构建一种生态文明建设与经济建设、政治建设、文化建设、社会建设一体化的城镇化长效发展机制，可以确保城镇化朝着集约、绿色、低碳的方向发展，将有利于优化城镇化布局，促进城市间和区域间协调发展；有利于城镇居民的合理流动和农业转移人口的妥善安置，促进社会的公平和共同富裕；有利于更好地实现弱势群体和边缘群体的利益，对于全面建成小康社会、加速社会主义现代化的进程具有深远意义，同时也有利于全球经济以及生态环境的发展和改善。研究长效机制，可以为生态城镇化的决策提供理论基础和思路依据，因而具有深刻的理论意义和现实意义。

（一）有利于优化城镇化布局

我国地域分布广，各地区资源环境承载能力不同，因此城镇化发展要依据不同地区的承载力来推进，城镇化布局应遵循自然规律，在城市开发强度、开发边界上进行规划引导，形成合理布局。在城镇化布局上，要贯彻尊重自然、顺应自然、保护自然的理念，将城市融入大自然，使城市的通透性和微循环能力增强。在资源环境承载力较强的地区，可以加大城镇的密集度，加速城镇化进程；在资源环境承载力较弱的地区，可以通过挖掘资源环境潜力，适度地进行城镇化。

而从现有情况看，东西部地区城镇化进程出现不平衡态势，东部地区人口密度大，资源环境约束较紧，而中西部地区人口密度相对较小，资源环境约束相对充裕，因此可以通过长效机制的一系列制度安排，使得城市布局均衡合理，提高集群效率，促进区域间的协同发展，减少城镇化过程中的经济成本、社会成本、生态环境成本。

生态城镇化要求城镇化发展不能停留在仅注重规模扩张和数量增加上，而是要向绿色、低碳、智慧、生态、宜居的方向转型发展，做到现代与传承相融合，形成各具特色的城镇。在地区发展上，体现区域差异，更加突出中心城市的辐射带动作用，增强中小城市的服务功能，形成东、中、西部城市群的协调发展；在城市规模上，形成大、中、小形态多样，发展具有民族特色、地域风情、文化底蕴的美丽城镇，完善城市规模结构。

（二）有利于城镇居民的合理流动

生态城镇化的目标是要加强城镇居民的合理流动，目前更多的是推动农业人口的合理转移，一方面在于推动农业人口进入城市，另一方面要解决其就业安置问题，使他们在城市能够安居乐业，与城市居民享受同等待遇。

生态城镇化强调人与人、人与经济、社会、自然的和谐关系，它通过包含一系列制度的长效机制为农业转移人口进入城市、落户城市、享受城市同等待遇提供制度保障，这将会大大提升农业转移人口市民化的进度。通过一系列制度的设计，可以使符合条件的农业转移人口在城镇落户。一是依据就业的年限、居住的时间和参加城镇的社会保险年限等因素，同时将城市的发展潜力与综合承载能力考虑进去，从而制定落户的具体标准，对农业现存和潜在的转移人口进行城镇落户的预期和选择的良性引导，把控农业转移人口的市民化进程。二是加快推进农业转移人口享有基本的城镇公共服务的进程。基本的城镇公共服务具体指基本医疗保障、创业就业服务以及随迁子女平等享受教育权利。三是以提高农业转移人口到城市落户、与城市融合的能力为目的，构建以政府、企业、个人作为主体参与的农业转移人口市民化过程的成本分担机制。

（三）有利于提高城镇建设用地的集约使用效能

我国城镇化发展很快，2018 年城镇化率已经达到 59.58%。城市的容量能否适应这种快速发展的需要，已成为紧迫问题。因此，对土地的高效利用也显得日益重要。

从我国目前的情况看，城镇化的发展形成了人口城镇化与“土地城镇化”两种现象，即城镇建设用地增长速度大大快于城镇人口增长速度，使城镇建设用地利用效率不高，甚至有些地方为了追求城镇化指标，盲目投资扩张，在工业园区、新城区的建设上，占用大量土地，而人口密度则过低。这种粗放型的城镇化建设模式，使大量耕地资源被浪费，对国家粮食安全和生态安全造成威胁。

生态城镇化是绿色、低碳、集约、智能的城镇化，要解决的是城镇化进程中，对资源的合理使用、对环境的有效保护的问题。通过建立长效机制，一方面，有利于守住生态红线，对永久基本农田进行严格划定，规范控制城镇开发边界，控制城市开发强度，对城镇建设用地规模进行严格控制，对水体、绿地划出保护线；另一方面，有利于保障合理的生产、生活以及生态的空间结构，合理规划工业用地、农业用地和居民用地。特别注意的是，需适当减少工业用地的面积，需重点提高现有土地的利用效率；对耕地、园地、菜地等农业空间可以切实进行保护；从而使城市空间内部结构得到优化，达到城镇建设用地利用效率提高的目的。

（四）有利于提高城镇化建设和管理水平

生态城镇化的发展有利于促进社会的全面进步，进一步全方位提高人们的生活品质与幸福指数。全面丰富的城镇功能结合绿色、优美的自然环境，可极大程度上丰富全体人民的物质和文化生活，满足人们对优美生态环境的需要，有利于人的和谐进步和全面建成小康社会目标的实现。因此，在城镇化建设过程中，城镇化长效发展的重要任务体现在如何提高城镇化发展质量。

生态城镇化强调在“五位一体”总布局下，将生态文明的理念和原则落实到城镇化的全过程中去，妥善协调处理好人与人、人与自然、人与经济、人与社会间的关系，使居民能看得见山、望得见水，使城市建设体现自然美，使城市再现青山绿水，历史文脉，使城市再现现代与历史的交融，使城市生活更加宜人和谐，基础设施完善，公共服务全面，生态环境质量提升。而要实现这一要求，就需要建立长效机制来保障。

通过生态城镇化长效机制中的决策机制，树立绿色低碳的开发理念，能够有效地提升城镇化建设水平，实现城镇化中人民生活舒适的目标。一是在城镇化的开发建设中，在城镇规划决策制定上，贯彻《全国主体功能区规划》的精神，确定开发的范围、类型，根据优先开发、重点开发、限制开发、禁止开发的原则，有选择地开发。重点开发资源环境承载能力较强、经济和人口集聚条件较好的区域。对于资源环境承载能力较弱、大规模集聚人口和经济条件不够优越并且与全国较大范围生态安全有关联的区域，要限制开发，减缓城镇化的速度、强度和缩小城镇化的规模。对于各类依法设立的自然保护区，要禁止开发建设。二是确定城镇功能定位，即城镇化的建设开发要遵循主体功能区不同性质的原则。国土空间一般具有多种功能，而其中一定有主体功能。从提供产品的角度看，提供工业产品、农业产品、服务产品、生态产品，都有可能成为某一区域的主体功能。因此，在城镇化建设中，开发规划应将不同区域的主体功能因素作为前提。生态产品的提供应该是有关生态全局区域的主体功能，防止资源超载使用，保障生态产品的生产能力。在农业发展条件较好的区域，主体功能应该是提供农产品，因此要避免大量占用耕地，损害农产品生产能力，危害粮食生产安全。随着人们消费需求的不断变化，对需求的品质提出了更高要求，除了对工业品、农产品、服务产品的需求外，还增强了对生态产品的需求，即要求能够享有清新的空气、清洁的水源、宜人的生活环境。因此，在城镇化建设过程中，要保护生态环境，保护和扩大自然界提供生态产品的能力。三是要确定城镇化开发规模和强度，即城镇化的开发要遵循自然条件适宜性、资源环境承载能力的原则。城镇化规模大小的确定和开发强度，取决于自然条件与资源环境承载力。不同的地区，有着不同的自然条件，有些地区适合农牧业开发，有些地区不适合大规模高强度的城镇化开发。因此，城镇化建设应根据不同区域的自然属性来推进。由于不同区域的主体功能不同，因而人口集聚和经济的规模也不同，生态产品提供区和农产品主产区，由于不适宜大规模高强度的城镇化开发，因而承载人口的能力较弱，如果人口过度集聚到这些区域，势必会给资源环境带来很大压力，会损害其提供生态产品和农产品的能力，影响到国家的生态安全和粮食安全。因此，要确定不同区域城镇化可承载的人口规模、经济规模。

（五）有利于保持经济持续健康发展

城镇化是推动社会全面进步的必然要求，能够有效地保持经济健康发展。党的十八大以来，我国经济发展进入了新常态并呈现出一系列新特征。因此，需要新的思路加快产业结构转型升级，从而带动经济增长。

党的十九大报告指出，我国正处在转变发展方式、优化经济结构、转换增长动力的攻关期，而产业结构转型是转变经济发展方式的战略任务，服务业的发展快慢直接影响产业结构升级的快慢。2018 年，我国服务业的增加值占国内生产总值的 52.2%，与发达国家相比，仍存在很大差距。城镇化与服务业的发展紧密相关，推动城镇化发展就变得尤为重要。此外，我国经济发展的根本动力来自内需，而城镇化能够在很大程度上刺激内需，而就现在我国的城镇化率而言，还存在很大的发展空间。

生态城镇化过程中，人们生产、生活方式将会发生变革，生活水平极大提高，社会分工变得完善，而这些都会对服务需求有所增加。生态城镇化也能够促进创新、知识以及技术要素集聚，从而激发创新活力，驱动传统产业升级和新兴产业发展。同时，生态城镇化水平持续提高，会使农民转变就业方式进而提高收入水平。因此，消费群体会持续增加，消费结构不断升级，这将为经济增长提供持续动力，保持经济持续健康发展。

通过建立和完善生态城镇化长效机制中的一系列制度，可以有效提高城镇化管理水平。比如通过严格的耕地保护制度，可以维持全国耕地总面积稳定不变，基本农田总量不减少，保证其用途不改变，且农田质量有所提高，对耕地限制开发，对农田禁止开发，可以防止城镇化一味追求“广度”的扩张。比如培养和聘任专家型城镇管理人才，通过引进先进理念、科学态度和专业知识，更加合理地管理城市，从而提高城镇化管理水平。既对现有城镇进行治理、改造并进行生态的恢复和重建，又对在建设中的城镇做好规划，确保生态环境、人文环境得到保护，使城镇建设有序、开发适度、运行高效。比如通过管理制度的改进和创新，可以使城市发展具有个性，体现城市特色风貌；促进自然景观与文化特色相结合，体现民族特色和地域特色；使城市管理人性化、智能化，居民能享受到便捷的公共服务，城市基础设施智能化。

第一篇
生态城镇化长效机制构建的逻辑起点

建设生态城镇化是中国特色城镇化发展的必然趋势。对国内外生态城镇化的历史脉络和理论进行梳理，可以对生态城镇化的科学内涵、生态城镇化如何进行建设、城镇化如何融入经济建设、政治建设、文化建设、社会建设、生态文明建设“五位一体”总布局中有更清楚的理解，从而为生态城镇化长效机制的构建提供理论基础，成为生态城镇化长效发展的逻辑起点。

第一章　国外生态城镇化的理论溯源

从国外研究文献看，并没有涉及生态城镇化的具体定义，但已有生态城镇化的思想萌芽，英国的托马斯·摩尔在16世纪对“乌托邦”城市的设想，最早体现出生态城镇化思想，其后理论研究也在不断深化，逐渐形成生态城镇化理论，并呈多元化发展。追溯国内外生态城镇化思想，对我国生态城镇化长效机制的构建有很好的参考作用。

第一节　生态城镇化的思想萌芽

早期的乌托邦、太阳城、新协和村有关城市建设的思想，反映出城市建设中已经具有了生态思想，是生态城镇化思想的萌芽期。

一、乌托邦

早在1516年出版的《乌托邦》中，英国空想社会主义者托马斯·摩尔在对城市物质和空间形态进行了系统研究，在城市建设、社会建设、文化建设等方面引入了自然乐观的方式，以达到城乡和谐发展的目标。在城市建设上，一是严格限制城市人口密度，城市与周边乡村紧密联系，超出部分移居到人口稀少的城市，重新建设新城；二是要求城市街道宽敞，便于行人和车辆通行；三是注重城市绿化水平，每户住房都拥有枝繁叶茂、花团锦簇的绿色小院。[①]

总体来说，虽然由于时代的局限性使摩尔的思想成为一种空想，但他对于人与自然关系本质的认识以及城市规模适度的看法，为其后人们提出的一系列城市发展的理论奠定了基础。

二、太阳城

在“乌托邦”思想影响下，17 世纪意大利空想社会主义者康帕内拉提出了“太阳城”的构想，在城镇化的建设过程中要以人为本、造福人民，实现社会和谐。在康帕内拉的太阳城模型中，从国家的城市建设、政治制度建设、经济建设以及和谐社会关系打造等角度进行了阐释。

在城市建设上，将顺应自然、重视农业、人人平等、城乡互融的思想融入城市空间与功能布局。在经济建设方面，批判私有制，主张劳动分配公有制与社会共产及劳动保障思想，鼓励公民积极参与农业、畜牧业、手工业等产业部门的劳作，将科学技术合理地应用到生产中，从而提高效率。[②] 在社会建设上，注重公民社会福利的提供以及医疗供给，同时着重形成公民间团结互助互济共助的和谐氛围。[③] 康帕内拉的《太阳城》描绘了一幅平等、文明、和谐的未来城市生活的景象，但它仅是人们的一种美好憧憬。受历史的局限性以康帕内拉个人认知的有限，太阳城并未形成系统的理论。可是“太阳城”社会主义思想发展所做出的贡献以及为理想城市模式打下的基础是不容忽视的，它推动了欧文对于新协和村建设的勇敢尝试。人人平等、自给自足、消除城乡差异的思想也为田园城市理论提供了理论依据。

三、新协和村

继“乌托邦”和“太阳城”之后，罗伯特·欧文 1817 年提出了“新和谐

---

① ［英］托马斯·莫尔著，戴镏龄译：《乌托邦》，商务印书馆 1959 年版，第 48 ~60 页。
② 徐则灏：康帕内拉的《太阳城》，载于《历史教学》1962 年第 3 期，第 37 ~39 页。
③ ［意］康帕内拉著，陈大维、黎思复、黎廷弼译：《太阳城》，商务印书馆 1980 年版，第 17 ~35 页。

村”的设想，认为公社是构成未来社会架构的重要组成部分。在城镇经济、城镇绿化、城市空间结构等方面阐述了独到见解。

1824年，欧文在美国印第安纳州购买了1214公顷的土地，开展“新和谐村”构想的移民区实践。在公社推进过程中，基于“人是环境的产物”的理念，欧文强调人性化管理以及环境对人的影响。良好的环境对人的健康、行为有着正向的促进作用。因此，提倡优美绿色的生活环境、休闲学习的生活场所、整洁干净的生活住宅，以促进人们幸福水平的提升。[①] 在公社布局结构上，欧文主张蔓延型的空间布局。建设用地布局、人口布局和产业布局上呈扩张的形态；公社中央是由四栋较长的房屋围成的长方形大院，是供人们休闲娱乐教育的场所；公社周围是供人们生产工作的工厂、耕地、牧地。

新和谐村集生产、生活、休闲、教育为一体，其民主管理和社会分配方式显然已经超越了现实基础，具有极大的空想性。但其强调的未来理想城市新主张，为城市发展理论的系统形成发挥了重要的引导作用。

第二节　生态城镇化的理论雏形

从16世纪“乌托邦”开始到19世纪的“新和谐村”，早期城市生态思想考虑到了环境因素在城镇建设的选址、形态和布局中的重要性，但形成较系统研究的首推田园城市理论，它被认为是现代城市生态思想的源头与开端。在此基础上，城市分散和城市集中建设思想的出现，深化了生态城镇化理论，逐渐呈现生态城镇化的理论雏形。

一、田园城市理论

19世纪末，工业革命促进英国城市繁荣的同时，城市人口膨胀、住房紧缺、

---

① 顾栋：《创新群众工作机制是构建和谐社会的基础——罗伯特·欧文构建“新和谐公社”的启示》，载于《中共南昌市委党校学报》2006年第3期，第33～37页。

交通拥堵、环境污染、公共卫生等一系列城市问题也不断涌现。为解决日益严峻的城乡问题，英国社会活动家霍华德提出的“田园城市”理论对近现代世界各国城市发展影响深刻，其反映出对生态城镇化思想的深化：

（1）建立一种崭新的城乡结构，即废除城乡分离的旧社会结构形态，使用“城乡一体”的新社会结构。在城市建设上，人文关怀的体现、自然环境优美、社会公平公正、城乡融合一体等方面与生态城镇化的关键词恰好吻合①。

（2）在城市具体规划上，主张城市分层设计，关注城市生态环境。以中央大公园等标志性公共建筑为城市中心，花园式住房呈星射状向外延伸，工业区建设在用林荫道隔开的最外圈，充分保证居民区的环境。具体来说：城市应当规划服务型绿地，在市中心建立中央花园，并设置城市绿化带以及林荫大道对城市的功能层次分区。城市外围土地则要分配永久性绿化用地，利用绿地隔离带控制城市规模的蔓延。霍华德将生态环境与城市结构规划融于一体考虑，将城市建设由局部的空间规划上升到对城市风貌和城市有机体系的统筹规划。②

（3）其认为城镇建设的设计目标是保障健康生活和工作；拥有满足各项社会生活的基本规模即可；坐落于外围的乡村必不可少，公共拥有土地所有权。

田园城市理论是一个较为系统完整的城市建设理论体系，城镇建设过程中兼顾社会体制、区域平衡、人文关怀等科学发展思想，对生态城镇化思想起了重要的启蒙作用，为生态城镇化思想的进一步深化提供了参考。

二、城市分散理论

城市分散理论，将田园城市理论进行了不断深化和运用，核心是“化大为小”即建立多个小城市代替大城市。卫星城理论、广亩城理论、有机疏散理论和新城理论等体现了这样的思想。

卫星城理论由美国学者泰勒提出。卫星城概念最早产生于英国，其主要是指

① 解艳：《霍华德“田园城市”理论对中国城乡一体化的启示》，载于《上海党史与党建》2013 年第 12 期，第 54 ~ 56 页。

② 柴锡贤：《田园城市理论的创新》，载于《城市规划汇刊》1998 年第 6 期，第 8 ~ 10 页。

将部分就业岗位、住宅以及公共设施像卫星一样建设在大城市的外围。[①]其分布特征类似于气象卫星，故称卫星城。世界各国建设的卫星城镇的目的主要是疏散大城市的拥挤和发展新的工业或第三产业。卫星城具有一定的独立性，一般以农田或绿带与中心城隔离，同时在行政管理、经济、文化以及生活上同母城保持密切的联系。

广亩城理论是由赖特广亩城市的设想发展而来，这一设想将城市分散理论的思想发挥到了极点。在《消失中的城市》中，赖特明确指出应该取消大城市，因为其背离人的主体愿望。《宽阔的田地》的出版，标志着广亩城市理论的提出。赖特认为应将城市向乡村扩散，把集中的城市重新分散在地区性农业网格之上，突出人与自然的天然联系。

有机疏散理论于1918年由芬兰建筑师伊利尔·沙里宁提出。为解决城市交通拥挤和人口及城市膨胀设计的全新的城市发展模式和城市结构布局。1934年，在《城市——它的成长、衰败与未来》一书中，沙里宁将其思想与卫星城市思想相融合，提出了“有机疏散”城市理念。在这样的城市建设模式下，可以实现“多核心”发展的需要，“有机”地从母体城市分离，从而形成围绕母城的有机疏散的城市群，这不仅可以达到居住和就业的平衡，也可以在母城创造出更多环境绿化用地和居住用地。总的来说，城市分散理论都针对城市中心的拥挤问题，主张分散的城市结构。值得特别提出的是，在各个分支理论中，都提到了人与自然的和谐相处问题，主张与大自然的亲近，突出人文理念。其中，城市郊区化的思维在20世纪欧美地区的发展中都有体现。

三、城市集中理论

城市集中理论主要起源于法国著名建筑师勒·柯布西耶的《明日之城市》这本著作中。柯布西耶主要通过研究城市的发展规律和社会问题，提出“现代城市”的未来发展模式。其内容反映在：第一，提倡城市的集中发展，注重城市的功能及人口居住合理分布。采用向上延伸建设代替横向占地面积的方式，

① 李万峰：《卫星城理论的产生、演变及对我国新型城镇化的启示》，载于《经济研究参考》2014年第41期，第4~8页。

增大了公共基础建设面积以及绿植化的面积，从而提升整个城市的舒适度。第二，增加城市的绿化面积。第三，提出建设立体交通通道，利用新技术与合理的规划来改善城市的交通状况。“现代城市”理论不仅为当时的城市建设模式注入新鲜思想，而且进一步靠近生态城镇化思想。

第三节　生态城镇化理论的多元化发展

20世纪30年代以后，生态思想逐渐融入城镇化发展中，生态城镇化理论得到不断的丰富和完善，主张城市发展与生态发展相结合，强调以人为核心，实现人与自然、经济、社会、环境协调发展，进入多元化发展阶段。其中影响较为广泛的主要有紧凑型城市理论、新城市主义理论、精明增长理论。

一、经济、社会、环境协调理论

基于城镇化与生态经济、生态伦理相结合的研究，强调城镇化的目标应该从数量、边界扩张转到协调经济、社会、环境三方面关系上。比较有代表性的有：

（1）“雅典宪章”明确了城市发展应遵循生态与经济相结合的原则。1933年，国际现代建筑协会制定的“雅典宪章”明确提出，应“把自然引入城市”，以应对城市的扩张造成的绿色地带不断被吞噬、人们越来越远离自然、公众的健康问题日益突出。[①]

（2）联合国教科文组织制订的“人与生物圈”（MAB）研究计划，强调城镇化发展应考虑经济与生态环境的关系问题。1971年，“人与生物圈”研究计划的14个项目中，有两个与城镇化相关，而且都涉及城镇化发展与生态环境的问题。[②]

① 国际现代建筑协会：《雅典宪章》，http：//www. doc88. com/p－291945730711. html。
② 何绍颐：《人与生物圈计划（MAB）简介》，载于《生态科学》1983年第2期，第126～127页。

（3）联合国人类环境会议明确表达了城镇化发展需要与环境、经济、社会和谐统一。1972 年，联合国人类环境会议指出，城镇化的规划目的就是将对环境影响降到最低的条件下，达到经济、社会、环境三方的利益最大化。[①]

二、以人为核心理论

将绿色生态放在城市发展的中心地位，强调城镇化要体现以人为核心，形成人与人、人与自然、城市与乡村的和谐氛围。比较有代表性的有：

（1）以人的全面发展作为城市建设目标，城市建设目标要与人的目标相统一。苏联城市生态学家亚尼茨基描绘了城市建设的理想模式，在城市建设领域，社会规划不能仅仅注重经济因素，更要关注经济、文化、生态因素。要关注人们对高质量居住环境的需求。[②] 城市建设目标与人的目标要统一。

（2）提出人与自然和谐的城市发展要求。1987 年，美国生态学家理查德·瑞吉斯提出生态城市应该包括的四个因素是紧凑、充满活力、节能、与自然和谐共存。城市发展要遵循生态原则，城市的建设要与当地生态条件相适应；要求制止城市蔓延；优化能源；提供健康和安全；修复生物圈等。突出了城镇化发展过程中环境、人与自然三方和谐统一的重要性。[③]

（3）在生态城市建设的具体界定上体现人文关怀。2002 年，第五届生态城市国际会议通过的《生态城市建设的深圳宣言》，定义了生态城市的建设方式，生态城市的建设内容。具体内容反映了“对人的关怀”在城市建设中的核心位置、生态的中心位置，提倡城市的生态建设。此宣言成为各国建设生态城市的行动指南。

三、紧凑型城市理论

紧凑型城市概念，最早出现于 1973 年美国教授乔治（George B. Dantzig）和

---

① 《联合国人类环境会议宣言》，http：//wenku. uu456. com/view/022a1f6c011ca300a6c39019. html。

② ［苏］亚尼茨基著，夏博铭译：《社会主义都市化的人的因素》，载于《现代外国哲学社会科学文摘》1987 年第 10 期，第 16～19 页。

③ Register，R. 1987. Eco-City Berkeley：Building Cities for a Healthy Future. CA：North Atlantic Books，pp. 13－43.

托马斯（Thomas ISaaty）合著的《紧缩城市——适于居住的城市环境计划》，但在当时并未获得学术界的广泛关注。直到20世纪90年代初，由于西欧一些国家普遍出现土地资源浪费、内城衰退、城市无序蔓延等问题，以至各国、各级政府政策制定者开始重视城市形态和土地利用规划的未来发展，由此，紧凑城市理念作为一种可持续的发展理念才逐渐被广泛关注。1990年欧共体委员会（CEC）发布的《城市环境绿皮书》，再次提到“紧凑城市”这一概念，认为紧凑型发展模式是解决居住和环境问题的有效途径。[①] 此后，西方学术界对紧凑城市理念展开了广泛的研究，而且紧凑型城市在欧洲各国得到了普遍的认同与实践。

四、新城市主义理论

新城市主义理论起源于20世纪80年代，其奠基人是建筑师安杜勒斯·杜安尼（Andres Duany）和伊丽莎白·普拉特赞伯克（Elizabeth Paler Zyberk）。1993年，美国亚历山德里亚召开的第一届新城市主义大会标志着新城市主义运动的正式确立和理论体系的成熟。新城市主义理论的核心主要包括重视城区规划，在设计上要求尊重历史与自然；同时强调以人为本；强调宜居性。具体内容反映在以下几方面。

（1）重视合理的区域规划促进城市健康发展。在区域设计中，打造复合的城市功能以及明确边界的划分。反对单一功能耗地的城市规划区，以居民便利需求为原则，以居民区人口密度以及交通出行站点为中心，覆盖市场、学校、医院、公园、休闲中心等多功能的区域建设，提高城市土地以及基础设施利用率。通过交通干线、绿化带、河流水道等区域廊道对城镇功能边界进行合理分隔。在城市化蔓延格局已定的基础上，进行填充、修补和完善，在城市外围建立永久性的生态保护带，约束城市的过度蔓延。

（2）主张人文关怀。其人本主义思想的规划理念主要体现在重视社会公平与社区关系改善。新城市主义主张功能混合型社区以及传统邻里结构建设，提

---

① 中国电信智慧城市研究组：《智慧城市之路：科学治理与城市个性》，电子工业出版社2011年版，第45页。

供多种类型满足不同社会阶层的住宅，促进不同阶层社会群体的联系与互动，改善社会关系，促进阶层的融合，增强居民的社区认同与归属感。

（3）重塑建筑与环境的关系，重视历史建筑、自然生态与城市建设的融合。修复城市现有的功能区域，保护历史人文等建筑遗产以及自然生态。将城市建筑设计与城市的地形、生态景观、人文历史充分结合。[①]

（4）采用两种城市开发模式。一种是传统邻里社区模式，1991 年安杜勒斯·杜安尼和伊丽莎白·普拉特赞伯克在出版的《城镇和新建城镇规划原则》一书中提出的。[②] 另一种模式则是 1993 年彼得·卡尔索普（Peter Calthorpe）在《未来美国大都市：生态·社区·美国梦》提及的公共交通主导型社区模式。[③]

传统邻里社区模式与公共交通主导型社区模式并没有本质的差别，只是两者在侧重方向上不同。传统邻里社区模式更加重视城镇内部邻里社区层面的建设，公共交通主导型社区模式则偏向于城镇宏观区域层面的设计。但这两种模式都具有多样性功能、紧凑性发展、便利步行、关注生态环境等共同特点，体现了城镇化发展中的生态思想。

五、精明增长理论

“精明增长”是指涵盖了一系列发展和保护战略，有助于保护人类健康和自然环境，使我们的社区更具吸引力，经济更加强大，社会更具多样性[④]。“精明增长”理念发源于美国，是 20 世纪 90 年代美国为应对“城市蔓延”引发的社会问题而发展起来的一种城市管理策略。20 世纪 60 年代以来，在美国，缘于以私人小汽车为导向的城市化，导致低密度的城市无序蔓延，人口大量涌向郊区建房，大规模的农田被侵占，生态空间被蚕食，城市建成区面积增长幅度明显高于城市人口的增长幅度。到 20 世纪 90 年代，城市无序蔓延所带来的负面影响

---

① ［美］艾米丽·泰伦编，王学生、谭学者译：《新城市主义宪章》，电子工业出版社 2016 年版，第 267 ~ 271 页。

② Duany, A., Plater-Zeberk, E. 2006, Towns and Town-Making Principles, New York: Rizzoli International, pp. 20 – 22.

③ Calthorpe, P. 1993. The Next American Metropolis: Ecology, Community, and the American Dream, New York: Priceton Architectural Press, pp. 60 – 65.

④ What is Smart Growth? http://smartgrowth.org/what-is-smart-growth/.

越来越突出，生态环境恶化、能耗大幅增加、经济代价高昂、社会贫富差别与阶级分化扩大等社会问题层出不穷。为解决“城市蔓延”所带来的这些问题，美国借鉴欧洲“紧凑城市”发展的理念和实践，提出“精明增长”理念，1994年美国规划协会（APA）首次提出精明增长计划，启动土地规划改革计划。2000年，APA与60家公共团体成立了“美国精明增长联盟”，确立精明增长的内涵：充分利用城市空间，开发现有城区，提高城镇土地利用率；合理规划避免城市过度蔓延，缓解城市资源利用及交通等方面的压力；提高城市建筑密度，搭配多功能混合设计，实现城镇紧凑高效发展。明确了“精明增长”应遵循的原则①：混合土地使用；利用紧凑型建筑设计；创造住房机会和选择；创建步行街区；创建具有独立地位的魅力街区；提供多样化的交通选择；保护人文景观、文化遗址以及自然环境等区域；增强现有社区的发展与效用；使未来发展决策可预测、公平和成本有效。目前，美国2/3以上的州选择了“精明增长”模式。总而言之，精明式增长反映的是以实现经济、社会、环境公平持续发展，提高人们生活质量为目标的协调思想，强调城市空间的集约高效利用，重视生态环境的保护与公共资源的有效配置的紧凑型城市发展模式。

① 各项原则的具体内容可参阅Smart Growth Principles，http：//smartgrowth. org/smart-growth-principles/。

第二章　国内生态城镇化的理论研究

国内生态城镇化思想可追溯到早期的“天人合一”、山水城市思想，其后不断丰富，党的十八大后研究达到了高峰，主要集中在城镇化与自然的融合、城镇化与生态文明的融合以及城镇化与可持续发展的研究上。

第一节　城镇化与自然的融合

国内生态城镇化思想的萌芽，最早可从城镇化与自然融合的思想中反映出来，主要有“天人合一”和山水城市思想。

一、“天人合一”思想

“天人合一”思想最早出现在道家先哲庄子的语录中，后由汉代大儒董仲舒整理完善成为一套理论体系。中国哲学史明确记载的“天人合一”思想代表人物张载，其明确指出：“儒者因明致诚，因诚致明，故天人合一”①。其为中国传统哲学的传统价值观。“天人合一”既是古人对和谐社会的精辟表达，也是今日中国特色生态文明建设需借鉴的思想之一。“天人合一”思想包括以下三个维度：人与自然的和谐；人与社会的和谐；人与人的和谐。

① （宋）《张载集》，中华书局1978年版，第65页。

二、山水城市

“山水城市”的概念最早由钱学森于 1990 年 7 月给清华大学吴良镛教授的信中提出。具有中国文化风格并给人以美感、能够科学组织市民学习工作生活以及娱乐是社会主义城市的基本要求。从哲学的角度，山水城市是追求人与自然高度和谐的城市。儒家思想中的“智者乐水，仁者乐山”，深刻反映了中国传统哲学中的山水观。在近代城市的发展史上，西方工业文明使人类渐渐偏离处理人与自然的关系正轨，随之而来的是环境污染、生态失衡和物种灭绝等各种严峻的问题。既然无法征服自然，那么最明智的办法就是与自然和谐相处，与自然和谐发展。从文化的角度，山水城市体现文化的包容性，其取“田园城市”“生态城市”等思想的精华，融入中国传统文化，构建成更具中国特色的城市。[①]

第二节 城镇化与生态文明融合

在城镇化建设的过程中，贯彻生态文明思想是重要内容。这要求生态城镇化的具体内涵是向绿色、低碳、生态、宜居的方向发展，现阶段的关注重心应落在城镇化模式的转型、资源环境的有效利用、公共资源的合理配置以及城镇特色和历史风貌的保存等方面。在遵循城镇化与生态文明融合的原则下，生态城镇化应注意规划与设计和人文特色的体现。

一、城镇化应体现与生态文明融合

有学者认为生态城镇化是新型城镇化的具体体现。潘家华（2014）认为，

① 顾孟潮：《历史进程中的山水城市》，载于《城乡建设》2014 年第 11 期，第 93 ~ 94 页。

生态文明建设是新型城镇化的具体内涵，是衡量城镇化“新型”程度的主要因素。从城市规划体现生态文明，重点在比例结构和边界约束的科学性，强调“天人合一，融城市于自然，还城市于民生”的要求。[①] 彭琴（2017）认为生态文明的新型城镇化道路是我国未来城镇化道路的必然选择。[②] 还有些学者认为生态城镇化应向绿色、低碳、生态、宜居发展。仇保兴（2016）提出，面对城镇化“新常态”，“深度城镇化”的立意在于让我国城镇转向“内涵式”发展道路，顺利进入绿色发展新阶段。[③] 潘家华、梁本凡（2014）提出，城镇化的发展要考虑环境、气候以及资源的承载能力，要以服从自然规律，符合生态平衡原理为衡量标准，才能符合科学发展观的要求。[④]

二、城镇化与生态文明融合的关注点

一是城镇化模式的转型。潘家华、庄贵阳等（2013）认为，“城镇化的初衷不是造城运动，不是简单的城市人口比例增加和行政面积的扩张”，应将产业结构、就业方式、居住环境和社会福利等方面的城乡转变放在重要位置，并且这种转变是协调和可以持续发展的。[⑤] 刘少华、夏悦瑶（2012）认为，现行的城镇化模式不利于低碳经济的发展，过度追求城镇化的土地面积和经济指标，直接导致人口城镇化的滞后。[⑥] 二是资源环境的有效利用。魏后凯（2016）认为，过去中国靠高消耗、高排放、低效率、低工资、低成本支撑的城镇化发展模式，与绿色发展理念背道而驰，这样的模式不符合目前中国城镇化发展的外部环境。[⑦] 面对超过2亿的已经工作生活在城市的农业转移人口和近3亿的新增

---

① 潘家华：《生态文明的新型城镇化关键在科学规划》，载于《环境保护》2014年第7期，第15页。

② 彭琴：《生态文明视角下我国新型城镇化建设的路径分析》，载于《经营管理者》2017年第8期，第307页。

③ 仇保兴：《论深度城镇化——十三五期间增强我国经济活力和可持续发展能力的重要策略》，载于《中国名城》2016年第9期，第4页。

④ 潘家华、梁本凡、熊娜、齐国占：《低碳城镇化的宏观路径》，载于《环境保护》2014年第1期，第35～36页。

⑤ 潘家华、庄贵阳、谢海生等：《低碳城镇化：中国应对气候变化的战略选择》，载于《学术动态（北京）》2013年第29期，第4页。

⑥ 刘少华、夏悦瑶：《新型城镇化背景下低碳经济的发展之路》，载于《湖南师范大学社会科学学报》2012年第3期，第85页。

⑦ 魏后凯：《中国城镇化新问题新趋势调查》，载于《党政干部参考》2016年第17期，第20页。

农业转移人口，以及东部生态系统自然生产力较高，西部生态环境较为脆弱的特点，如何进行空间规划是一大难题。三是公共资源的合理配置。万军、于雷（2015）指出，城镇化进程中生态红线划定的必要性，现存城市生态空间缺乏有效保护、城市功能布局不合理、资源利用粗放等问题，直接导致公共资源的有效利用率低。在城市层面，生态保护红线是对城市生态系统精细化管理、环境空间有效管控、环境资源可持续利用的有效工具，是真正实现环境系统管理和空间管控的基本制度和有效工具。[①] 四是城镇特色和历史风貌的保存。仇保兴（2016）认为城镇化建设中要“全面保护城镇历史街区，修复城镇历史文脉”。全面推行城市总规划师制度，健全制度以防止行政官员自由处置历史文化遗产。[②]

三、城镇化与生态文明融合的实现路径

在城镇化与生态文明融合的实现路径上，侧重从以下三方面研究。一是提出城镇化与生态文明融合应遵循的原则。这些原则包括发展环境友好型产业的绿色发展原则；以资源高效利用为核心的循环发展原则；以低效能、低污染、低排放为特征的低碳发展原则（王蓓、于海，2013）；[③] 环境正义原则和尊重自然的必要性原则（刘婷，2015）。[④] 二是认为生态城镇化应注意规划与设计。潘家华、梁本凡（2014）认为，需要理性地对城镇化进行规划，实行预算约束，将生态文明理念和原则融入城镇化进程。[⑤] 三是认为生态城镇化应体现人文特色。耿黎明（2017）认为，城镇化的推进“需要根据当地文化、资源特色，植入当地的生态资源、历史资源、人文资源和人文情怀，深刻体现对人的理解和尊重”。[⑥]

---

① 万军、于雷等：《城市生态保护红线划定方法与实践》，载于《环境保护科学》2015 年第 1 期，第 8 页。
② 仇保兴：《论深度城镇化——十三五期间增强我国经济活力和可持续发展能力的重要策略》，载于《中国名城》2016 年第 9 期，第 6 页。
③ 王蓓、于海、王燕、李志勇：《新型生态化城镇路在何方?》，载于《环境经济》2013 年第 5 期，第 54 ~ 55 页。
④ 刘婷：《环境伦理视角下的新型城镇化的生态文明建设》，载于《科教文汇》2015 年第 28 期，第 187 页。
⑤ 潘家华、梁本凡、熊娜、齐国占：《低碳城镇化的宏观径路》，载于《环境保护》2014 年第 1 期，第 35 ~ 36 页。
⑥ 耿黎明：《新型城镇化引领中国未来发展》，载于《中国商界》2017 年第 3 期，第 31 页。

第三节　城镇化与可持续发展

一、城镇化的可持续发展应遵循的原则

随着城镇化发展过程中，人口、资源、环境等矛盾不断加深，将可持续发展理论融入城镇化的规划研究中成为学术界及政府关注的重点，谋求城镇的经济发展、人口增长、社会文化、生态环境、资源供给等多方面的协调一致发展。国内学者从可持续发展理论、低碳绿色理论等角度对生态城镇化的可持续发展进行了深入的探讨。

可持续发展的生态城镇化并不是追求某一方面的发展，而是实现政府积极主导、经济平稳增长、科学教育发展、社会保障完善、生态环境改善、人口合理聚集等全方位的发展。在新型城镇化的推进过程中，中国政府促进城市经济发展的同时必须科学制定方针政策，以资源承载能力为前提，以环境保护为原则，提高生态文明意识与社会保障水平，努力实现城镇的可持续发展与经济的可持续同步发展。生态城镇化应遵循生态目标优先原则，魏澄荣（2015）从自然生态的角度，认为可持续发展城镇首先应制定明确生态开发线路，合理规划生态功能结构，加强水域保护与城市自然生态保护构建城市生态安全体系。[①] 同时也要遵循低碳环保原则。李健荣（2016）分析了阻碍低碳城镇化推进的居民生产方式及粗放型生产方式两个方面。提出实现低碳新型城镇化的关键在于调整能源结构，促进能源创新，实现清洁能源和可再生能源的广泛应用。[②]

---

① 魏澄荣：《推进新型城镇化与生态文明融合发展》，载于《城乡建设》2015 年第 31 期，第 4 ~5 页。
② 李剑荣：《多路径推进低碳绿色新型城镇化发展研究》，载于《东北师大学报》2016 年第 2 期，第 137 ~ 142 页。

二、城镇化可持续发展应重视机制建设

破解城镇化出现的问题，保证可持续发展，宏观机制建设必不可少。突出机制建设的重要地位，明确机制建设的具体内容，以保证城镇化过程有明确的方向，具体的路径以及实施的有效性。在机制建设上，侧重于两方面的研究，一是认为城镇化可持续发展应突出机制建设的重要性。赵曦、赵朋飞（2015）提出实现全面推进城镇化的进程必须进行崭新的机制设计。[①] 王伟玲、肖拥军等（2015）提出要确保智慧城市持续健康发展，亟须建立合理的运作机制。[②] 二是认为城镇化可持续发展应明确机制建设的具体内容。曹萍、龚勤林（2016）认为，形成可持续发展的城镇化模式，需要城镇化与生态文明建设的和谐共生机制。[③] 王艳成（2016）认为新型城镇化进程中，通过社会公众参与机制、生态社会产业化机制、生态环境补偿机制、政绩考核机制、“四力一体”的驱动机制等的协同作用，可以有效促进城镇化的可持续发展。[④]

三、城镇化应注意构建生态考评体系

对城市进行生态考评是建设生态文明城市的重要手段。国内关于生态城镇化的考评体系构建主要体现在考评体系的构建方法以及考评体系的指标选取两方面。

薛文碧等（2015）提出在新型城镇化建设过程中，融入生态文明理念和原则是提高城镇化水平，实现经济、社会、生态可持续发展的重要保障，构建了包括经济发展、资源节约、集约高效、生态保护、生态损害、城乡一体、功能

---

① 赵曦、赵朋飞：《现代农业支撑下西部农村小城镇建设机制设计》，载于《经济与管理研究》2015 年第 7 期，第 76 ~ 79 页。

② 王伟玲、肖拥军等：《打破发展困境：智慧城市建设运营模式研究》，载于《改革与战略》2015 年第 2 期，第 75 页。

③ 曹萍、龚勤林：《论中国特色城镇化道路及其推进机制》，载于《四川大学学报（哲学社会科学版）》2016 年第 6 期，第 42 页。

④ 王艳成：《论新型城镇化进程中生态文明建设机制》，载于《求实》2016 年第 8 期，第 60 ~ 61 页。

完善、社会和谐8个反映生态文明的一级指标体系。采用改进的熵值法确认各指标的权重的基础上，对城镇化的生态发展水平进行综合评价。[①] 刘钦普（2013）强调设计低碳城市评价指标时应平衡指标的动态性与静态性，充分反映社会、经济、环境的发展现状与动态调整过程。[②] 钱耀军（2016）从影响生态城市建设的系统因素出发，选取了经济、社会、环境、资源四个层次的指标来衡量生态城市可持续发展态势。[③]

生态城镇化目前在我国还处于发展期，加强城镇化的生态考评体系建设，有利于衡量生态城镇化建设水平，并为我国城市生态文明建设提供指导与前进的方向。从现有研究来看，大多数学者都是基于生态文明的内涵来研究并构建生态考评体系。

第四节　综合评述

通过对国内外生态城镇化的理论溯源与梳理，可以清晰地发现生态思想与城镇化思想融合的丰富过程。国外早期的“乌托邦”“太阳城”“新和谐村”等空想社会思想对人、生态与城市之间关系的一些观点为生态城镇化理论的诞生提供了理论基础，但由于实践的阶段性以及认知的局限性，使这些思想萌芽并未上升到一个系统理论的高度。随着田园城市理论、城市分散理论以及城市集中理论的相继出现，进一步深化了城镇建设过程中经济、社会、自然间的协调发展关系，突出人文关怀的理念，随后步入精明增长、新城市主义、紧凑型城市多元化发展阶段，不同程度地体现了人与自然、经济、社会、环境协调发展的思想，但还缺乏系统性的研究升华，仅形成了生态城镇化的理论雏形。

国内关于生态城镇化思想的研究在早期的“天人合一”思想中有所体现，

---

① 薛文碧、杨茂盛：《生态文明城镇化评价指标体系构建及应用》，载于《西安科技大学学报》2015年第4期，第512～516页。

② 刘钦普：《国内构建低碳城市评价指标体系的思考》，载于《中国人口·资源与环境》2013年第11期，第280～283页。

③ 钱耀军：《生态城市可持续发展综合评价研究－以海口市为例》，载于《调研世界》2014年第12期，第54～59页。

到近代山水城市概念的提出，开启了生态城镇化道路的探索与研究。党的十八大以后，随着国家及相关部门的重视，生态城镇化的研究达到了高峰。城镇化建设中贯彻生态文明思想，实现城镇化模式的转型，资源环境的有效利用，公共资源的合理配置，城镇化与生态文明融合的实现路径，城镇化可持续发展的机制设计以及生态考评体系的建立均成为理论研究关注的焦点。

综上所述，对生态城镇化的研究，无论是国内还是国外、无论是经济学还是生态学，都没有系统地反映如何使生态城镇化建设保持长效性、连续性。因此本书从长效机制设计的视角切入，以国内外生态城镇化的历史脉络和理论梳理作为逻辑起点，从决策机制、运行机制、监督机制三方面着手，着力研究构建一种生态与经济、社会、政治、文化一体化的城镇化生态可持续内生发展机制，确保生态城镇化长期运行的平稳性，从而保障生态城镇化的长期建设符合我国“五位一体”战略发展的目标和诉求，具有很好的理论意义和现实意义。

第二篇
生态城镇化长效机制构建的立足点

对目标诉求与现实困境矛盾的解决，可以作为生态城镇化长效机制构建的立足点。生态城镇化是“五位一体”相融合的系统概念，在以生态文明理念统领的基础上，更要用经济系统、社会系统、生态系统协调统一的理念来贯穿城镇化推进的全过程。立足于目标诉求和解决现实困境，将成为后面章节构建长效机制的主题要义，以保证生态城镇化有序性和连续性。

第三章　生态城镇化的目标诉求与现实困境的协调

把城镇化融入政治、经济、文化、社会和生态文明建设，按“五位一体”的总体要求建设并形成良好的组合的生态城镇化，不仅要突出生态文明建设的重要地位，而且要反映和解决生态城镇化的目标诉求。在界定生态城镇化的目标特征基础上，明确提出生态城镇化的三大目标诉求，它包括以人为本、可持续发展和经济行为合理。生态城镇化的目标诉求和现实困境存在各种矛盾，需要从多维度入手，促进城镇化与生态文明融合，提供调整偏差的实现路径选择。

第一节　生态城镇化的目标诉求

生态文明是新时代我国实现城镇化的必然要求，也是中国特色新型城镇化道路的重要特征。本节主要介绍生态城镇化的内涵、特征，并将其与传统城镇化进行对比。

一、生态城镇化的内涵及目标特征

（一）生态城镇化的内涵

生态城镇化是指将生态文明建设融入经济建设、政治建设、文化建设、社会建设中，形成“五位一体”总布局来全方位推进城镇化进程，从根本上改变我国传统的城镇化模式，促使城镇化从仅注重规模扩张和数量增加加速向绿色、低碳、智慧、生态、宜居五位一体融合的方向转型发展，谋求经济社会的可持续发展。生态城镇化，对生态文明理念融入城镇化的要求是全方位的、全过程的，是经济、政治、文化、社会、生态“五位一体”全方位推进的结果。它要求在推进我国城镇化进程中，坚持从实际出发，区别不同区域情况，充分考虑城镇生态环境的可承载能力，统筹考虑当地人口、资源、环境等因素与城镇化建设之间的关系，达到降低环境污染、减少生态破坏，促进可持续发展的城镇化终极目标。

在生态城镇化的推进过程中不仅包含经济发展、政治建设与社会建设，同时还注重文化塑造与生态文明建设，使得我国的城镇化在吸取国外优秀城镇化经验的同时具备民族特色、中国精神。我国传统的城镇化道路相对偏重经济发展与政治建设，忽略了社会建设、文化建设的多样性发展，特别是忽略了与生态文明建设相融合，因而是不可持续的，生态资源遭到了不合理的开发利用甚至是破坏。而生态城镇化的理念则是国家“五位一体”发展战略的具体表现，其在城镇化的长期进程中不仅注重经济建设、政治建设与社会发展，同时还兼顾生态文明建设与文化发展。特别是将生态因素纳入城镇化的建设重点，更是突出了“可持续”概念在推进城镇化中的关键性。

（二）生态城镇化的目标特征

从生态城镇化的目标特征上，主要可以概括为：人本化、生态化、特色化和集约化四个方面。

1. 人本化

在生态城镇化过程中，核心是以人为本。以广大人民为核心，推进并实现人的城镇化，把提升人民的生活质量和幸福感作为终极目标。在当前和未来很长一段时间，中国的城镇化就是人的城镇化。城镇化建设以提高“人”的生产与生活福利为出发点，其目的是在城镇化的长期建设中提高“人”的福利水平。因此，我国的城镇化建设必须遵循“以人为本”的内在要求，合理引导城镇人口流动，推动农业转移人口市民化，不断提高城镇人口素质，促使城镇居民共享建设成果。[①]

2. 生态化

生态化是生态城镇化的基本特征。作为一种理念，生态城镇化要求将生态文明融入城镇化建设的全过程，从人与自然关系的角度来反映城镇化建设的可持续性。它不仅要求城镇化建设以生态环境承载力为基础，而且要求符合自然规律，反映“绿色、低碳、智慧、生态、宜居”社会目标。因此，将生态文明理念融入推进生态城镇化建设的全过程，可以为生态城镇化的建设提供可持续发展的方向。

3. 特色化

在生态城镇化的长期建设中必须充分考虑各区域的文化环境、风土习俗及资源禀赋状况，我国23个省、4个直辖市、5个自治区、2个特别行政区总计34个省级行政区，拥有不同的资源环境禀赋，因而产业发展路径也应有不同，要充分注重地方发展特色，发挥区域竞争优势，创建符合各地区域特点的生态城镇化路径。这种路径选择不能一刀切，也不能是一种模式。

4. 集约化

集约化是生态城镇化的又一个基本特征。我国的土地、淡水等战略资源从总量上有一定规模，但从人均占有量上都十分匮乏，因此，推进生态城镇化从长效可持续性上讲，必须在内涵增长上下功夫，不仅要加强城镇化的建设规划，而且要加强城镇化管理，完善运行制度规范，真正走高效集约的发展道路。

（三）生态城镇化与传统城镇化的比较

与传统城镇化相比，生态城镇化有了质的飞跃，其发展路径选择上更多地兼顾城镇化建设和生态环境改善关系。而传统城镇化与生态环境改善不相兼容，是一种典型的三高一低即“高投入、高消耗、高污染、低效益”的粗放型发展模式。

生态城镇化从实际出发，坚持全面协调可持续发展理念，将生态文明融入我国推进城镇化建设过程，统筹考虑推进过程中人口、环境、产业、社会和谐

---

① 《国家新型城镇化规划（2014—2020年）》，国家发展和改革委员会，http：//ghs. ndrc. gov. cn/zttp/xxczhjs/ghzc/201605/t20160505_800839. html。

等诸多因素的相互关联，谋求全面建设资源节约、低碳环保、环境友好、经济高效的绿色生态城镇，使城镇化建设步入新型健康可持续发展的良性轨道。

二、生态城镇化目标诉求的内容

从目标诉求上概括起来，生态城镇化主要体现为三个方面：一是以人为本；二是可持续发展；三是经济行为合理。

（一）以人为本

人是发展的根本动力，也是发展的根本目的。习近平提出，要着力践行以人民为中心的发展思想，把实现人民幸福作为发展的目标。[①] 我国的城镇化建设必须遵循“以人为本”的指导方针，其出发点是“人”整体福利的提高。把“以人为本”作为生态城镇化的出发点，也就是以提高“人”的生产与生活福利作为出发点，其目的在于推进城镇化的过程中提高“人”的福利水平。经济收益只是“人”福利的一个方面，生活质量、居住环境、可持续发展规划等，都是福利所应纳入计算的范围。传统的城镇化更多地注重提高相关主体经济收益，而生态城镇化则明确“以人为本”的发展目的，是以提高“人”的整体福利为出发点。

生态城镇化的目标与新型城镇化的目标具有高度一致性。二者的核心主体都是人，都要突出以人为本，绿色、高效、低碳、集约，使人的生存环境和发展环境得到保证，把以人为本的理念贯穿到城镇化发展过程中，提倡人与自然和谐，提出要降低二氧化碳排放量，到 2035 年实现温室排放“零增长”，到 2040 年实现能源消耗零增长。通过生态城镇化建设，不断降低二氧化碳排放，实现城市生态化、低碳化，达到人与自然、人与城市、人与人和谐共生的“以人为本”的根本目的。具体到碳排放这一指标，从源头上减少碳排放，推进生态城镇化，就必须采取各种措施减少这类碳排放量，实现碳排放减排目标。有报告显示，2015 年我国煤炭消费约占全球总量的 50%，在我国一次性能源生产

① 中共中央宣传部：《习近平总书记系列重要讲话读本》，人民出版社等 2016 年版，第 128 页。

和消费结构中，煤炭分别占72%和64%左右[①]。《BP世界能源统计年鉴》2018反映，我国是世界上最大的能源消费国，2017年能源消费占全球消费量的23.2%和全球能源消费增长的33.6%。[②] 大量使用这些资源不仅会引起碳排放量的增加，还造成资源短缺。我国碳排放总量近20年来不断增加，能源利用效率低，人均碳排放量高，碳排放总量居世界第一。因此，在生态城镇化推进中，要坚持"低碳""生态"发展理念，节约使用资源，减少碳排放，以人为本，最大限度地满足人的生存需要、发展需要和享受需要，有效的兼顾减排与发展二合一目标。

（二）可持续发展

可持续发展目标包含人与经济、社会的和谐可持续发展的多元统一性。其中经济的可持续发展是物质基础。经济可持续发展目标是在城市发展中要体现经济高效性、循环性及和谐性。经济和社会发展不能超越资源和环境的承载能力。确保人类的经济发展行为不超出地球的承载力，不仅需要使可再生资源的消耗速率低于资源的再生速率，而且需要使不可再生资源的利用能够得到替代资源的补充。

可持续发展包含两方面内容，一是要优先考虑人们的基本经济需要，二是应在环境容量限度内进行发展，不损害后代人的经济发展能力。生态城镇化的发展是围绕人来展开的，它不是指个体的人，也不仅指当代的人，而是当代人与后代人的综合体，要兼顾代内与代际间关系，不能以当代人需求的满足来损害后代人的需要，必须考虑资源的承载能力，合理规划、设计、调整经济结构和产业结构。只有尽可能减少生态足迹，节约资源、保护环境，确保经济结构、产业结构符合低碳生态的要求，才能实现可持续发展目标。

（三）经济行为合理

经济行为表现为生产、交换、分配和消费四个环节，消费是四环节之一，

① 《2015年我国煤炭消费约占全球总量一半》，中国产业信息研究网，http：//www.china1baogao.com/news/20160525/4032404.html。

② 《BP世界能源统计年鉴》2018版，https：//www.bp.com/content/dam/bp-country/zh_cn/Publications/2018Chinaonepager.pdf。

且为最终环节，它会对生产环节形成倒逼机制。经济行为的合理可以通过消费行为的合理来体现，消费行为的合理又可以通过人的衣、食、住、行来检验。

经济行为合理这一目标要求城市消费要符合低碳消费、减少污染的原则，通过消费转型促进人的消费理念、消费习惯、消费行为改善，在构建生态城镇化中实现经济行为和人的行为的合理目标。生态城镇化发展要体现以人为本的经济行为的合理目标，可以在人的衣、食、住、行等方面消费上强化低碳化、环保化消费行为。

第二节　生态城镇化的现实困境

在生态城镇化过程中，传统城镇化与生态文明建设矛盾突出，主要体现在经济现实与目标诉求存在较大偏差、传统城镇化与生态文明的融合困难重重。

一、经济现实与目标诉求存在偏差

生态城镇化的发展，要求体现以人为本、可持续发展及经济行为合理的三大目标诉求，但经济现实与目标诉求存在较大偏差。

（一）以人为本目标出现偏差

以人为本目标的偏差反映在人的主体地位实现存在障碍。总体目标是要走绿色、低碳、集约、高效的新型城镇化道路，在生态城镇化发展中体现以人为本的宗旨，实现人与人、人与自然的和谐融合。但在城镇化的实际推进中，却出现了土地城镇化的不良倾向，进城的农民并未与城市形成真正的融合，离市民化的目标还有很大差距。[①] 同时，一些地方强征农民土地，强迫农民“上楼”

① 胡雪萍、李静：《我国城镇化面临的两难抉择及其破解对策》，载于《理论探索》2015 年第 5 期，第 15 ~ 22 页。

的现象也屡屡出现，违背了农民的意愿，与城镇化的总体目标相去甚远，也使得生态城镇化目标的实现出现偏差。

（二）可持续发展出现偏差

可持续发展出现偏差，主要表现为城市经济发展出现了不可持续问题，进而影响城市经济、政治、文化、社会、生态文明的可持续发展。经济不可持续的偏差主要有三个方面：一是经济结构不合理，高耗能产业在经济结构中占比较大，导致经济发展不可持续；二是经济利益不协调，经济内部的企业短期利益与社会利益的不相协调，导致不合理经济外部化；三是经济资源使用不科学，特别是对土地的利用缺乏规划性，导致经济资源利用不可持续。

1. 以高耗能产业为主的经济结构失衡

我国经济仍处于工业化加速发展阶段，高耗能产品所带来的利益空间使高耗能产业增长迅速，也使重工业在整个经济中占有较大比例，形成以高耗能为主的产业结构。典型的如化工、电力、有色金属、水泥等高耗能产业，虽然为人们提供了不可或缺的消费品，但也影响到资源、环境的可持续利用，影响到经济的可持续发展。

2. 企业短期利益导致的外部不经济

企业作为理性经济主体，追求利润最大化是企业的目标和动力，无可厚非。但企业一味追求自身短期利益最大化，而忽略长远经济利益和社会利益，对一些利润高而可能导致高污染高排放的项目，不加以节制，不投入成本采取有效防范措施，就难免会导致外部不经济，企业不合理经济行为短期化、外部化。

3. 经济资源利用的非科学规划

土地资源是经济资源中的一个重要形式，非科学规划土地资源的利用表现：一是土地财政在地方政府的收入来源中发挥着主要作用，政府对出售土地的依赖性增强，造成城市建设用地规模的不断扩大和农用耕地的不断减少。在城市建设上，城市的绿地空间面积的发展受到挤压。城市的宜居度降低，影响到低碳生态城镇化设计目标的实现。据《2018 年中国国土绿化状况公报》显示，2018 年全国城市建成区绿地率达 37.9%，人均公园绿地面积为 14.1 平方米[①]，

① 《2018 年中国国土绿化状况公报》，国土资源部，http://www.mnr.gov.cn/dt/ywbb/201903/t20190312_2398275.html。

与世界上绝大部分宜居城市 40～70 平方米左右的人均公园绿地面积相距甚大。二是城市设计规划布局不合理。在城市的规划布局上，生态紧凑型的城市规划理念还未充分体现出来，在城市规划上仍然沿用传统的宽松型城市规划布局，既增加了居民的交通成本，又加剧了温室气体的排放，而且使城市的土地资源使用得无效率，导致经济资源利用不可持续。

（三）经济行为出现偏差

从以人为本的角度来说，不合理的消费行为，不仅会加大碳的排放量，影响人的生活质量，而且也会加大资源的过度使用，是产生偏差的终极体现，同时也会影响生产行为的合理性，与生态城镇化的目标诉求相悖。生态城镇化发展的经济行为出现偏差，最直观的反映为人的衣、食、住、行等方面的消费行为出现偏差，消费行为不合理。[①]

1. 衣

我国是全球最大的服装消费国和生产国，纺织服装行业作为我国传统优势产业，碳排放量比较高。现代社会服装潮流变换太快，服装使用周期变短，进一步扩大了服装垃圾中的碳排放量。

2. 食

在粮食作物的种植过程中，机械总动力、化肥、农药、农用柴油、秸秆均会影响碳排放，其中农用柴油碳排放最高。我国是世界上化肥消耗量最大的国家，也是世界上唯一以煤为主要原料生产氮肥的国家，这会进一步加大碳排放。

食品是人类生存和发展的最基本物质。食品需求的扩大促进了食品行业的发展，由食物所引申的产业链，从粮食作物的传统种植，到工厂的加工、包装，最后经过家庭烹饪转为餐桌上的熟食，每一个阶段都会产生碳排放。在食物的加工、包装过程中，包装材料的非环保性，机器设备的低效性均加大了碳排放量。

3. 住

对住房的需求是人的物质需要中的重要组成部分。对住房需求的扩大，直接推动建筑业的发展。建筑业作为高能耗、高碳排放行业，在建筑物的材料使用、维护更新与拆除过程中都会释放出较高的二氧化碳。

---

① 胡雪萍、李静：《生态城市发展的目标诉求及其实现路径》，载于《城市学刊》2015 年第 1 期，第 1～5 页。

4. 行

行主要反映在交通工具的使用上。随着社会的发展，人的生活水平不断提高，越来越多的消费者倾向于使用私家车，这无形中增加了碳的排放。据公安部交通管理局发布的数据显示，2018 年，全国机动车保有量为 3.27 亿辆，其中汽车达 2.4 亿辆。[①] 而汽车的碳排放量在碳排放总量中占比是比较高的。

此外，在人的消费行为中，人的消费习惯的改变也影响碳的排放。随着物质财富的积累，部分消费者的消费由节俭型转向奢侈型，而每一种高档奢侈品从设计、生产到销售都远比普通商品要消耗更多的资源，排放出更多的碳。

二、传统城镇化难以和生态文明融合

生态文明是以人与自然、人与人、人与社会和谐共生、良性循环、全面发展、持续繁荣为基本宗旨的社会形态。我国城镇化高速发展过程中自然资源短缺已成为制约城镇发展的“瓶颈”，生态环境恶化对城乡居民生活品质的提升构成了现实威胁。

传统城镇化强调的是土地的城镇化，以地为本，更多追求的是经济目标，而这源于传统的政绩观。为了 GDP 更快增长，吸引更多外商投资，需要超前建设基础设施来获取城市间的竞争力，城镇化沦落成为以地为本的城市经营。

生态文明建设是生态城镇化的应有之义。虽然我国大部分地区提出了建设生态城镇化的口号，但是城镇化进程中城镇化与生态文明的融合依然困难重重，存在诸多难点问题。

（一）融合的发展理念存在偏差

融合的发展理念存在偏差，甚至彼此对立。长久以来，在地方经济发展中生态环境保护与城镇化推进是一种对立的关系。一方面，工业化进程推动城镇空间不断扩张，粗放型的工业化进程加剧，导致城镇生态环境遭到严重破坏；另一方面，维护生态平衡、保护生态环境，就必须限制资源开发、约束空间布

---

① 《2018 年小汽车保有量首次突破 2 亿辆》，公安部，http://www.mps.gov.cn/n2254098/n4904352/c6354939/content.html。

局，这成了一个“非此即彼”的两难选择。生态文明建设和城镇化被人为地割裂对立起来，从而导致城镇化发展忽视生态保护，土地资源、水资源、森林资源、能源矿产资源危机加剧，生态文明建设跟不上经济发展。比较普遍的是唯GDP论。即以GDP的统计数据作为考核地方政绩最核心甚至是唯一的指标。

在唯GDP论作用下，征地圈地十分积极，大搞形象工程建设，大面积乱批乱占土地情况严重，而人财物等生产要素也向城市聚集，城市规模越来越大，交通、住房和生活压力不断增大，导致资源短缺、环境恶化问题越来越严重。另外，在唯GDP论的影响下，地方财政忽视了对环保和生态环境治理的投入，尤其是一些小城镇，甚至出现环境保护无机构、无编制、无人管的尴尬局面，不利于经济的长远发展和居住环境的不断改善。

（二）融合的社会意识薄弱

生态文明与城镇化相融合，要求公众具备一定的生态文明和可持续发展理念。但在城镇化现实中，公众的生态文明意识水平并不高，还没有完全树立尊重自然、保护自然的理念，并没有从意识上接纳生态文明的思想，这在一定程度上影响了生态文明的建设进程。另外，随着居民生活水平的提高，受一些落后的消费观念的影响，居民过度消费、铺张浪费等不理性消费行为大量存在，人们向环境索取过多，生态环境更加脆弱。虽然居民生活水平大幅提高，但人们的财富观念并没有与时俱进，大部分人的财富观念仍停留在物质财富上面，还未形成物质财富、精神财富和生态财富一体的财富观念。因此，公众应该具备生态文明建设的大局意识。只有公众整体的生态文明意识提高了，生态文明建设才能更好地融入城镇化的全过程。

（三）融合的体制机制落后

城镇化与生态文明融合艰难，其中一个很重要的原因是与之相配套的机制落后，不符合新时代对城镇化发展的要求。

1. 考核机制不全面

以经济增长作为考核的核心，是过去政绩考核惯常做法，这种不全面的考核，导致一些政府部门为实现经济增长目标不惜牺牲资源和生态环境，最终导致经济发展模式脱离生态文明建设轨道，各行其道，各自为政。

2. 补偿机制不完善

补偿机制的不完善，主要反映在生态补偿的不均衡性、单一性、生态补偿成本与效率的不匹配性，[①] 导致城镇化建设忽略了对资源的高效利用、对环境的保护，使城镇化与生态文明融合遇到阻碍。

3. 权利主体不分明

我国现行的市县规划体系存在各类规划分属不同部门集权管理、自成体系的问题，因此就造成了权利主体不分明、城镇化发展不协调的现象，各部门的发展重点不同，在城镇化和生态文明的融合上形成障碍，从而也使总的规划意图难以落实。

（四）融合的能力欠缺

融合的能力是指在城镇化进程中，将生态文明融入城镇化建设的实践水平和能力。而当前各地城镇化与生态文明的融合发展受到实践经验缺乏、创新意识不强、建设能力不足的严重制约。我国大部分地区推进生态文明建设的积极性很高，也新建了不少推进生态城镇化的项目，但并没有使城市的生态得到较大改善，从政府角度来看可以归结为融合发展能力不足，新思维、专业的人才及实用全面的技术等要素缺乏，与百姓生活息息相关的公共品及生态产品供给却严重不足。因此，形成有特色的城镇化发展模式是我国当前面临的重大课题。此外，在生态文明融入城镇化过程中，技术层面上缺少必要的规划建设技术和配套的专业人才，在实际的推进过程中暴露出目标定位模糊、特色缺乏、功能不实用等诸多问题。融合发展能力的不足，导致了生态文明建设和城镇化的融合在推进过程中困难重重，而这些都是地方应该修炼好的内功。

第三节　目标诉求与现实困境的协调

生态城镇化的目标诉求和现实困境存在各种矛盾，需要从多维度入手，调

① 胡雪萍：《完善我国生态补偿制度应注重顶层设计》，载于《桂海论丛》2015 年第 2 期，第 9 ~ 14 页。

整现实偏差、探寻城镇化与生态文明融合的路径。

一、调整现实偏差可供选择的实现路径

面对目标诉求与经济现实的偏差，需要寻找合适的可供选择的实现路径，来摆脱困境，调正方向，确保实现以人为本、可持续发展和经济行为合理的生态城镇化发展目标。

（一）把科技创新作为生态城镇化的支撑

科技创新解决资源、环境问题，实现经济发展和生态发展共赢，也是生态城镇化长效运行的动力。应把科技创新作为生态城镇化的支撑。首先，科技创新可以提高经济资源利用效率，促进经济结构合理转变。我国目前产业仍以煤炭、石油为主要能源支撑。我国短期内还不可能放弃煤炭使用，但可以借助科技创新手段，提高煤炭的利用率，在现有基础上降低煤炭的能耗量，促进能源结构和经济结构加快合理转变速度。其次，科技创新可以推动低碳技术开发利用，促进产业技术结构升级换代。在低碳技术领域，发达国家的综合能效比中国高10%。因此，要加大研发投入，引进科技人才，推动支持科技运用。新能源的开发、建筑材料等产业的低碳化均需要技术支持。通过创新低碳技术，支撑产业低碳化，可以从源头、过程、结果三个方面着力，建成一条高科技的低碳产业经济链条，优化能源结构，加大清洁能源的使用范围和使用比重。通过创新开发生物能和核能，推广如碳捕捉、封存技术等低碳或无碳技术，可以提高能源使用率，提升产业结构水平。[①] 最后，科技创新可以为治理污染、保护环境提供技术支持。目前生活垃圾无害化运输处置，是城镇化面临的较突出的生态难题，而秸秆焚烧、机动车尾气排放都是空气污染的主要根源。在城镇化中须加强秸秆综合利用、生活垃圾无害化处理技术、机动车尾气净化的技术处理能力，为实现城镇化的生态目标提供基础。[②]

---

① 胡雪萍、李静：《生态城市发展的目标诉求及其实现路径》，载于《城市学刊》2015年第1期，第1~5页。

② 孙丽欣、张国丰：《科技创新对河北生态城镇化发展的驱动影响研究——基于灰色关联分析》，载于《当代经济管理》2016年第5期，第57~62页。

（二）把推动结构合理化作为生态城镇化的内核

经济结构合理化，是生态城镇化发展的内核。在我国目前的经济产业结构中，第二产业仍占较大的比重，而第二产业大多为资源消耗多、碳排放量高的产业，有必要促进经济结构合理转型。经济结构合理转型的关键是要促进产业结构合理转型：一是促进产业比重合理转型，通过转型经济结构，调整产业结构，降低第二产业比例，增大第三产业的比例，如在产业结构中增加旅游业、金融业等的比重；二是促进产业形态合理转型，把产业从资源密集型调整到技术密集型、知识密集型，使资源消耗多、环境污染大的产业退出市场或难以进入市场，从而减少对环境造成的负面影响。经济结构合理转型，可以促进城镇化转型。有必要将粗放型的城市发展模式转变为集约式、低碳式的城市发展模式。一方面要集约高效利用能源，有效降低碳排放量和能源使用成本。另一方面要合理规划土地使用空间。应高度重视土地规划的科学性。首先，重视城市绿化区质与量的设计。不仅合理规划城建用地与绿化用地的比例，增加人均绿地面积，而且应该选择碳汇能力强的植物和绿化区类型。[①] 其次，重视城市土地使用密度的设计。根据格莱泽和卡恩的高密度中心区的人均碳排放量要比低密度的郊区少的结论，应严格规划土地，增大土地使用密度，提高集约规模效应，形成紧凑型城市空间结构，有效降低碳排放，促进城市可持续地利用土地。[②]

（三）把坚持市场化主导作为生态城镇化的运作模式

坚持以市场化运作为主导的原则，不是要否定政府的作用，而是要求在坚持市场化运作为主导原则的基础上，更好地发挥政府的作用。[③]

1. 坚持市场化主导

在生态城镇化中，控制碳排放是一项关键性问题。可以建立碳交易市场，充分运用市场化机制，降低节能减排成本，促进低碳企业的健康发展。加强市场竞争，扩大资金融资渠道，为低碳企业提供有力的市场资金支持。健全能源

---

① 胡雪萍、李静：《生态城市发展的目标诉求及其实现路径》，载于《城市学刊》2015 年第 1 期，第 1 ~ 5 页。

② Edward L. Glaeser, Matthew E. Kahn. The Greenness of Cities: Carbon Dioxide Emissions and Urban Development. http://www.nber.org/papers/w14238.

③ 胡雪萍：《完善我国生态补偿制度应注重顶层设计》，载于《桂海论丛》2015 年第 2 期，第 9 ~ 14 页。

价格机制、有偿污染标准，根据市场机制，对碳排放量高的产业提高供应价格，建立等价交换的碳交易市场。

2. 发挥政府引导作用

在碳排放上，同样体现政府的引导作用。在控制碳排放中，要充分发挥政府的管理作用。根据城镇化的目标和减排承诺，确定全国总的碳排放量，规定碳排放红线，在全国碳排放总量基础上，地方政府根据当地资源条件、技术水平和潜力，设置地方碳排放红线。多措并举严守碳排放量红线。①

二、生态城镇化与生态文明的融合路径

传统的城镇化已经难以适应时代要求，针对城镇化和生态文明建设融合存在的难点，要谋求新的解决路径。生态城镇化以人为本，追求城乡经济、社会、环境的协调发展；以提升城市的文化、公共服务等内涵为中心，追求城镇化的发展质量；以维护生态环境为目标，以集约高效利用资源、研发新能源为特色，打造循环高效、生态友好的人文环境，追求人与自然和谐共生。推进生态城镇化，不仅要追求城镇化对人的意义和价值，而且要重视对自然环境的保护价值，维护、发展、实现人的根本利益，促进人的解放和自然的解放，最终实现人的自由全面发展。

（一）树立融合的发展理念

要真正实现城镇化与生态文明的融合应处理好开放与保护、当前与长远的关系。树立“在发展中保护，在保护中发展”的理念，注重生态效益、开发与保护并重。摒弃过去那种过于重视物质财富的财富观，树立新的融物质财富、精神财富、生态财富一体的新财富观。城镇化与生态文明的融合发展是一个长期而复杂的系统工程，要求各主体共同参与，除了突出政府的主导作用外，要促进企业和社会组织承担起应尽的责任和义务，还要推动社会公众树立生态责任意识，改变不良的生活习惯，成为生态城镇建设的自觉践行者。

① 胡雪萍、李静：《生态城市发展的目标诉求及其实现路径》，载于《城市学刊》2015年第1期，第1～5页。

在城镇化规划中要守住生态保护、土地开发、资源环境利用这三条红线。把城镇化规划与生态红线保护规划衔接，强化刚性约束，落实管控措施，构筑生态屏障，维护生态安全。以生态文明理念为指导，因地制宜，将区域内各地区按照区位特征、环境条件、发展潜力，确定不同开发区的发展内容和发展目标，避免盲目开发所导致的低效率和生态环境破坏。

在城镇化建设中需要尊重规律、尊重自然、尊重群众意愿。在城镇化进程中，处理好人与人、人与自然、人与社会的关系。尊重城镇化发展的客观规律，使城镇化的推进建立在资源可承载、环境可容纳的生态基础上。

在城镇化管理中加强生态环境基础设施建设。加大生态环境基础设施的投入，一是对物质方面的投入，将人力、物力、财力等有形资本投入环保设施建设、环保管理生态能力恢复中去；二是无形资本的投入，号召全社会各阶层关注环保，保护生态。通过有形资本和无形资本共同投入，全社会共同参与，才能实现城镇化与生态文明的融合，推进真正的生态城镇化。

（二）完善融合的制度保障

城镇化与生态文明的融合离不开制度的保障，良好的制度对城镇化的发展有极大的促进作用，而落后的不完善的制度难以发挥各因素的作用甚至还会阻碍生态城镇化的发展。

建立严格的资源开发保护制度、资源有偿使用制度，推动自然资源产权制度改革。明确产权主体的权利与责任，依据法律开发、利用、保护自然资源，从而提高资源的使用效率，优化资源的配置。明确权利与责任主体，推进市县“多规合一”，统一编制市县空间规划，逐步形成一个市县一个规划、一张蓝图。

（三）构建融合的评价体系

在城镇化进程中，如何评价其与生态文明融合的程度，需要达到哪些指标，对推动生态城镇化具有重要的指导意义。需要建立城镇化与生态文明融合评价指标体系，以明确生态城镇化的目标，指标体系的设立要考虑经济、社会、环境、基础设施的提供等领域。测定城镇化与生态文明二者之间的融合度，是一个现实难题。目前国内论述生态文明评价指标体系的文献还很少，还未有生态文明与城镇化耦合度的评价指标体系，现有的生态文明建设与城市化协同发展的指标体系未能清晰体现二者的融合状况。因此，评价城镇化与生态文明是否协调，需要对两者的耦合关系进行准确的把握。可以考虑城镇化与生态文明融合评价体系的一级指标应由“生态经济”“生态社会”“生态环境质量”“生态基础设施”等概念构成，每个一级指标再设置若干二级指标，以此构成城镇化与生态文明融合的评价指标体系，具体如图 3－1 所示。

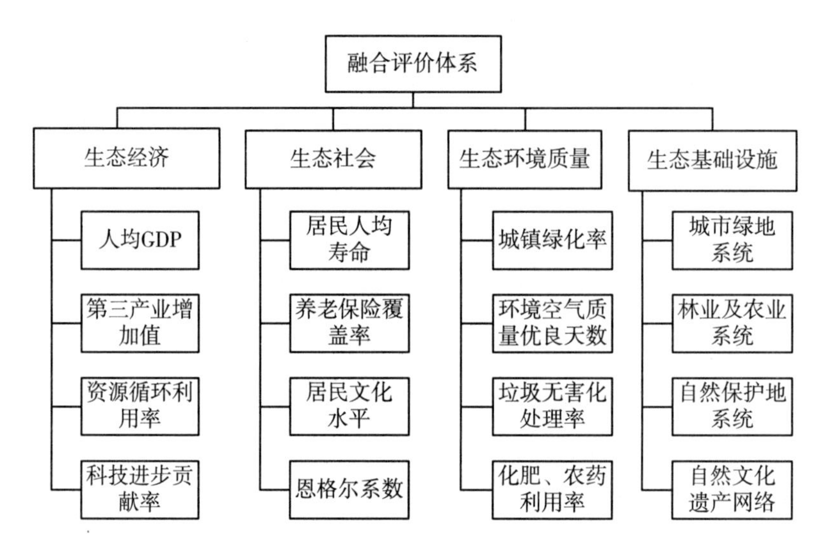

图 3－1　生态城镇化与生态文明融合的评价指标体系

构建融合的评价体系可对各地城镇化与生态文明融合状况进行综合评价，通过评价体系的不断完善，考核推进城镇化与生态文明的融合。

第三篇
生态城镇化长效机制设计

生态城镇化的持续性和常态化，需要长效机制来保障。生态城镇化长效机制的构建，是根据对长效机制构建的逻辑起点的探索，立足于生态城镇化建设的目标诉求与现实困境的现实问题的解决，并综合国内外生态城镇化建设的经验来着力的。本篇重点对国内外生态城镇化建设经验进行总结，同时结合前两篇的基础，对生态城镇化长效机制的总体框架提出设计思路。

第四章　生态城镇化的典型案例及启迪

世界上很多国家包括中国在生态城镇化方面有着较为成熟的经验，通过介绍国内外生态城镇化的典型案例，可为我国生态城镇化的长效发展提供启迪。

第一节　国内生态城镇化的典型案例

国内生态城镇化典型案例成功的原因在于，均采用了因地制宜的特色化空间布局和生态格局，以生态技术创新为动力，贯穿“绿色产业先行”推动产城融合的理念，实现了以人为本、可持续发展、经济行为合理的生态城镇化目标诉求。

一、天津滨海新区的中新天津生态城

中新天津生态城，位于中国“京津冀协同发展”重要战略的组成部分——天津滨海新区，是世界上第一个国家间合作开发建设的生态城。2007 年，国家建设部与新加坡国家发展部正式签订《中华人民共和国政府与新加坡共和国政府关于在中华人民共和国建设一个生态城的框架协议》，标志着中新生态城正式投入建设。经过全面推进，已经取得初步成功，为我国其他城市的生态城镇化建设提供借鉴和参考。

中新天津生态城借鉴新加坡等发达国家的新城镇建设经验，从选址、规划

设计、建设目标到建设过程、投入使用等各个环节，均遵循不占用耕地、节约用地和节约用水、实现资源循环利用，增强自主创新能力的原则，以可持续发展为目标，致力于建设成为经济发达、社会和谐、环境优美等特点为一体的宜居生态型新城区。中新天津生态城在结构规划、生态技术创新、生态量化评价体系以及产业战略方面都有自己独特的经验。

（一）结构规划——划片区特色发展

中新生态城整体结构规划特点是形成“一轴，三心，四片”的空间布局和“一岛三水六廊”的生态格局。以生态谷为城市主轴，设立一个城市主中心，两个城市副中心，建设四个综合片区，以生态岛为中心，围绕清净湖、故道河、蓟运河三水，构建六条生态廊道，覆盖生态城各个功能需求。天津生态城四个片区的规划设计借鉴新加坡“邻里单元”的理念，划分出不同的生态社区，进行建设，从而优化利用资源。

（二）进行生态技术创新

中新天津生态城起步区生态科技园开发设立了“低碳体验中心”项目，用来展示中新两国在可持续发展、绿色建筑技术和商业应用等方面的合作的最佳实践成就。该项目面向公众展示低碳设计特色，兼具体验性、互动性和教育性，十分符合生态科技园研发办公的需求。

此外，为提高室内空气质量，中新天津生态城引入新风系统。其原理就是在室内高位、地面墙壁设置通风管，运用压力差原理做到空气交换，同时，加强在传送管道的过滤净化作用以提升室内空气质量。现已成为全国首个绿色发展示范区。

（三）生态城市指标体系的完善

中新两国政府确定生态城选址以非耕地为主，在水资源缺乏地区，靠近中心城市，节约基础设施建设成本。两国政府提出生态城要努力实现“人与人、人与经济、人与环境和谐共存”的“三和”，以及“能实行、能复制、能推广”的“三能”目标。

目前在国际上，对生态城还没有完整的量化评判体系，中新生态城项目做到了先行。中新两国规划团队制定了包括22项控制性指标和4项引导性指标在内的生态城市指标体系，并有一整套考核、监测、统计、评估系统。

根据该指标体系，生态城要求绿色建筑达100%，即使在新加坡，这一标准也仅适用于政府投资的2000平方米以上建筑；到2020年，可再生能源利用率不低于20%，与欧盟届时的标准相当；土地开发方面，划定适建、已建、禁建、限建区，建设用地混合布局，确保居住与就业平衡；生活垃圾无害化处理率100%、每天人均垃圾不超过0.8公斤的控制性标准，低于日本和美国的1.1公斤和2.18公斤。

（四）产业先行战略

“产业先行”，意味着通过绿色产业的建设，提供就业支撑，使生态城不会成为“空城”。

生态城初步构成文化创意、科技环保、金融商贸、绿色建筑4个无污染、低能耗的现代产业集群。同时发展楼宇经济，向立体空间要效益。30平方千米的生态城，产业用地仅占4平方千米。因此，生态城改变传统产业园区扁平式、占地广、调整难的用地模式，逐步建设成集约型的国家动漫园、国家影视园、科技园、信息园、产业园等。而对于高污染、高能耗、粗放型产业，则设立准入门槛，采取激励措施引进高附加值、高科技型产业。

二、无锡的太湖新城

太湖新城位于无锡市中心，是无锡市政府与国家住房和城乡建设部合作打造的国家生态示范城镇。在政府多年的规划指导下，于2010年正式启动低碳生态城镇项目建设。太湖新城自东向西分为东区、中心区和西区三个区，集技术创意研发、休闲生态旅游、金融商贸于一体。太湖新城利用自身产业结构、发展阶段、区位优势等特点，在空间规划、产业发展、设施完善、生态环境等方面进行积极的探索和实践，打造生态宜居、绿色和谐城镇。因地制宜地开发出高效紧凑的生态城市发展模式，为全国其他城市的生态城镇化建设提供了经验。

（一）重视空间布局优化

太湖新城的定位为旅游现代服务城、战略性产业基地、生态宜居家园。基于集约、紧凑、节能、环保、宜居等发展理念，在规划布局时综合考虑城市功能、绿色交通、能源利用、生态环境以及和谐社会建设等各个方面。太湖新城总面积约150平方千米，新城综合利用原有水系与山体林地，规划了“三纵三横”的绿色生态体系。既保留原有的古物建筑，进行景观绿化，改善河道生态环境，打造生态长廊，又充分利用湿地的天然净水系统改善新城水质，做到生态城镇建设与区域生态环境的协调。

（二）推动产城融合发展

产业是太湖新城可持续发展的重要驱动力。太湖市政府积极转变经济发展方式，推动服务产业生态化，促进产业的优化升级。

为了推进产城融合，太湖市首先明确了新城的发展模式，即现代服务业为主、休闲旅游产业为辅。在发展现代服务业方面，大力扶持绿色现代服务业的发展。在发展休闲旅游产业方面，则大力推进主题展会产业以及生态旅游产业的发展。在生态旅游方面，结合太湖滨水的特色结构，建设一批生态旅游项目，将产业发展、休闲宜居与生态城镇建设有机结合起来。同时，为增加居民的就业岗位，太湖市重点引进并培育如大数据产业园、高新技术产业园以及文化创意产业园等战略性优势产业项目，并大力拉动太湖新城的商务投资，促进生态城镇化形成良性的闭环系统。

此外，太湖市政府不断完善公共服务项目建设。2016年涉及教育、医疗、农贸、金融、社区服务等领域的10个民生配套项目已集中开工，将助力优化太湖市教育、医疗资源的分配、农业产业发展及商业集聚。[①] 这些产业项目的落实与完善，将推进产城融合，为生态宜居城市以及低碳循环型社会的构建提供坚实基础。

（三）完善绿色基础设施建设

太湖新城在基础设施建设方面，最具有特色的是发展绿色交通和绿色建筑。

---

① 《2016太湖新城十个公共配套项目集中开工》，http：//www. sohu. com/a/66998294_116175。

在绿色交通方面，太湖市政府努力构建低碳高效的绿色交通模式，积极引导慢行交通设施规划建设工作，不断完善公交、地铁、自行车等配套设施建设，加强人行道规划与休闲广场以及滨水空间的有机结合，提高城镇个性化利用空间。在公共交通上，大力倡导绿色出行。在绿色建筑方面，在政府的重视与大力支持下，太湖新城的建筑项目质量大大提升。政府还努力完善绿色建筑实施各阶段的监督与管理制度，稳步实现绿色建筑节能与低碳应用量与质的提升。

（四）打造多元生态环境

太湖市在城镇化发展过程中，致力于打造原生态、多元化的生态环境。在城镇规划中充分利用原有的河道体系，在注重保持原生态地貌的基础上，进行景观绿化带的开发和城镇网络的建设。坚持重大水利项目改革和流域治理，修复河岸生态环境，整治河道，改善水质，营造良好的绿化环境，为生态宜居城市的建设提供优美的环境。

第二节　国外生态城镇化的典型案例

国外生态城镇化比较有代表性的国家有美国、澳大利亚、瑞典、日本、巴西。其主要体现出的代表性要素是绿色交通、“以人为本”的城市规划理念、“行人为先，公交优先”的交通组织、可持续能源、低碳化建筑、“公交导向式”城市生态规划等。

一、美国

美国的生态城镇化重点集中在倡导绿色交通，推进城市绿化方面。

在倡导绿色交通方面，美国很多地区都积极发展公共交通，倡导人们绿色出行，减少私人汽车的使用频率，如伯克利、波特兰、芝加哥等地区都是很好的典范。伯克利城市化绿色发展开始于1975年，由美国生态学家、国际生态城镇化运动的创始人理查德·雷吉斯特发起，倡导公共交通系统取代小汽车，以此降低城市污染物的排放。①

二、澳大利亚

澳大利亚的阿德莱德市早在1992年就提出了关于生态城镇化的“影子规划”设想，该规划展示了城市生态规划和发展框架下，如何进行生态城镇化。

在城市规划方面，阿德莱德市始终坚持以人为本为指导，以创造更多的就业机会和社会价值为目标。该市大力发展公共基础设施，在街道、车站和大楼内，随处可见提供给残疾人使用的轮椅通行的专用通道。此外，还有很多方便小孩、老人、孕妇等的设计，使用者能够在使用过程中感受到无微不至的人文关怀。

从城市规划管理体系上来看，该国采用分级管理制度，各级政府都有非常明确的分工。南澳洲政府负责协调道路、供水供电等跨区域的重大基础设施的建设；州政府控制大的区域，制定发展大纲，控制总体规划用地性质和道路网架以及公交线路，居住区的规模和功能等；州政府下的各市政府负责本区域的规划编制和管理工作。政府规划管理部门每隔3～5年就会对规划的执行情况进行检查，由政府的专门机构与政府各部门、土地所有者以及开发商进行商量以及了解情况，进行汇总，梳理整理，提出是否需要调整的建议。城市的总体规划有着非常好的延续性，新的规划只能在原有规划的基础上进行局部的补充和修正，而不会有大幅度的调整和改变。在调整过程中各种规划相互呼应，以适应城市的发展需要。

城市的交通组织方面。阿德莱德的城市交通组织实行“行人优先，公车优先”的策略，道路路网密集程度高，通达性好，从上至下整个城市的交通道路被区分为七个等级，道路规划注重将车辆引导到城市的主干道上，为市民的居住提供一个安静、舒适的环境。在主次道路交叉口设置行人手动调控操作系统，在居住区一般道路设置人行横道，所有车辆不允许停靠在人行横道范围内以方便行人优先通行。城区内还规划了供市民跑步和散步的步行系统以及自行车系

---

① 胡雪萍：《中国城市化绿色发展的思考》，引自《“外国经济学说与当代世界经济”学术研讨会暨中华外国经济学说研究会第20次学术年会论文集》2012年第12期，第225～229页。

统，这两个系统交错成网状，对居民的行动提供了极大的便利。

三、瑞典

作为瑞典的第三大城市，马尔默生态城镇化建设的经验则主要体现在建立可持续发展的能源产业方面。

通过制定相关法律法规，将合理使用能源的标准上升到法律层面，敦促人们形成节能环保的理念。不断修正和完善能源法规和监督措施，指导和制约企业行为，保障相关法律法规的合理性和有效性。

确保能源战略可行离不开政府与企业的通力合作。通过政府和企业间的合作，为政府决策和投资提供正确导向，避免投资和决策的盲目性，保障能源战略合理高效，促进生态的可持续性和经济社会协调发展。

税收、财政、经济政策均全力保证生态化发展。针对生态污染企业行业，开征阶梯燃油税、二氧化碳税；针对生态良好企业，减免税收，给予奖励。

四、日本

日本城市的生态城镇化建设的经验体现在实现建筑低碳化、改善居民的生活方式和号召民众广泛参与三个方面。一是实现新建建筑物的低碳化，因此，日本建筑低碳的目标在于家庭和办公部门的低碳化。在办公类建筑方面，日本进行了能够减少空调和照明用的能源技术改革，降低建筑物能耗。二是倡导居民改善生活方式，鼓励居民选购低碳环保的生活用品、家用电器以及低碳住宅。三是号召民众广泛参与低碳城市规划，让民众在潜意识里形成环保理念，人人都能培养成为维护生态平衡和环境和谐的卫士。

五、巴西

巴西进行生态城镇化建设的典范是库里蒂巴，它位于巴西东南部，1990 年被联合国命名为“巴西生态之都”“城市生态规划样板”。其经验集中在公交导向式的城市开发规划、实行垃圾回收项目和对市民进行环境教育三个方面。

第三节　国内外生态城镇化的启迪

我国目前正处于城镇化建设的高速发展期，对生态城镇化的长效发展尤需重视。2012 年党的十八大报告提出的“五位一体”建设总布局，从国家战略的层面指明了城镇建设的发展方向。城镇建设中统筹兼顾资源、环境、经济、文化、社会间的关系，建设新型绿色可持续城镇是我国城镇发展的必然趋势。一些成功的国家和地区，在生态城镇化建设上路径选择有差异，但特色鲜明，这为我国的生态城镇化的推进提供了很多可借鉴的地方。通过国内外生态城镇化建设成功经验的总结和借鉴，可以推动我国生态城镇化实现长效发展。

第一，明确发展目标，制定长远规划。中国各城市普遍存在着空间结构差异较大并且发展不平衡的现象，城市清晰的目标与合理的规划是生态城镇化建设的基础与关键。虽然中国多数城市拥有得天独厚的自然资源，依靠自然资源的优势进行城市绿化建设，也建立了很多“园林城市”，但与国外生态城市建设相比，缺乏较为长远的规划，往往导致规划多次变更，成本上升，效果不突出。我国很多城市有很好的潜质，只要找准定位，加强规划，一定会带来更好的效果。

第二，完善管理机制，加强政府战略引导。生态城镇化推进过程中，政府的作用主要在于科学编制规划并监督各级政府严格贯彻。因此要完善管理机制，充分发挥政府的战略引导作用。

第三，全力保护遗迹，融合生态文化建设。我国作为拥有几千年传统文化的文明古国，近年来对于文化的保护力度提升较多，但仍存在为了城镇化建设对历史文化遗址缺乏保护的情况，在城镇化建设中没能很好地体现现代与传承的融合。

第四，强化公众责任，营造良好的生态社会氛围。在城镇化过程中，社会公众树立从自身做起的责任感，也是对环境保护的最好推力。全民积极地参与到各项绿色行动中，有利于形成良好生态氛围。

第五，树立环保理念，促进人与自然和谐共存。要树立社会公众的环保意识，必要时可以制定法律法规来进行社会规范，促进人与自然和谐共存。

第五章　生态城镇化长效机制构建的总体框架

生态城镇化长效机制的总体框架，是指包括决策机制、运行机制、监督机制的三大机制，内在相互关联，相辅相成，协同作用，所构成的推进生态城镇化建设的长效机制。

第一节　生态城镇化长效机制的特征

长效机制是指一整套具有联动性、稳定性、规范性和长远性特征的科学制度体系。长效机制通过其一整套的科学体系确保生态城镇化的长期有效运行，使生态城镇化所要求达到的三大目标能够得以实现。

一、生态城镇化长效机制的内涵

“长效”，是指长期有效，它是相对短期、短效而言的。“机制”，原为机械力学上的术语，指机器的构造和工作原理。后来“机制”被引申运用于自然科学领域、系统论、社会科学领域，泛指一个工作系统的组织或部分之间相互作用的过程和方式。

长效机制是指具有长期性、相对稳定性、可持续性、且能发挥预期功能的制度体系，是能够持久并有效保证实现既定目标的、根本性的制度。长效机制不是一蹴而就的，是需要不断实践、不断探索才能形成的。任何机制都不可能是一成不变、一劳永逸的，长效机制也不例外。制定长效机制，需要根据时间、空间、环境的变化而做出相应调整；需要根据实践的检验而不断丰富、完善和发展。机制要发挥长效作用，就必须要求系统中各要素之间不断磨合，共同成长，相互协调，成为一个和谐的整体。

生态城镇化的长效机制是一个科学配套的逻辑体系，它不仅需要具有完整性，还要有保证制度得以落实的办法和措施，有执行制度的责任主体以及保障制度得以有效实行的环境条件。在实践中，生态城镇化的长效机制还应明确两点：其一，在建立健全长效机制的过程中，要统筹兼顾，既全面推进，又重点突破；既继承经验，又及时创新。其二，在生态城镇化进程中，“长效”意义非凡，传统的急功近利的城镇化模式不可持续，只有生态城镇化的推进，才能造福子孙，实现城镇化的良性循环和可持续发展。

二、生态城镇化长效机制的特征

生态城镇化长效机制的构建，要求从整体、综合的体系性思维，来设计和规范生态城镇化的决策、运行和监督，以确保决策公平合理，运行规范有序，监督激励约束有效。生态城镇化长效机制具有其自身的特点。

（一）联动性

生态城镇化的长效机制是一个综合性的系统，由多种要素共同组成。它包括决策机制、运行机制和监督机制。它们三者形成一个科学的有机系统，共同促进生态城镇化长效运行。长效机制就是要使决策机制科学化、特色化；运行机制规范化、常态化；监督机制合理化、硬性化。使长效机制的各个环节在不同阶段各司其责、各尽其职。

（二）稳定性

生态城镇化是新时代符合经济社会发展大局的科学性抉择，它有利于解决当前我国城镇化建设过程中面临的诸多生态问题、环境问题、可持续发展问题。

生态环境是人与自然长期发展进化过程中形成的，生态环境的破坏也是长期积累起来的，不可能在短期内得以修复。因此，生态城镇化的长效机制必须具备稳定性的特点，不能随意更改。稳定性的长效机制有利于促进生态环境的修复和优化，保证生态城镇化得以实现，实现人与自然的可持续发展。

（三）规范性

生态城镇化长效机制还具有规范性的特点，生态城镇化长效机制的每一个环节都有其严格的规范和标准。规范性的特点要求生态城镇化长效机制从纲领上规范生态城镇化的各个环节，从制度上对生态城镇化制定合理的规范，使生态城镇化长效机制的决策、运行和监督高效科学。同时，通过制定各种标准和制度性安排，保障生态城镇化长效机制的执行标准性。规范性是保证长效机制存在和运行的必要条件，也是长效机制长期发挥作用、具有活力的依托。

（四）长远性

长效机制具有其长远性的特点，对城镇化正常运行和生态的长期稳定的良性发展起到长远的作用。在城镇化的快速发展中，一些地区由于一直沿袭传统的城镇化模式，导致资源和环境问题越来越严重，生态形势变得越来越严峻，对经济社会的可持续发展造成很大影响，直接影响当地居民生态福利的提高，影响代内、代际的公平。要解决这些问题，更需要构建长效机制，使长效机制体现长远性特征，成为长期改善生态环境，妥善处理人与人、人与自然、经济、社会的关系的保障。只有这样，才能使集约、智能、绿色、低碳的生态城镇化道路成为现实，实现人类社会的可持续发展。

第二节　生态城镇化长效机制的三大构成

生态城镇化的长效机制是一个综合系统，主要由决策机制、运行机制和监督机制三大机制构成。这三大机制的作用原理：通过设计生态城镇化决策机制，科学地确定生态城镇化的建设战略；通过构建生态城镇化运行制度体系，保障生态城镇化的运行；通过生态城镇化的监督机制，对城镇化的全过程进行监督，保证生态城镇化的长效推进。

一、决策机制

生态城镇化决策机制是为生态城镇化建设提供科学依据和方向指引的战略性预前机制。该机制保证城镇化建设不偏离生态化的轨道，推动生态城镇化的实现。其内核是顶层设计，顶层设计主要贯彻以人为本、生态伦理、精明增长、低碳绿色发展的理念，向实现“五位一体”全面发展和质量提升。

（一）决策机制是具有前瞻性、战略性的预前机制

生态城镇化建设首先要明确发展战略，要有一个科学的决策，而这有赖于决策机制。决策机制作用于生态城镇化战略形成之前，即通过制定生态城镇化战略，来推进生态城镇化建设。决策机制通过顶层设计来保障。有前瞻性、战略性的顶层设计，会确保决策的科学化。顶层设计主要解决战略层面的问题，包括：城镇化发展战略、规划引领；发展路径；特色功能定位。我国幅员辽阔，人口众多，各个地区城镇化发展水平不平衡，生态城镇化决策机制应该根据区域资源条件，大中小城市不同规模、城镇新建改建扩建的不同状况区别对待，合理规划布局，让城市融入大自然，从而为生态城镇化建设提供科学决策。

（二）决策机制决定生态城镇化的正确方向

决策机制决定生态城镇化的正确方向，解决生态城镇化决策层面的问题以及生态城镇化规划路径的问题。城镇化是选择生态环保绿色集约型的城镇化，还是浪费污染粗放型的城镇化，由决策机制决定。决策机制起着方向指引的作用，从一开始就明确了决策什么、如何决策的问题。

在以往的城镇化发展规划中，由于决策方向的偏移，城镇化建设过多地关注经济建设，对环境、生态的关注较少，忽略了对生态的保护责任和道德义务，造成了较严重的生态环境问题。可见，决策方向正确与否是保障生态城镇化顺

利推进的基础。

自2012年中央城镇化工作会议后，城镇化与生态文明融合的思想全方面展开，生态城镇化已被上升到国家战略的层面，为城镇化的发展提供了正确的决策方向，也为我国生态城镇化的长效推进提供了决策路径。而且这一决策思想还在延续，提出在城镇化建设中要重视城市本身的可持续发展，进一步体现城镇化建设中的生态理念，“海绵城市”的提出，就是城镇化建设科学决策的例证。

2017年政府工作报告中提出了要建设“海绵城市”的新理念。体现了城市发展理念向生态可持续的转型，从而促进人与自然的和谐发展。

二、运行机制

生态城镇化运行机制是指通过制度体系来平衡各方利益，以保障生态城镇化运行通畅的运行规范。其内核是制度体系构建。生态城镇化的制度体系包括资源环境制度、经济产业制度以及社会保障制度。

（一）保障生态城镇化运行畅通

生态城镇化的顺利推进，需要一系列的制度建设来保障，从而解决生态城镇化运行过程中出现的各种问题，从而使生态城镇化长效运行。

推进生态城镇化健康有序运行，既要构建合理的资源环境保护制度，也要制定有利于生态保护的经济产业制度，还要设计促进城乡协调发展，促进生态城镇化建设的社会保障制度。

当城镇化进程中涉及资源环境的破坏问题时，可以通过运行机制中的耕地、水资源、环境保护制度来提高城镇建设用地集约化程度。

当城镇化进程中遭遇到经济发展与资源环境发展相矛盾的问题时，可以通过运行机制中的财政、税收、金融等经济手段、法律手段、舆论手段来激励或约束政府、企业、消费者行为，协调经济发展与资源环境保护的矛盾，保障城镇化按照生态化的方向发展。

通过土地制度改革，赋予农民更多财产权，通过建立城镇社会服务保障制度，全面加强公共服务能力建设，增强城镇生态环境内在承载力。通过倡导可持续的生态城镇化，协调人与自然、代内与代际之间的矛盾。

（二）协调多方利益博弈

生态城镇化是把矛盾和现实融合在一起，其背后充满着各方面的博弈，包括城市与乡村之间、既得利益者之间、既得利益者与非既得利益者之间、代内与代际之间、人与自然之间的博弈。因此，可以从制度层面来找出多方利益体的协调内核，以此作为协作重点，有效平衡多方利益格局，熨平现实中容易导致的利益纠葛，通过协调多方利益博弈，保障生态城镇化得到有效规范运行。

三、监督机制

生态城镇化监督机制是指作用于生态城镇化从预前决策到全面运行的全过程的激励和约束。其内核是考评体系构建。考评体系，一方面是满足生态文明要求的考核办法、奖惩制度、激励指标、约束指标，这些是从科学严谨的角度核定的；另一方面是多方主体参与，多个领域、多种形式的监督，以起着考核和约束的作用。

（一）制定一系列考评标准，保证监督有力

监督机制体现的是约束力。同其他的产业政策一样，生态城镇化需要约束力来保障其实现的质量，合理化、硬性化的监督机制能够保障生态城镇化的长远性、规范性。因此，需要制定一系列体现生态文明要求的激励、约束机制、目标考核机制，来保证生态城镇化监督有力。同时对生态城镇化中的一系列制度执行情况进行监督，保证制度实施的有效性。通过将绿色发展评价体系、政府绿色绩效评估纳入城镇化发展考评体系，保证生态城镇化的绿色方向。

（二）鼓励多方参与，保证监督全面

监督机制需要鼓励多方参与，全程监督，全面监督。监督机制离不开社会

公众的力量，社会公众既是城镇化的建设者，也是城镇化各种负面后果的受害者。动员公众的力量，构建多方合作的监督机制，是生态城镇化监督机制的最根本的形式。同时对生态城镇化全过程的监督，既不能忽略对决策过程的监督，也不能忽略对运行过程的监督。通过对决策的全面监督，确保生态城镇化在决策上就能明确正确方向，通过对运行的全过程全面监督，确保生态城镇化制度规范得到有效落实。在公正严谨的监督下，使生态城镇化从始至终得到全面、合理、高效推进。

第三节　生态城镇化长效机制三大构成的内在关联性

生态城镇化长效机制，由决策机制、运行机制和监督机制构成，这三大构成机制具有内在关联性，不可分割。

一、三大构成机制是一个整体

生态城镇化三大构成机制，是一个科学配套的逻辑体系，呈现三足鼎立态势，共同支撑组合成有机整体，这一整体就搭建起生态城镇化的长效机制。其中，决策机制通过顶层设计来解决生态城镇化战略层面的问题；运行机制通过构建制度体系来解决运行规则的问题；监督机制通过完善考核评价体系来解决约束力的问题。三大机制内在关联构成一个有机整体，共同作用，共同保障生态城镇化的联动性、稳定性、规范性及长远性特征。

二、三大构成机制缺一不可

决策机制、运行机制、监督机制作为生态城镇化长效机制的构成部分，各司其职，各负其责，扮演着不同的角色，对于保障生态城镇化的长效性具有连贯性的作用，三者缺一不可。自始至终地保障生态城镇化的顺利进行，保障生态城镇化的长效性。

（一）顶层设计未来——由决策机制引领

决策机制主要通过顶层设计来体现。顶层设计是从战略层面设计城镇化的未来走向，从战略层面去解决生态城镇化的问题，为生态城镇化制定发展基调。因此，决策机制是整个长效机制的基础，是保证生态城镇化长效性正确前进方向的，它通过顶层设计来实现，具有战略性。

（二）制度规范运作——由运行机制保障

运行机制主要解决运行规则的问题，通过制度体系来平衡各方利益，保障生态城镇化的运行畅通。制度决定成败，运行机制通过构建一系列有序合理的制度体系保障生态城镇化的顺利运行。如通过资源环境保护制度，经济、产业制度，社会保障制度，保护生态环境不被破坏，减少不可再生资源的浪费，增强城镇生态环境内在承载力，保障居民福利的提高，保障城镇化按生态化方向发展。

（三）考评检验长效——由监督机制约束

监督机制主要通过构建合理的考核评价体系来实现。通过考评、考核来检验生态城镇化的长效运行，而能否长效地推进，又需要监督机制来约束。

通过对资源环境保护制度执行的监督，确保生态城镇化长效推进。对耕地保护制度的执行监督，可以提高城镇建设用地的集约化程度；对水资源管理制度的执行监督，可以减少城镇化建设过程中的水资源污染和浪费；对能源管理制度的执行监督，可以调整能源结构，提高能源效率；对监督环境损害赔偿制度的执行监督，可以明确环境损害的各方权责。通过监督机制的实行，有效约束生态城镇化的运行。

通过对环境保护责任追究制度执行的监督，来督促政府更好地履行其在环境领域的职责。通过社会团体、公众参与监督，来督促企业自觉地践行其在生产经营过程中的环保责任，督促公众主动选择绿色产品，进行绿色消费，保护绿色生态，共同维护生态城镇化的顺利进行。

三、三大构成机制相辅相成

生态城镇化三大构成机制，在各司其职的基础上，又相辅相成。

（1）决策机制在确保决策合理、科学的前提下，要关注决策的执行情况，在生态城镇化运行过程中确保运行不偏离决策方向；同时决策还要对运行过程中出现的具体情况及时总结，对决策没有关注到的反面及时纠正决策偏差。决策过程从机制设计上，就要受到各方面的监督，监督有主动监督，也有被动监督，决策过程应努力从被动监督，向主动监督转变，在决策上预先考虑监督的效果和行为，确保决策高效。

（2）运行机制在确保运行规范的前提下，要重点研究掌握决策的思路，在运行中确保执行到位，不出现偏差。在出现与实际情况不相符时，要主动报告偏差情况，以确保决策能根据实际情况做出调整。运行过程也要由被动监督向主动监督转变，减少运行过程中的消耗和损耗，增加运行的严肃性、规范性，不能触碰制度“底线”，不抱侥幸心理，不破坏生态环境。

（3）监督机制在确保多方合作基础上，也要对决策的多样性进行了解，对运行过程进行了解，使监督与实际情况相符，不生硬、不走过场、不流于形式，还要深入实际，不要浮于表面，对发现决策运行中好的做法，要提出奖励，对发现不好的，要进行惩戒，要使生态城镇化中的参与者有自觉被监督的意识，不能恣意妄为。

第四篇
生态城镇化的决策机制

构建一个科学的决策机制，是生态城镇化建设能否顺利推进的前提。科学的生态城镇化决策机制的构建，要综合考虑很多要素，关键是要做好生态城镇化建设的顶层设计，来解决生态城镇化战略层面上的问题，通过顶层设计来绘制出生态城镇化的宏伟蓝图。

第六章　生态城镇化决策机制的重点：顶层设计

生态城镇化决策机制是一个包括多系统和多因素的复合系统，完善的生态城镇化决策机制，应做好顶层设计，在内容上应包括：决策的主体行为及流程；决策部门协调；专家咨询论证；公众诉求表达；社会监督与责任追究等。

第一节　决策机制的一般要素

对决策的概念、特点、基本要素、基本程序的准确把握，是构建科学的生态城镇化决策机制的基础。

一、决策的内涵

关于决策的定义并不统一，有多种表述。有些人将决策理解为决定，认为“决策就是决定”。决策的英语原词有二种，一个是作为名词的 Decision，指经过分析、评估后最终选定的方案或行动序列，这一定义是从静态意义上把决策仅看作是一种决定、一种结果；另一个是作为动词的，Decision-making，是指决策主体为实现特定的目标，在其所处的特定环境和条件下，从发现问题、分析问题、提出解决方案、选择最佳方案，一直到方案实施的动态全过程。从管理学的角度来看，后者使用更频繁一些，被多数人所接受。

二、决策的基本要素

通过对决策的基本要素、决策目标、决策类型和决策程序等相关因素的分析，可以更全面清楚、更深刻地理解决策的含义，无论何种决策都应该具备最基本的五个要素：决策主体、决策对象、决策目标、决策环境和决策信息与技术。

（一）决策主体

决策都是由决策主体即决策者作出的，现代决策科学把决策主体放在最重要的地位。所谓的决策者并不一定是单个的人，多数情况下，大多数决策都是由多个人组成的团队或集体作出的，决策主体是一个群体或团队，例如，在企业决策中，公司股东大会、董事会、经理层会作为一个整体，做出某些经营决策。在政府机构或部门进行公共决策时，特别是涉及一些关乎国计民生的重大项目决策时，须是群体决策、团队决策，不仅需要多个部门、多个机构、多级政府共同协调决策，还需要邀请相关专家参与咨询论证、邀请社会公众参与决策。作为决策的主体，决策者，无论是个人还是团队的价值观念、认知水平、专业背景、决策能力甚至习惯偏好等，都会影响其看待问题的态度和侧重点，这在一定程度上会对决策结果产生影响。

（二）决策对象

所有的决策都是针对决策对象而作出的，决策对象是决策问题所研究的对象，是决策者通过执行决策方案所要施加影响的客观系统。在人类社会活动中，人类行为所能够施加影响的系统，都可成为其决策的对象，当然，人的行为还无法影响到的系统，是不能作为决策的对象的。未被发现和认识的事物是不可能被作为决策对象的，只有被发现和认识了的事物，才可能被作为决策对象，这也就意味着，决策对象的范围会随人类社会的不断发展而逐渐扩大，随着科学技术日益进步，人类的影响范围逐步扩大，因此，决策对象的范围也在不断扩大。此外，决策对象还具有明确的边界，也就是具有确定的内涵与外延，决策对象所构成的系统不是一般的系统，决策者也是这个系统里面的一部分。

（三）决策目标

决策目标是通过决策方案的制定与实施，预期所要达到的目的或者效果，它是由决策主体和决策对象共同决定的，是沟通决策主体和决策对象的纽带，决策目标不能离开决策主体和决策对象而独立存在。决策就是要解决决策主体对决策目标的选择性和决策客体对决策目标的限定性的矛盾。若没有决策主体对决策目标的选择性，就不存在决策活动了；若不存在决策对象对决策目标的限定性，同样也不存在决策活动。决策者、决策对象和决策目标这三个基本要素有机地结合在一起，才能构成决策问题。缺少其中的任何一个要素，都无法形成决策。决策目标有宏观战略性目标，也有具体的战术目标；有近期所要达到的短期目标，也有着重于长远利益的中长期目标。

（四）决策信息和决策技术

决策信息是反映主观与客观之间的联系以及客观事物之间的联系的信息，体现了决策主体对决策对象的认识程度，也体现了决策者的知识和经验水平。决策信息是决策的原材料，决策全过程的任一阶段都离不开信息的支撑，从问题的发现开始，到决策方案的制定、评价与选择，都是以有关信息为依据的。决策者不能脱离信息做出决策。信息不完全或者不准确，会导致决策者做出错误的决策。因此，可以说决策过程也就是对决策对象的信息处理过程。信息量的多少、信息交流与传递、决策参与者之间能否分享信息，都会影响到决策的效果。通常，决策质量与决策所依据的信息量大小成正比关系，能够分享信息的决策团体比不分享信息的决策群体做出的决策质量更高。

决策技术是在决策过程中采用定性分析方法或定量分析技术，可以分为两大类，一类是决策的信息分析技术，由各种专业的决策工具和决策方法等构成，属于决策的硬技术；另一类是决策艺术，是决策的软技术，主要依赖决策者自身的素质和经验水平。创造和应用决策技术是人类智力水平在处理复杂事务时候的体现与证明，科学地开发、应用决策技术和灵活地运用决策艺术，能够有效提高决策的质量。

（五）决策环境

决策环境是有关决策对象的背景，指的是影响决策活动的各种外部境况，是各种直接或间接作用于决策活动的各种主客观影响因素的总和。决策环境包括决策活动所面对的自然生态条件、社会条件、经济条件等。不同的决策对象，所面临的生态自然和经济社会条件也就不同，决策环境会对决策活动产生限制和影响，譬如影响决策目标的设置、限制决策技术的使用等。决策正确与否，能否执行，既取决于决策主体、决策技术和决策方案，还直接取决于决策活动所处的环境和条件，脱离决策对象所面对的自然环境和经济社会条件去做决策，必定是不科学的、不合理的。

三、决策的类型

在众多的决策活动中，有些决策比较简单，有些则比较复杂；有些决策仅涉及个人利益，有些则关系到整体利益；有些决策是面对经济活动的，有些决策是面对非经济领域的。从决策所具备的条件、决策的量化程度等不同的角度，可以将决策进行不同的分类。

（一）个人决策和集体决策

决策可以由个人做出，也可由多人或一个群体做出。由一个人做出的决策是个人决策，由多人或群体做出的决策且决策者目标一致的，一般把它看作群体决策或集体决策，决策者之间目标不完全一致的多人决策往往称为对策。

（二）确定性决策、风险型决策和不确定性决策

确定性决策是指在决策过程中信息完全清楚、状态完全确定、决策准则、

决策目标以及决策后果能够确定的决策。确定性决策对决策技术的要求较低，而且在现实中，确定性决策比较少，由于确定性决策问题是完全确定的，决策过程可以程序化，决策者在决策中的作用就不重要了。此类最优化问题可以不通过决策者参与而得到解决，这样的问题就不属于严格意义上的决策问题了。风险型决策是指可供选择的方案中存在着两种以上的状态，各种状态可能发生的情况是不可知的，但可估计其发生的概率的决策。不确定性决策是指决策条件不可知、决策结果不可知，决策概率也不可知的决策，也即各备选方案可能出现的后果是未知的，或只能靠主观概率判断的决策。处理这类问题无规律可循，一般依靠决策者的经验和直觉进行决策。

（三）战略决策和战术决策

根据决策的规模层，分为战略决策和战术决策。战略决策的层次较高，范围较大，所需时间也长，是关系全局性的决策。由于这种决策一般所涉及的因素众多，关系复杂，所以决策的准确度也较低，往往是定性的决策。战术决策主要是微观层面上的局部性决策，它是为实现战略目标服务的决策。所面对的对象较少，所进行决策的信息较多，因此决策的准确性也高些，大多是定量决策。战术决策必须以战略决策为指导，在决策的内容与方向上应符合战略决策的目标。当战略决策与战术决策发生冲突时，战术决策必须服从战略决策。

（四）最优决策和满意决策

根据决策水平，分为最优决策和满意决策。最优决策是根据决策环境和所掌握的决策信息，使用最好的决策方法和技术，所作出的最佳选择。最优决策是一种理想的目标状态，但在大多数情况下，最优的决策总是难以实现，因为：人们不可能对未来的环境有全部的预见，也不可能得到全部的决策信息。即使能够做出最佳方案，但受到某些条件的限制，决策方案通常难以实现，因此，在实际决策中不得不放弃最佳决策，退而求其次。满意决策就是一种依据现有条件、信息所作出符合自己心意的决策。

四、决策的特点

（一）决策方案的可选择性

所有的决策都是从多个可能的方案中选择一个符合决策主体基本价值观念、能达到最佳效果的或者是当时最为满意的一个方案的过程。所以，每一项决策都必须有多个备选方案，无方案可选的行动过程，不能算做决策。决策是为了在复杂环境下为人或群体的行动选择一种最满意的结果。为了达到最佳的决策效果，决策者要根据既定的决策环境和条件，以及所面对的决策对象，利用所掌握的信息，发现和分析各种可行的方案。比如，国家在向各部门分配资源时，各种可行的方案包括以能源、交通为重点的方案，以高技术为重点的方案，等等。

（二）决策环境的客观性

决策环境的客观性是指所有的决策都是在一定外部环境下进行的，都要依赖一定的客观约束条件。决策目标的设定、决策技术的选择以及决策方案的选取应该根据客观的决策条件或决策环境的改变而做出相应的调整。在某种决策条件下或决策环境中的最优决策，在其他条件下可能就不一定是最优的。因此，决策者必须充分认识决策环境与决策条件的客观性，任何决策的制定、实施都必须以是否与客观环境及条件相适应为原则。

（三）决策主体的主观性

决策的主体是人，决策都是由“人”作出的，无论这个“人”是单一的个人，还是多人组成的群体，作为决策者的人都是一个复杂的系统，在进行决策时都具有主观性。不同的决策者有着不同的价值衡量准则，每个人所经历的生活历程不同，所拥有的专业背景会有差异，个人的性格偏向和兴趣爱好等也各有特点，这些差异和特点会使其对事物的关注点不同，看待问题的态度不同，决策中对决策方法的选取以及决策方案的选择也会不同。这些差异最终会对决策结果产生很大影响，比如，性格悲观的决策者通常会在众多方案中选取相对保守的方案，而比较乐观的决策者则更可能选择相对激进的方案；在政府公共决策中，可能有的人比较关注民生问题，有的人比较关注收入分配问题、有的人则更关注生态环境问题，因为其关注点不同，在进行决策时候对方案的评价与选择结果就不同了。总之，任何决策都会受到决策者的主观性因素的影响，对决策者的决策行为加以约束和限制，避免部分核心决策者将自己的个人意愿强加给其他人，出现个人意志主导的决策行为。

（四）决策行为的目的性

所有的决策都具有很强的目的性，决策活动就是为了达到特定的目的而进行的一系列活动。整个决策实施过程都应该紧紧围绕决策的目的进行。明确的决策目的是整个决策过程的指示灯。

（五）决策时效的动态性

决策的动态时效性包括两方面的含义，一方面，决策活动是一个动态发展的过程，一般的决策都不可能瞬间完成，而是需要经过一定的过程才能完成，从决策者发现问题、搜集信息开始，经过信息分析、方案拟定、不同方案比较评估等步骤，到最后确定实施某一方案，整个决策过程总是需要一定的时间。另一方面，决策外部的环境和决策条件不是一成不变的，在现代社会决策环境是动态多变、越来越复杂的，所以在一定的时间内，决策者需要在决策实施过程中根据决策条件与环境的变化，不断地对决策方案做出适当的调整与完善，以保证决策效果的不断提升。因此，决策是一个不断完善的系列过程，要经过多步反复才能完成。

（六）决策效果的后验性

一项决策正确与否、决策方案实施过程是否偏离决策目标，在决策过程中是可以借助一些工具和方法进行评估检测的，但一项决策是否符合客观实际，是否能达到预定的目标和预期的效果，这就需要等决策实施之后，根据实施的结果进行评判。尤其是在社会变革速度较快、决策的外部环境复杂多变的时候，一些重大公共决策所面对的不确定性因素越来越多，例如，决策对象信息不完全、决策者认识水平局限和能力不足、外部社会经济形势发生改变等。在决策的风险防御技术不足的情况下，只能通过后验观察总结决策经验，改进决策技术，提高决策水平。另外，在政府公共决策领域，很多重大项目的建设时间很长，项目效果也是逐步显现的。

五、决策的基本程序

（一）决策问题的界定

决策的制定始于问题的存在，问题就是现实与理想之间的差距，决策者意识到这种差距，并对问题加以识别、界定，这是决策的首要环节，通常这一过程具有一定的主观判断性。比如，当一个企业的业绩连续下滑时，管理者可能认为是企业经营管理方面出现了问题，管理者就必须及时地找出问题所在，并开启决策程序。当社会收入差距扩大、就医难、就业难、孩子入学难、交通拥堵、雾霾等问题越来越严重，已经影响到人们的正常生活，公众意见越来越大的时候，公共决策者就应该把这些公共问题列入议事日程，作为公共问题进行研究处理。

（二）决策目标的确立

决策目标就是决策者通过采取实施决策方案所要达到的期望效果。目标确立是决策制定中的一项极为重要的步骤，它不仅是决策方案设计、选择的基础，也是决策实施的指导方向，还是政策效果评价的标准之一。合理的决策目标需满足确定性、可行性、系统性、可调性等条件，首先，决策目标必须具体、明确，有的放矢，模棱两可的目标可能会导致不同的人对其不同的理解与解读，或者令执行者无所适从，导致效率降低、资源浪费。其次，决策目标必须根据现实问题、立足现实社会经济条件而做出，应切实可行，具有可操作性，超越现实生产力水平的目标是不切实际、无法实现的。再次，决策目标需系统化，尤其是在公共决策领域，由于社会公共问题具有复杂性、多层性、长期性、牵涉利益主体多样性等特点，因此要求决策目标也要具有系统性、多层级性，能够兼顾长期利益和短期利益、也能够协调各方主体的利益。最后，决策目标需具有可调性，能够体现出决策的动态性，目标是针对未来的，目标的实现需有时间过程，在这一过程中，决策问题的发展具有不确定性，决策环境和条件也会发生变化，因此决策方案实施以后，应该对其进行监督反馈，根据实际情况对决策目标进行调整。

（三）决策方案的拟定

决策方案的拟定过程就是针对所确定的问题，决策方案的拟定可以遵循“大胆假设，小心求证”的过程。决策者应该能够通过一定的方法，比如成本—收益分析，对每一种方案所能实现的效果做出预测，而且要对未来的决策环境情景和决策对象的变化有所把握，认识和控制未来的不确定性，将对未来变化的无知减少到最低水平。设计决策方案是一个专业性很强的过程，同时也是具有创造性的过程，决策者不仅要掌握一定的专业知识，还必须具有创新性和开拓性思维，能够充分发挥决策群体的主观能动性和创造性，尽可能提出多个备选方案，可供选择的决策方案越多，意味着对问题认识的越全面透彻，解决办法越完善，决策结果也会更好。

（四）决策方案的选择

决策方案选择就是对拟定的各种备选方案的成本、效益、可行性、可应用性以及风险等进行比较、评价、权衡利弊，通过逐一对比、层层筛选，从中选出最优或者最满意的方案。决策方案的筛选可以参考以下标准：一是决策方案的可行性和风险性，尽量选择可行性强、风险性相对较小的方案；二是决策方案的成本与效益，所选方案应能够实现尽可能大的效益；三是决策实施后的负面效应应尽可能少。对决策方案进行评估筛选是决策者的主要职责，决策者需要借助可行性分析以及各种决策技术，比如决策树法、成本效益分析法、模糊决策等方法，需要组织相关专家和学者对各方案进行可行性分析研究，并组织社会公众参与决策的分析论证。

（五）决策方案的实施

在第四阶段通过比较、分析，选择出最佳方案或满意方案以后，就进入方案的执行实施阶段了。在这一阶段，决策者需要设计出所选方案的具体实施方法，做好各种必须的准备工作。决策实施阶段是关键的阶段，再完美的方案如果不能付诸行动，都将是毫无价值的。决策方案的执行与实施需要多个部门和机构的协调配合，部门割裂、相互之间不合作会阻碍方案的实施，影响决策目标的实现。另外，在整个决策过程中，方案实施阶段持续的时间最久，在这一阶段还必须落实有关部门、人员的监管职责，加强对方案执行情况的监督控制，以保证实施方案的及时性、可控性。

第二节　生态城镇化决策机制的相关要素

生态城镇化决策属于政府公共决策的一种，是以政府为主导的决策主体针对生态城镇化建设问题。生态城镇化建设是政府指导城乡发展与建设、调控城乡空间资源、维护社会公平、保障社会公众利益的重要公共政策。生态城镇化决策是对城乡未来发展所做出宏观战略性决策，是关系城乡发展的根本性问题。生态城镇化决策目标是从大的范围内协调社会、经济、文化、自然资源利用，并保持生态平衡，决策的内容包括确定城镇化发展目标、发展速度和规模，合理规划城市建设用地布局、功能分区，制定各项建设的总体部署。生态城镇化决策贯穿于生态城镇化全过程，决策—执行—再决策—再执行，周而复始，不断循环。

与一般的决策相比，生态城镇化决策除了具备一般决策的基本要素，满足一般决策的基本要求和遵循决策的基本程序外，还具有自身的一些特征。

一、生态城镇化决策特征

生态城镇化决策属于政府公共决策，是宏观层面上的战略决策；生态城镇化是经济建设、社会建设、文化建设、政治建设、生态文明建设“五位一体”协调发展的城镇化，决策所要实现的目标不是单一的，生态城镇化决策属于多目标决策；生态城镇化决策所面对的环境是不确定性的，因此无法建立一套程序化的决策过程，需要决策群体依靠一定的知识和丰富的经验和专业的方法来进行决策。由于决策目标多样化，决策过程复杂化，需要采取定性与定量相结合的方法进行决策，而且决策的结果通常只能是满意，而无法达到最优。

（一）属于政府公共决策

公共决策的主体主要是中央和地方各级国家行政机关及行政人员以及其他公共组织及其成员；公共决策内容涉及整个国家和社会范围的一切公共事务；公共决策的决策者要从国家全局出发处理本地区、本部门管辖范围的公务，提供公共服务，不能以营利为目的；公共决策以公共权力为后盾，凡在公共管理范围内的一切企事业机关、团体、个人，包括行政机关内部成员，都必须遵循公共决策的要求。

（二）决策的多元化机制

在“五位一体”的总体布局下，生态城镇化决策涉及经济建设、社会建设、文化建设、政治建设、生态文明建设方方面面，是一项庞大、复杂的系统工程，决策事项复杂，决策牵涉的利益主体众多，是根本无法由单个的人完成的，必须是由政府各部门在充分咨询相关专家的意见、听取公众诉求的基础上做出的。因此，生态城镇化决策机制是通过多元化机制形成的，有关政府部门官员、各类专家，以及相关利益集团和公众都参与了决策。

中央和地方各级政府等依据法定程序授予相关专家公共决策权，他们在生态城镇化决策中为政府提供决策咨询和建议，并行使表决权、投票权，直接参与了城镇化决策过程，也属于直接决策者。而广大社会公众、社会组织等通常没有直接参与到生态城镇化决策过程中，或者没有全程参与，但是他们也可以通过一定的渠道表达自己的意愿和利益诉求，参与决策论证，监督决策执行情况，也能够影响决策的效果。因此，他们间接地参与了生态城镇化的决策过程，属于间接决策者。没有特别说明，本书以下内容的生态城镇化决策者是特指中央及各级地方政府或行政机构等直接决策者。

（三）决策目标多样性

决策目标引导决策的方向，并从一定意义上决定决策的方法，同时反映决策者的决策水平，检验决策的效果。生态城镇化决策是综合的多目标决策，所要实现的目标是多重的，既要实现城镇化与工业化、农业现代化、信息化、绿色化“五化”协调发展，又要实现城乡经济持续增长、社会和谐发展、居民文化生活丰富、政治生活民主、生态环境良好“五位一体”的目标。

（四）决策的动态性

从生态城镇化的全过程来说，从调查研究、搜集信息、确定问题开始，到决策方案的拟定、选择和实施这是一个较长的过程。在这一过程中生态城镇化决策所面临的外部社会经济形势、政治制度以及内部决策条件都在发生变化，在进行生态城镇化决策时必须要科学地预测这些可能发生的变化，并将这种可变性体现在决策之中，让规划决策不仅能够很好地适应现实的环境和条件，还能够引导城市经济、政治、文化、社会、生态各项建设的长远发展。受人为因素、自然因素等限制，生态城镇化的决策具有很大的动态性，决策所面临的外部环境、内部条件是动态的。由于人力、物力的限制，决策者不可能拥有决策所需要的全部信息和知识，决策的后果及其所能产生的效果也是动态的。随着现代科学技术日新月异，网络技术、信息技术、能源技术和交通技术等迅速发展，城市功能形态的变化周期越来越短、速度越来越快，并促使城市居民价值观念、生活方式不断地发生改变。生态城镇化决策所要解决的问题也在不断变化，所面临的不确定因素越来越多，这种不确定性也反映了生态城镇化决策更应侧重于战略性、关键性问题的决策，在决策中更多地关注原则性问题，而不是细枝末节。决策者必须在各种可能性中迅速做出选择，决策节奏的加快使规划决策的动态性特点愈加明显。

（五）决策的综合性

我国生态城镇化建设尚处于起步阶段，其发展道路是一个综合选择的过程。生态城镇化决策应对城镇化的内部条件与外部环境、整体规划与局部布局、主要目标和次要目标、当前利益和长远利益及其相互关系、相互作用进行综合评价与分析。从宏观方面看，涉及法律规范和制度建设等政治问题、利益分配等经济问题、社会保障和公共服务等社会问题、文化传承和文化保护等文化问题、生态修复和环境保护等生态问题。从微观角度看，涉及城市空间布局、城市建设风貌、城市居住、城市交通、城市管理等一系列问题。生态城镇化问题的复杂性决定了生态城镇化决策具有综合性，要将物质、经济、社会、文化历史、生态环境等具体领域的规划看作一个整体，让城市这个大系统内的各子系统相互协调和促进。生态城镇化决策应基于广大社会公众的需求与利益进行，而社会公众的需求和利益诉求是多种多样的，因此，必须综合各类群体的不同需求，构建生态城镇化可持续发展的综合决策机制，协调和解决好各种社会矛盾。

二、生态城镇化决策流程

生态城镇化是关乎国计民生或区域经济发展的重大公共决策事项，其决策过程必须科学化和民主化，充分体现舆情机制。生态城镇化决策必须是建立在深入地了解民情的基础上，能够充分反映民意，并通过公众参与机制，广泛集中民智，切实珍惜民财民力。这就要求，决策过程要具有客观性，各决策主体都应该遵循客观、科学的决策程序，防止经验主义。科学的生态城镇化决策程序大致分为以下几个步骤。

（一）调查识别决策问题

生态城镇化决策事关广大民众的公共利益，决策者必须从广大社会公众利益出发，通过调查研究，收集舆情信息。通过舆情调研，识别问题，分析问题，并找出问题的症结所在，判明问题产生的原因、影响的范围，搞清问题的界限，有的放矢地进行决策。

舆情调查是为了了解社会民情所在和民意所向。生态城镇化决策机制必须以民众的利益作为政策的出发点和落脚点，要确认民众的主体意识和权利意识。在生态城镇化决策之前，以及在整个决策过程中，决策者都要进行大量舆情调查。

识别问题就是在正式的决策活动的开始之前，找出现实情况与公众普遍的预期之间出现的差距。决策者要根据既定的决策原则，借助一定的信息系统，收集整理相关信息，并发现差距、确认问题。在这个阶段中，决策者通过舆情调查机制来明确当前存在或可能产生的问题，帮助决策者及时明确问题所在。

生态城镇化决策正是基于传统城镇化过程中所引发的环境污染、生态破坏、城市病等一系列问题而提出的，要维护好生态环境脆弱地区或者生存环境处于弱势的民众的发展权。

（二）研究确定决策目标

生态城镇化目标的确定，是决策流程中的重要一环。目标，就是在一定的决策环境和条件下，决策者所要实现的结果。在这一阶段，决策者需要将所确定的决策问题向社会公布，并进一步对社会公众的满意度和期望值进行调查，在大量调查研究的基础上，认真确定决策目标。生态城镇化决策目标的确立要注意以下几个要求。

第一，决策目标的设定要具有层次结构，建立一个目标体系。生态城镇化目标体系应该是由总目标、一级子目标、二级子目标等构成，是由总到分、由上至下组成的有层次的目标体系，而且是一个动态的复杂系统。总体目标是城镇的健康、可持续发展；一级子目标是经济优化发展、社会和谐进步、文化繁荣、政治民主、生态环境优美；二级子目标是进一步衡量经济建设、社会建设、文化建设、政治建设、生态文明建设的具体指标。这样有层次的目标体系中，目标有总有分，各层次目标之间相互衔接，可以使整体功能得到有效发挥。

第二，所设置的目标应该能够用一定的指标来加以度量，是能够规定其时间、确定其责任、衡量其绩效成果。

第三，不明确约束条件而进行的决策，即使价值指标和取舍原则都合理，其结果也可能适得其反。生态城镇化决策的约束条件主要有各类法律法规、政策制度、资源环境、时间期限、决策权利范围等限制性规定。

第四，需建立测度决策的长期、中期、短期效果的三级价值指标，建立生态价值、经济价值、社会价值、文化价值、政治价值指标，并进行综合权衡。

第五，决策目标的确定，还需要经过专家与领导的集体论证，需要参考社会公众的意见。

（三）初步拟定决策方案

拟定生态城镇化方案，要以生态城镇化决策目标为导向，在全面调查研究的基础上，运用适当的技术方法，设计出实现该目标的多种可行性方案。这些方案可以从不同的角度出发，尽可能做到齐全，而且方案与方案之间要有原则性的区别，要相互排斥，这样才便于选择最佳方案。在这一步骤中，要广泛征集多方专家的意见和建议，作为设计和完善方案的重要指导和参考。生态城镇化方案的拟定，要遵循两个基本步骤。

第一，拟定者可以抛开细节的束缚，从生态城镇化整体性的角度，多层次、多角度地打开思路、大胆设想，勾画方案基本轮廓。在这一步骤中，方案拟定者的各种思维能力、判断能力等起着非常重要的作用。

第二，对生态城镇化总体目标轮廓进行加工，使之细化、具体化，细化后的方案才有实行的可能性。在这一步骤中要把所有该考虑的具体因素都考虑进去。

（四）评估选择决策

生态城镇化决策方案的评估，是通过科学的信息技术和分析手段，建立合理的物理模型和数学模型，对所有的拟定方案进行综合全面的分析和评估，分析的角度可以从决策的可行性、决策结果与目标的相符合程度、决策成本—效益、决策风险及决策方案实施的副作用等方面来进行分析评估。

在这一阶段，决策者除了要向相关专家进行咨询以外，还要充分发挥三级论证制度，全面系统地对各决策方案进行决策论证和评估，以保证生态城镇化决策的科学性和可行性。价值准则是对决策方案进行判断、取舍的原则，比如最大最小化原则等，这一原则是评价和选择方案的基本依据。确定价值准则是决策者必须认真对待的一个重要环节，确定的价值准则失当，就可能达不到决策的目标。价值指标一般分为经济价值、社会价值、生态价值、学术价值等，确定和使用价值准则时，应规定价值指标的主次和轻重缓急，以及在目标之间发生冲突或者相互矛盾时的取舍原则。在大多数公共决策都是多目标决策，想要同时达到整个系统的所有目标是困难的。按照西蒙的观点，完全理性的决策是没有的，所以最终所选出的方案未必就是完美无缺的，受众多条件的限制，所选方案并不一定能达到每个特定目标的最优，仅对其中几个主要目标有利，又能兼顾其他指标，只能达到相对满意而已。在经过细致缜密的分析评估后，决策者根据一定的价值准则对方案进行抉择，从各种备选方案中权衡利弊，最终选择其一，或者综合多方方案的优点，合成一个新的方案。

(五) 实施修正决策方案

作为一项重大公共决策，生态城镇化决策对象范围广，牵涉的利益主体多，社会影响重大，在决策实施阶段需要统一指挥、明确分工，有合理的实施标准及严格的制度保障。必要时在生态城镇化的决策实施阶段，还需要分为局部试点和普遍实施两个重要环节。

(1) 局部试点环节。在决策方案选定后，为验证其可靠性和效果，先在个别地区建立“试点”或“试验区”进行局部试验。试点或者试验区通常可以选在某些具有典型条件的地区，试点选择好以后，就要严格按照决策方案执行实施了。如果在实验地区试点成功，就可以向其他地区推广，进入普遍实施阶段；如果局部试点效果不好，没有达到决策目标要求，就需要对整个决策进行重新审视、分析与反馈，对决策方案进行修正与完善。

(2) 普遍实施环节。通过上一环节在局部地区的试点和试验，试点取得成功的决策方案就可以推广开来，在其他地区进行普遍实施。经过试点的决策方案可靠性比较高，但是，进入普遍实施环节，仍然会面临各种各样的问题，出现这样或那样偏离目标的状况，这主要是由于决策实施的内外部条件与环境发生了改变，各地的经济发展水平、资源禀赋、历史传统、政治文化、生产消费观各不相同，这些客观因素都会对生态城镇化决策效果产生重大的影响。

为保证生态城镇化决策实施的顺利，通常需要制定一套追踪检查办法，对方案的实施进行追踪控制，并加强反馈工作，对原有决策方案进行修正与完善，将新出现的、先前未预料到的因素考虑进去，从而保证决策实施的顺利进行，避免决策失误造成不必要的混乱和重大损失。

第三节　生态城镇化顶层设计的内容

生态城镇化决策机制的重点是顶层设计，具有前瞻性、战略性的顶层设计可以保障决策的科学化。顶层设计要贯彻以人为本、生态伦理、精明增长、低碳绿色发展的基本理念，遵循战略性、关联性和可操作性原则，在顶层设计中要突出特色功能定位，体现差异化、特色化、个性化。

一、顶层设计应贯彻的理念

生态城镇化决策理念应当从过去城镇化偏重追求经济速度和数量的增长，转向实现“五位一体”全面发展和质量提升，做好生态城镇化的顶层设计不仅要具有严谨科学的精神，还要将以人为本、生态伦理、绿色发展的理念融入生态城镇化决策的全过程。

（一）以人为本理念

生态城镇化顶层设计首先要遵循的基本理念就是“以人为本”。各地在推进城镇化之初，进行生态城镇化规划决策时，就要立场明确，坚持“以人为本”，把生态城镇化的落脚点放在“人”上，不能以发展城镇化的名义重蹈盲目投资和扩张“造城”的老路。

生态城镇化是从根本上改变我国传统的城镇化模式，是以城乡统筹一体化、产城互动、绿色低碳、节约集约、生态宜居、和谐发展为基本特征的城镇化，要紧紧围绕“人”的长远利益。生态城镇化要坚持“以人为本”，第一，要保证失地农民的权益不受损害，防止农民土地被无序流转，杜绝“被城镇化”问题产生，地方政府要着力解决失地农民的可持续发展问题。第二，要着力解决农业转移人口的就业问题，不能让农民失地后失业。大力发展中小企业以及第三产业，吸收农业转移人口，同时为农业转移人口提供职业技能培训和就业指导，解决其就业问题。第三，加快推进农业转移人口市民化进程，让其进城上楼后能够享受到市民待遇。市民化的推进不仅要改革户籍制度，更要改革社会公共服务和社会保障制度，保证其能够享受到与城镇居民均等的待遇，享受到城镇化所带来的实惠。第四，“以人为本”还应体现在关注城市内部公平与正义，生态城镇化建设要加强社会建设和政治建设，推动社会公平正义。第五，“以人为本”要求为“人”提供生态优美、低碳绿色、宜居宜业的生产、生活环境，保证人的身体健康，心理愉悦。

（二）生态伦理理念

近年来，我国政府采取了一系列促进环境保护和生态治理的政策措施，但是我国生态污染的问题依然严峻。原因之一就是社会整体生态伦理观念淡薄，生态伦理道德缺失，比如：有些地方政府无视环境保护，片面追求经济增长；有些公众过分追求物质享受，过度消费、奢侈消费，浪费严重等。洁净生产、合理消费、适度人口等是生态伦理的主要规范方面。

（三）绿色发展理念

由于人口众多，我国是世界上人均自然资源占有量较少和环境容量水平很低的国家。以绿色发展理念引导城镇化建设有利于合理利用资源，提高资源利用率，化解城镇化过程中人口、资源、环境的巨大压力，实现人与自然和谐相处。城镇化的绿色发展本质上要求提高布局、生产方式、生活方式、价值理念等绿色化程度。我国国民经济和社会发展第十三个五年规划，已经要求把“绿色发展”的理念贯穿于城镇化建设的始终。

生态城镇化建设的绿色发展理念应包括以下核心内容：

第一，尊重自然。生态城镇化的绿色发展观需要改变以人类为中心，置自然于不顾的发展意识，推进城镇化建设要以尊重自然为基础，充分考虑自然环境的承载力和吸纳力，维护自然生态的良性循环。

第二，可持续性。一方面，城镇化进程不能超越自然生态环境的承载能力，要朝着有利于生态保护、促进生态平衡的方向发展，以保证人类社会的持续发展。另一方面，城镇化发展需要坚守代内、代际公平的原则，即当代及后代的每个人都有同等消费自然资源的权利。当代人的消费不能危及后代人的生存环境和生存消费权利。要从社会公正和长远发展的视角考虑城镇化取舍，树立整体及全局的发展理念，实现生态城镇化的可持续发展。

第三，可循环性。城镇化资源是有限的，必须改变过去传统的粗放型城镇化模式，树立循环发展理念，提高城镇化资源的利用率。循环发展的重要途径是发展循环经济，按照减量化、再利用、资源化原则，物尽其用、变废为宝、化害为利，改变传统的“资源—产品—废弃”的线性增长模式，延伸产业链，形成“资源—产品—废弃—再生资源”的集约型城镇化增长模式。

第四，低能耗低污染。生态城镇化需要将传统的高能耗、高污染的生产方式转变为低能耗、低污染的生产方式，倡导绿色消费。城镇化产业发展要尽量减少资源消耗，杜绝资源浪费，减少城镇化对自然生态环境的影响和破坏，为大自然实现自我修复提供条件。

二、顶层设计应遵循的原则

（一）战略性原则

生态城镇化顶层设计是对城镇化未来发展的长期性、整体性和基本问题的战略构想，主要解决城镇化发展中的宏观战略问题，比如，确定城镇化发展规划、发展模式、发展路径以及特色功能定位等。在推行生态城镇化之前必须做好顶层设计，明确生态城镇化的战略定位、战略目标，确定生态城镇化实现的战略路径。

（二）前瞻性原则

生态城镇化建设是一项长期工程，生态城镇化顶层设计必须充分考虑未来五年、十年、二十年甚至更长久的社会经济形势，为未来城市空间布局、功能布局、产业发展等提供战略指导，顶层设计要具有前瞻性。前瞻性原则要求，在进行决策时，应结合地区自然禀赋、经济条件以及城市发展状况，合理规划城市空间格局；为避免日后因产业结构不合理而可能导致的城市功能退化等问题，严控第一、第二、第三产业比例；为尽量避免在城市发展到一定阶段后的拆建整修问题，合理规划城市道路交通，比如在城市道路两旁为建设绿地或公交车专用道而预留位置。

（三）关联性原则

关联性原则要求在制定生态城镇化顶层设计时，不能以孤立的眼光，着眼于土地城镇化、人口城镇化或城市规划，或仅关注本地区的城镇化。应该将生态城镇化决策与工业化、市场化、信息化相关联，互动发展；将城镇政治、经济、社会、文化、生态环境作为一个相关联的整体，“五位一体”的发展生态城镇化；将生态城镇化规划决策与国土规划、主体功能区规划、社会规划、经济规划、江河流域规划等相关联；应该运用国家的、区域的、全球的眼光来分析城市的发展。

（四）可操作性原则

生态城镇化顶层设计不是单凭主观愿望空想出来的，顶层设计是要在现有主客观条件下切实可行的，具有可操作性的。顶层设计所确定的生态城镇化战略目标，应该能够被逐级分解，逐层实现；决策方案在经济、技术、社会等方面均应是可行的，具有可操作性，且能够达到预期的效果。

三、顶层设计的决策要求

（一）决策主体民主化

生态城镇化决策属于政府公共决策，公共决策的一项基本要求就是民主化，也即公共决策必须要充分发扬民主、集中民智、体现民意、代表民声，这是我国社会主义政治民主的重要内容。作为政府公共决策的一种具体形式，生态城镇化决策也必然要求决策的民主性。决策民主化是指在生态城镇化决策过程中，积极鼓励公众参与，向有关专家、广大民众、专业团体、企业等征求意见，广泛听取各方面意见，并充分采纳合理建议。要保障广大人民群众充分参与生态城镇化决策全过程，政府决策者要广泛咨询并听取各行各业专家、学者的建议与意见，使决策目标最大可能地体现广大人民群众的基本要求和根本利益。

在“五位一体”的总体布局下，生态城镇化决策是一项庞大、复杂的系统工程，是根本无法由单个的人完成的，必须是由政府各部门在充分咨询相关专家的意见，听取公众诉求的基础上做出的。因此，无论是从利益主体诉求方面考虑，还是从决策的可行性方面来看，生态城镇化决策需要多方参与，生态城镇化决策的多元化机制是决策民主化的基本保证。

（二）决策对象明确化

生态城镇化顶层设计要求决策者能够准确识别问题，决策对象要有明确的边界。生态城镇化决策问题的起点是传统城镇化发展模式下经济粗放增长引致的生态问题和社会问题。针对所存问题，决策对象应该包括城镇经济系统、社会系统、文化系统、政治系统、生态系统，这些分系统组成的综合系统就是生态城镇化决策的对象。

（三）决策目标清晰化

生态城镇化的决策目标是通过经济投入获取经济、社会、环境三赢的效果。生态城镇化决策是综合决策，所要实现的目标是多重的，既要实现城镇化与工业化、农业现代化、信息化、绿色化“五化”协调发展，又要实现城镇经济持续增长、社会和谐发展、居民文化生活丰富、政治生活民主、生态环境良好“五位一体”的目标。既要体现城市经济社会的理性功能特点，又要实现市民生活舒适、工作便利、环境美好的感性功能特点。因此，城市规划决策既要做好城市空间布局设计，方便人们日常的衣食住行购，又要做好统筹规划，实现经济社会、教育文化、科学技术的全面协调发展，妥善处理好各种错综复杂的社会矛盾。

（四）决策技术科学化

决策技术科学化是指在科学的理论指导下，遵循一定原则和程序，运用科学的决策技术和方法，借助现代科技手段进行决策，实现决策效果的最优化。

科学精神应体现于生态城镇化决策的全过程和各个环节中：在决策的初级阶段，需要进行信息收集工作，全面、细致、认真地对收集到的信息进行甄别、整理；然后，运用科学的方法设定决策目标、拟定决策方案、评估决策效果。生态城镇化决策科学化就是运用科学的决策思想，通过系统的决策体系、高水平的决策队伍，实现科学的决策过程。

四、顶层设计的配套机制

生态城镇化决策属于政府公共决策，是由政府通过制度化形式创建的，用来规范政府决策行为、提高政府决策水平、保障社会公共利益的决策系统。生态城镇化决策机制由诸多因素和子系统共同构成，包括以下子机制。

（一）部门协调机制

生态城镇化是“五位一体”协调发展的城镇化，是与工业化、农业现代化、信息化、绿色化协同发展的城镇化，具有综合性、复杂性，涉及各部门、行业和地区的权力和利益调整，生态城镇化的决策不是由某个部门单独能够做到的，它需要国土资源部门、城市规划部门、城建部门、环保部门、卫生部门、教育部门、社会保障部门等众多部门的协同合作，共同决策。但部门之间的利益导向不同，在这种情况下进行决策，建立部门协调机制是非常必要的。

生态城镇化部门协调机制，是为解决生态城镇化过程中因部门分割造成的权责不清、协调困难等问题，专设一个大协调机制，协调各部门的利益关系，并且还应有最终裁断权，达到部门协调和综合权能的统一，能够最大限度地避免政府职能交叉、政出多门、多头管理现象，从而提高行政管理效率。

（二）专家咨询论证机制

专家咨询和专家论证是政府公共决策科学化的基本条件，科学的决策离不开相关专家的支持。建立专家咨询论证机制，由不同行业、不同专业背景、不同阅历水平的专家组建一个决策咨询系统非常必要。针对决策中所涉及的专业和技术问题，政府决策部门可建立生态城镇化决策顾问委员会或者专家咨询委员会，邀请该行业相关专家进行可行性研究，合理性论证，得到建设性意见，以供参考。专家咨询论证机制就是让相关专家，比如城市规划师、建筑师、环境工程师、生物工程师、经济学家、教育学家、社会学家等，共同参与生态城镇化决策之中。

应尽量保证专家团队的多样化，打破地域、部门、行业的界限，邀请不同背景的专家学者参与决策咨询，除了在传统城镇决策中经常参与咨询的规划师、工程师、建筑师，还应包括社会学家、经济学家、数学家、统计学家、交通工程师、计算机专家等。专家具体参与方式可以是通过在报刊、媒体、网络上公开发表观点这种非正式的形式，也可以是以正式形式参与决策。正式的参与形式更加规范，具有系统性，贯穿于决策全过程。在决策之初的调查研究阶段，政府决策部门委托专家开展调查研究，向政府决策者提供研究报告，帮助政府决策者确定决策问题，厘清决策目标；在决策方案的拟定阶段，邀请专家给予咨询建议，帮助决策方案的甄选与敲定。在决策的实施阶段，由专家全面跟踪决策实施全程，及时反馈、评估并预测，为下一阶段工作做好准备。

政府决策者要认真对待专家的建议，避免使专家咨询论证机制形式化。在决策过程中，参与决策咨询和论证的专家、专家组或者咨询机构，可能因背景不同、关注的问题点不同，掌握的信息量有差异，看问题的角度不同，所处立场不同，经常会有不同的意见和政策主张，甚至针锋相对。作为生态城镇化决策的最终决断人，政府决策者要认真听取每位专家的咨询意见，客观公正地评价专家们提交的每一份咨询报告，并从中吸取有益的建议。政府决策者在进行决断时，要结合评估结果，对专家的建议和主张兼容并受，做出选择，要避免偏听偏信，或者只选择采纳对己有利的建议，对于不同意见，政府决策者应该给予更多尊重和认真的对待，敢于接受专家对决策中的各个方面提出合法的、专业的质疑，这样才能使专家咨询论证机制产生实效，避免让专家咨询论证机制成为政府的利益的代言人，流于形式。

此外，完善的专家咨询论证机制，除了要充分发挥专家的专业性优势外，还要求保证专家独立性，也就是在参与决策咨询和论证时，专家必须根据客观情形，利用其专业的知识，公正地给出决策咨询意见，而不能受政府官员意志的左右或受某些利益集团的操控，给出不客观、不公正的咨询意见，丧失其独立性。

（三）公众参与机制

生态城镇化的核心是“以人为本”，在生态城镇化决策机制中建立公众参与机制，既是民主决策的基本要求，也是贯彻“以人为本”的内在要求。公众参与机制是指社会公众个人或社会组织通过一定的渠道，以正式的或非正式的方式直接或间接地参与生态城镇化决策的机制。

完善的公众参与机制，首先，要求有畅通的公众诉求渠道，要能够使广大社会公众的利益诉求得以宣泄和吐露，并及时转达给政府决策者，使得政府决策方案更符合民意。这牵涉公众怎样反映诉求，向谁反映诉求、能否得以实现诉求、诉求能否成为政府决策的一部分等，要求政府决策者在决策前必须深入民众、体察民情、掌握民意，善于发现和解决民众的实际问题。使公众的诉求充分体现在决策中，是实现城镇化民主决策的关键。其次，要让公众直接或间接地参与生态城市建设的构想、调查和决策过程中，使决策结果能够更全面地反映社会各阶层的利益，并保障公众的合法权益。政府决策者要以公众的意见作为决策的依据之一，听民意，顺民心，决策要充分考虑公众的诉求。决策是否体现公众的诉求，代表公众的利益，是衡量一项决策科学性的标准。

（四）决策监督与责任追究机制

决策监督机制将政府决策者的权力与责任联系在一起，行使决策权的政府主体同时必须承担行使权力后果责任，这种内在的自我约束机制，能够促使行使权力者审慎地运用权力。生态城镇化过程是一个系统的、长期的过程，其影响是全局性的、长远的，建立有效的监督机制和责任追究机制能够规范政府决策者的行为，防止其滥用权力，也能避免政府个别部门只注重短期政绩而牺牲长期利益；只追求本部门、本地区局部利益，而放弃全局利益的行为。

五、我国生态城镇化顶层设计中存在的问题

我国城镇化进程发展迅速，这对城镇化顶层设计提出了更高的要求。然而，现实中依然存在一些不完善的地方，这不仅影响顶层设计对现实变化的适应性，而且引发了诸多城镇化建设问题，一些地方不顾发展规律，盲目扩张建设规模，贪大求新，忽视对生态环境的保护。这些问题的存在严重影响了我国城镇化的健康发展，认真剖析推进城镇化建设中存在的问题，对完善我国城镇化顶层设

计，提高城镇化决策水平，确保生态城镇化健康快速发展有着极其重要的作用。

（一）顶层设计基本理念还未贯彻

生态城镇化顶层设计必须坚持“以人为本”“生态伦理”“绿色发展”的基本理念，然而在当前的城镇化实践中，城镇化规模扩张与质量提升不一致、生态环境被破坏、社会问题层出不穷。这些都折射出在生态城镇化决策中顶层设计基本理念贯彻不力，具体表现在以下三个方面。

一是人本意识淡薄。生态城镇化的核心和宗旨是“以人为本”，努力为公众创造舒宜的居住条件和工作环境，使人们生活得舒适、便捷、安全、环保、贴近自然。但在当前城镇化进程中对生态自然、文化传统、公共利益等人的基本需要缺乏关注等问题却较为突出。在过去一段时间里，一些地方的城市发展片面追求建设速度、淡化发展质量。

受长期的城乡二元体制的影响，仍存在一部分人群虽然进入城市，但仍未实现城市人口的身份转变，没有从本质上改变生活质量和文明水平，并未成为真正的城市人口。比如，一些征地工程引发的农民进城，一方面，农民“被进城”；另一方面，农民仍在城市的贫困线上挣扎。还有一些农民进城务工，但其生存条件、福利水平无法与真正的城市人口相提并论，无法共享城市福利。

二是生态伦理观念淡薄。比如，在生态城镇化决策中，很多地方政府脱离本地实际情况、超越发展，追求超前规划，导致人力、物力、土地和资金的极大浪费，对自然生态环境造成严重破坏。再如，一些政府决策者在进行城镇化决策时仅考虑城市短期发展，或者是只顾及眼前经济利益，盲目招商引资、扩建经济开发区，甚至引进一些会对生态环境造成严重影响的项目，而不考虑给城镇化未来的发展预留足够空间。这种只顾眼前经济利益，不顾生态环境承载能力，不考虑子孙后代的长远发展的行为，违背生态伦理的基本原则。

三是绿色发展理念尚未全面贯彻落实。绿色发展要求在生态环境容量和资源承载力范围内，高效利用资源环境，并加以有效保护，通过集约、高效的方式实现经济高质量发展，从而增进社会福祉。但在我国城镇化发展中，粗放型的发展方式仍然占有相当比重，在实践中未全面贯彻落实绿色发展理念，造成资源的浪费。例如，在土地开发方面，绿色发展模式倡导集约、高效地利用土地，强调有序的、有控制性的空间扩散，强调对城镇内部闲置用地和不合理用地的再利用。然而，在实践中，我国的城镇化对城镇空间内涵扩展的重视还远远不够，往往采取的是扩展城市外围空间的方式，人口和产业快速地从城市中心向城市郊区推进，城市新区开发迅猛，郊区大量农业用地和自然景观被转变为非农业用地，城市边界过度扩张而土地利用效率低下是普遍的现象，这不符合绿色发展的要求。再如，在城市道路交通方面，绿色发展倡导城市快速公交交通网络，倡导绿色出行，但各地普遍存在的交通拥堵问题，反映出我国交通网络的设计还存在很大问题，如何优化公共交通网络设计，使城市内部的交通与社区达到和谐状态是目前所面临的难题。

（二）顶层设计的决策要求还未达标

1. 决策目标仍然难以摆脱以经济增长为主

尽管中央一再提出构建“资源节约型、环境友好型”社会；在城镇化中加强生态文明建设；强调要使“绿色化”与城镇化、工业化、农业现代化、信息化“五化”协调发展等可持续发展理念。但是，在实践中，城镇化的决策目标仍难以摆脱以经济增长为主，政绩考核制度也依然是以 GDP 增长作为主要指标，其结果是地方政府片面追求 GDP 增长，城市扩张，无视城市教育、科技、环境、交通、社会公共资源全面发展，无视环境污染和生态失衡。

自 2013 年以来，中国多个省份对市、县（区）的考核进行了调整，有 70 多个县市明确取消了 GDP 考核。除了这些具有特殊性质的县市，在其他绝大多数县市，仍然是以 GDP 考核为重点，地方政府的决策目标和工作中心仍在促进地区经济增长上。这些都充分说明，彻底摆脱经济增长为主的决策目标，摆脱“唯 GDP”，依然任务艰巨。

2. 决策技术仍然较为落后

任何决策的制定与实施都离不开信息的支撑，尤其是政府机构在进行公共决策时，如果决策信息不足，信息传递与反馈渠道不畅通，信息处理效率低下，就容易导致决策信息在传递过程中逐渐失真，严重影响政府决策的质量，甚至可能导致决策失误。

在生态城镇化决策中，各级政府及政府机构作为决策的直接主体，在进行决策的时候，首先要进行充分的调研，收集足够的信息，了解民情。因为所有的决策都是从体察民情、发现问题开始的，而发现问题的过程，就是获取信息的过程，因此，充分的信息是正确决策的基础。政府和有关部门在进行生态城镇化决策时，关键的一步是能够敏锐地、及时地、准确地、全面地发现现有的或潜在的经济、社会、文化、政治、生态环境各方面的问题，而发现问题的关键在于要建立完善的决策信息支持系统。而且，在决策过程中，政府部门之间、政府部门与社会公众之间需要进行紧密的信息交流。政府决策部门之间为明确部门之间的事权划分，协调彼此之间的利益关系，需要进行紧密的信息交流沟通；政府决策部门要充分考虑社会公众的需求与利益诉求进行决策，要确保公众的信息能够顺畅地传送到政府决策部门；当然，政府也需要借助一定的信息渠道，向公众传递一些公共信息、政策信息等，保证公众对政府决策的知情权和参与权。总之，健全的政府决策机制必须要有信息搜集能力强、信息处理能力强的信息机构，以及规范的信息搜集和传输的制度。

目前，社会公众可以通过政府网站、民意测验、热线电话、各种传播媒体、信访机构等渠道表达自己的需求，政府决策机关也可以从多角度、多方面、宽领域广泛吸取公众的意见，进行决策。但是，目前我国的政府决策信息系统，还是不够完善，表现在以下三方面：第一，信息机构多采用典型调查法或召开座谈会的方式搜集信息、了解情况，容易导致信息片面失真。第二，上下级政府、部门之间多依靠逐层上报、统计报表的方法汇总信息，但是在编制报表时，虚报、漏报、瞒报、迟报等现象时有发生，决策信息虚假失真可能导致决策失误。第三，不同部门之间信息交流、传达机制不够规范，出于对本部门利益的考虑，有些部门领导者不愿意与其他部门分享信息。总之在目前的城镇化决策中，决策信息系统受人为因素影响较大，甚至受到人为的阻碍，易导致决策机构和决策者不能及时获得准确、全面的信息。因此，需要进一步完善生态城镇化决策信息系统，利用现代信息技术推广电子政务，促进各级政府、各部门之间的信息传递；充分利用现代网络平台加强政府与公众之间的信息交流。

（三）顶层设计的配套机制还不健全

1. 决策部门协调机制未落实

生态城镇化决策涉及多个部门、多个层级，而部门之间存在条块分割、职能交叉，各自所要解决的问题以及利益诉求不一致，这便使生态城镇化建设政策制定和实施过程成为一个复杂的利益与权利划分的过程。这些部门和机构不仅为地区整体经济利益和社会利益服务，他们还有着自身的利益所在，这样就容易出现各自为政、政出多门的不协调情况。各个部门追逐本部门利益的倾向容易造成政策冲突或政策缺位的现象，决策过程协调难度增大，导致决策结果顾此失彼。

例如，涉及空间资源利用的规划有国民经济和社会发展规划、主体功能区规划、城乡规划、土地利用总体规划、生态功能区划、环境保护规划等，各种规划在同一空间存在差异甚至相互矛盾。规划部门的不衔接、不协调、不统一严重削弱了规划的科学性和权威性，甚至造成城市空间管理无序、环境保护失控、土地资源浪费等问题。

2. 专家咨询论证机制流于形式

生态城镇化决策的综合性、复杂性要求尽可能发挥各类专家的力量，以使决策方案具有更强的科学性和可行性。然而，我国目前的专家咨询论证机制不够健全，形式主义问题突出。

（1）决策咨询机构由于缺乏独立的地位而无法保持独立性。目前城镇化决策咨询的对象一般包括规划设计科研机构、科研院校、有关城市规划信息机构等。其中的大多数机构都与政府存在隶属关系，人事任免与收入受上级部门影响，导致决策咨询机构没有独立的地位和足够的权威，难以保证咨询工作公正、客观的进行。有些决策咨询专家在很多时候成了决策者提案的合理性论证者，很少从专业的角度提出独立的意见，并能坚持自己的意见和看法。

（2）政府在专家选用方面存在的随意性，缺乏制度规范。目前，对于如何筛选专家没有固定的程序和规定，要邀请哪些专家参与决策咨询、专家参与的环节和形式，多是由政府领导人决定，带有很高的主观性和随意性，可能导致政府决策者按照自身的标准和利益去选择符合自己要求的专家，而把与自己的意见相左、存在利益冲突的专家排除在外，这种做法不利于决策质量的提高。

（3）咨询专家的专业性的发挥是有限的。政府决策者与咨询专家之间缺乏经常性的、稳定的联系渠道与交流机制，被邀请的专家在参与决策前没有足够的时间去做深入细致调研和思考，会降低专家咨询论证的效果，影响决策的准确性。另外，也有很大一部分专家为高校教师或科研单位研究人员，精于理论而疏于实践，对政策运行环境、相关系统构成等重要因素缺乏了解，所提出咨询意见可能难以反映全面的决策状况。

3. 公众参与决策机制不健全

公众参与是生态城镇化决策民主化要求的具体体现，政府决策者可以通过广泛的公众参与，了解民情、民意，以及公众的诉求，获取更多的决策所需信息，也可以广开言路、集思广益，充分发挥民众智慧，从而增加决策的民主性，减少决策盲目性、随意性。生态城镇化决策过程中加强公众参与，必然要求政府决策程序的公开、透明，这是实现公民的知情权、表达权、参与权和监督权的重要保证，是实现民主决策必须健全的规则和程序。健全的公众参与机制应该包含以下内容：首先，在决策过程中，各阶段性方案、成果都应当及时公布，涉及公众共同利益的决策，应当向社会公开；涉及局部群体利益的，必须让有关利益群体知晓；涉及行业领域的决策，应事先公告有关方面。其次，要建立一定的平台与渠道，保证广大社会公众能够顺畅地表达其利益诉求，保证公众有效参与生态城镇化的决策过程。然而，目前，在我国城镇化决策过程中，决策信息公开透明度不够，公众的参与度不足，参与渠道少等问题明显。具体反映在以下三个方面。

（1）现阶段我国社会公众对于参与权的了解知之甚少，公民的政治主体意识和政治参与热情不足，没有得到充分发挥。在政府城镇化决策过程中，公众的意愿，特别是弱势群体的意愿缺乏合适的渠道表达，或者不被重视，政府决策机构不能及时发现人民群众高度关注、真正需要政府予以解决的问题。

（2）政府决策者对公众参与权的认识不足。政府决策者的公众参与意识决定其遵守公众参与程序的自觉性；决定其决策是否向公众开放，以及开放的程度；也决定着决策进入公众参与程序后，是否会真正考虑公众诉求、采纳公众意见。因此，政府行政决策者要有公众参与行政意识。但是，目前政府决策者对公众参与的认识不足，在生态城镇化决策过程中，政府决策依据、决策信息、决策过程的公开程度尚低；决策公开的主动权掌握在政府手中，决策信息是否公开、公开的内容、公开的程度等，都是由政府机构决定的，公众通常只能被动接受政府公开的信息。这致使公民对政府决策的知情权得不到保障，缺乏信息支撑的公众参与是没有实质意义的，只是形式上的参与。

（3）公众参与方式欠缺。在生态城镇化的规划与决策阶段，公众意见收集、利益相关者谈判辩论、舆论和媒体传达反馈等参与手段严重欠缺。政府门户网站上的“意见征集”“建言献策”等板块几乎是为了设置而设置，只是一个形式，实际作用不明显；也有一些政府会经常举办城镇规划展示会或者规划知识宣传会，但这些方式很大程度上是一种宣传手段，而非以征集民意为主要目的。另外，即使政府决策者通过一定途径收集了公众的意见和建议，但在实际的决策中不一定会采纳公众意见，久而久之，会影响到公众参与的积极性。

4. 决策监督与责任追究机制不健全

为了保证决策的科学性、法治性，避免政府决策者滥用公权力，违法决策程序，导致重大决策失误甚至方向性错误，必须建立、健全生态城镇化决策监督机制。完善的决策监督机制能够确保各类监督主体通过一定的监督渠道，采取一定的监督方式对生态城镇化决策的全过程加以监督。决策监督主体不仅包括上级政府部门及主管机构，还应包含企业、媒体、民众以及一些非政府组织等外部监督主体，政府部门要提供顺畅有效的决策监督渠道与平台，保证外部监督主体能够真正参与监督。目前，我国城镇化决策监督机制还不够健全，主要决策者的权责不对等、责任心不强，更多关注短期经济绩效，往往牺牲长远的生态效益。上级部门对下级部门的监督考核主要以经济增长为主；外部监督主体参与决策监督的渠道不畅，尽管，近些年我国一直在进行绩效考核评估方面的改革，但在实践中种种问题依然存在。

生态城镇化决策覆盖范围广、牵涉利益众多，属于政府重大决策，必须建立终身责任追究制度，对决策过程中出现的违反决策程序、未经集体议事和会议表决、集体决策偏差和失误等问题追究相关责任人的责任，属于集体决策失误的追究“一把手”的责任，而且追究终生责任。

然而，生态城镇化决策涉及决策方案的设计、论证、决议、实施、反馈等一系列环节，每个环节相互独立，又彼此联系，由此导致各个环节责任纠缠不清、难以梳理，责任划分困难，给决策责任追究带来了困难。由于缺乏科学合理的生态评价体系，对生态城镇化效果评价的标准比较模糊，以致评价重点主要是工作进度和速度，忽视对质量和效益的评估；评价的依据多是工作总结和汇报材料等书面材料，忽视执行过程和真实结果；评价的主体相对单一，往往是决策者或者与其有直接利害关系的监督机构，社会公众监督、舆论媒体监督严重不足。决策监督与责任追究机制的不健全，往往直接导致决策责任的追究难以落实。

第七章　顶层设计的决策路径

生态城镇化决策确定城镇化长远发展方向，直接影响着城镇未来发展的战略方向、目标及功能布局，牵涉多方利益，关乎城镇化目标诉求的顺利实现。这一决策主要通过顶层设计来保障。针对目前我国城镇化决策机制构建中存在的问题，科学合理的决策路径非常重要。顶层设计要做好生态规划，要重视城市生态决策管理，要致力于建设紧凑型城市，要倡导绿色消费。

第一节　顶层设计要做好生态规划

顶层设计，首先就要考虑城镇化生态规划的制定，落实城镇化生态边界。以生态优先为导向，合理规划城镇化边界，实现城镇化开发边界与城镇化生态边界的有机结合，成为生态城镇化决策的重要路径。

一、城镇化开发边界

随着城市化的快速推进，城市规模迅速膨胀，城市空间“摊大饼”式扩张迅速，引发了一系列的城市生态环境问题：城市环境污染加剧，绿色开阔空间减少，城市生态物种多样性受到破坏等。这些问题都是城市盲目扩张引致的，为此，《国家新型城镇化规划（2014—2020年）》提出“城市规划要由扩张性规划逐步转向限定城市边界、优化空间结构的规划”。可见，科学划定城镇化开发边界已经成为城镇化发展战略中的一个关键问题。在进行生态城镇化规划与决策时，合理划定城镇化边界，确定城镇化开发模式、开发强度，及城镇化建设规模，能够引导城市空间与规模合理增长，实现城市的可持续发展。

城镇化开发边界，也即城镇化开发的范围，其核心问题是探索城镇化开发建设可以扩张到的最大范围。城镇化开发边界是控制和引导城镇开发建设的重要规划工具，合理规划城镇化开发边界的目的在于防止城市无序蔓延，提高城镇建设用地的利用效率，优化城市空间布局。城镇化开发边界的划定的着眼点在于社会经济、人口、行政区划和城市功能分区上。

二、城镇化生态边界

环境污染问题一般会超出其行政边界而呈现出区域性特征。为此，在生态城镇化进程中，还必须控制城市生态边界以保障城市的健康和谐发展。

城镇化生态边界，就是指在生态城镇化规划过程中，以生态学理论为指导，遵循生态优先原则，严格划定城市生态资源控制范围和生态保护红线，严格控制城市建设用地的扩张，将城市持续发展所依赖的重要自然生态系统都划分为非建设用地。根据对生态管制的强度不同，可以将城市生态边界分为刚性边界和弹性边界两类。生态城镇化的刚性边界就是通常意义上说的“生态安全底线”，是无论在任何时候、任何地方都不能超越的界限，是城镇化扩张的最大规模。生态城镇化的弹性边界指的是与人口规模等相适应的，为了应对城市人口增长过快、或其他城市发展的特殊要求，通过各级政府的科学论证和严格审批可以适当调整的可变生态环境。

划定城镇化生态边界的目的不仅仅在于维护与优化城市的整体生态格局，更在于维护和保证城市的生态安全。即保证城市发展的同时不影响人类的生存环境，不破坏大自然的生态平衡，不降低人们的生活质量，不影响人类的健康水平。生态安全就是要保障生态系统的自我修复功能、人类饮用水源的安全、食品药品的安全、生态环境的安全。因此，城市生态安全的必要条件是必须保证城市居民生存安全的环境容量具备最低值、生态系统服务功能维系具有最基本的空间保障，能够充分实现社会经济生活的可持续发展和城市区域性生态系统功能和过程的可持续发展等目标。

三、城镇化开发边界和生态边界的合理规划

城镇化的发展需要确定合理的边界，城市开发建设活动必须要有刚性底线，开发建设以坚守各类“红线”为基准，以提升综合质量为本。城市生态边界在于确定城市开发所不能到达的范围，应综合考虑城市自然生态资源禀赋、城市自然承载力的空间分布、城市发展的目标定位以及城市发展主要限定要素等，科学合理地规划城市生态边界。原则上，在划定的城市生态边界以外的区域是非建设用地区域，该区域生态脆弱性高，应该禁止城市开发与建设行为，实施生态保护，加强对生态环境的维护与修复。城市生态边界的合理规划可以着重加强以下两方面的制度建设。

（一）划定耕地农田保护“红线”

农田保护事关国家粮食安全、生态安全和社会稳定，是国计民生的头等大事。人多地少是我国的基本国情，耕地是我国最宝贵的战略资源，应该加以保护。然而，近几年随着我国城镇化进程的快速推进，耕地后备资源不断减少，耕地保护形势并不乐观。严峻的形势要求我们必须珍惜土地，加强耕地农田保护，严守耕地农田保护红线，严守国家粮食安全底线。

我国城镇化还需持续深入推进，应走集约、高效、绿色的生态城镇化之路。生态城镇化决策需充分认识耕地农田保护的重要性，切实处理好城市开发与农田保护之间的关系，既要保证城镇化持续健康发展，又要保证基本农田面积不减少。这就要求做到以下几点。

（1）严控建设用地规模，严守耕地保护红线，落实永久基本农田“划红线”工作。生态城镇化规划建设中，要强化耕地保护意识，坚决不能触碰耕地保护红线；永久基本农田划定工作要从大城市到小城镇，从城市周边到广大农村，从大到小，由近及远地推进，逐步覆盖全部农田，永久基本农田一经划定，不得擅自占用或改变用途，城市规划建设就只能“跳出去，避开来”。要做到既能保证必需的城市建设用地，又能严控建设用地规模，必须统筹利用好土地存量

和新增建设用地，提高土地集约、节约利用水平，推广应用节地技术和节地模式，提高土地利用效率；盘活利用存量建设用地，促进城镇低效用土地再开发，新增建设不占或尽量少占耕地。

（2）加强耕地占补平衡管理，采取土地整治措施。建设用地占用耕地的单位必须依法履行补充耕地义务，无法自行补充的，应缴纳相关税费，确保建设占用耕地能够及时保质、保量补充到位。并加强监管，杜绝占补不平，多占少补现象。另外，各地资源环境状况、耕地后备资源条件、新增耕地潜力等难免有差异，对此，可以由国家进行统筹调剂。

（3）完善耕地农田保护补偿激励机制，强化监督考核。按照“谁保护、谁受益”原则，加强对耕地保护责任主体的补偿激励，对承担耕地保护任务的单位给予奖补，对僭越耕地保护红线、侵占永久基本农田的单位给予惩罚措施。各级政府有关部门要担负起主体责任，强化耕地保护工作责任和保障措施，对耕地农田保护工作以及土地整治过程中的生态环境保护，进行全流程严格监督检查，完善责任目标考核制度，牢牢守住耕地保护红线。

总之，耕地是人类赖以生存和发展的基础，在生态城镇化推进过程中必须扎实做好耕地和基本农田保护，严守耕地农田保护“红线”，保证土地得以永续和合理使用。2017 年 1 月中共中央、国务院印发的《关于加强耕地保护和改进占补平衡的意见》为未来生态城镇化建设框定了耕地保护的基本原则及要求。

（二）划定生态保护“红线”

为明确生态空间的重要生态功能，需划定生态保护“红线”，必须划定强制性严格保护区域，这是保障和维护国家生态安全的底线和生命线。由于近年来大规模、快速的城镇化的推进，我国生态空间仍不断被挤占，尽管政府已经关注到生态安全问题，采取了多种类型的生态保护措施，但效果仍不够理想。由于保护地空间界限不清、管理效率低等问题的存在，我国生态系统依然退化严重，生态安全形势仍旧严峻。因此，划定生态保护红线刻不容缓。

生态城镇化顶层设计要将城市开发边界和城市生态边界有机结合起来。协同开展城市开发边界划定和耕地保护“红线”划定、生态保护“红线”划定等工作，并与社会经济发展规划、城乡综合规划、土地利用总体规划等规划相衔接。

第二节　顶层设计要重视城市生态决策管理

生态城镇化顶层设计要重视城市生态决策管理，高效、科学的城市生态决策管理机制，包括“人”和“技术”两大要素：“人”的要素就是要培养一批懂城市、会管理的专家型城市决策管理团队；“技术”要素主要是指现代数字技术、互联网技术、云技术、智能技术等，用以辅助城市生态决策管理。其中，专家型城市决策管理团队是生态城镇化决策管理的核心，而先进的智能技术能够为城市生态决策管理提供技术支撑，智能技术有助于将生态城镇化决策活动纳入科学化、规范化、民主化的过程中。

一、培养专家型城市决策管理团队

在生态城镇化决策中，政府管理者是最核心、最直接的决策者，负责组织生态城市决策相关的一系列工作，包括决策问题的识别与筛选、决策方案的设计与抉择，以及决策方案的实施、监管与效果的评估；在生态城市管理系统中，政府管理者又是城市管理的主导，位于生态城市管理系统的核心，是城市管理中不可替代的组织者和领导者。因此，在生态城镇化发展过程中，不断推进政府管理机构改革，创新其工作机制，提高政府管理决策者的专业素养，培养一批懂城市、会管理的专家型的城市决策管理干部，用科学的态度、先进的理念、专业的知识去规划城市、建设城市、管理城市具有极其重要的意义。专家型城市决策管理干部需具备的素养包括以下几个方面。

（一）具备专业决策知识和管理技能

专家型城市决策管理干部需要具备一定的问题敏感度，了解城市运行的基本规律，掌握系统的专业决策知识与管理技能。生态城镇化决策的起点是识别问题，因此，决策者首先要能够从纷繁复杂的社会问题中，分清问题的轻重缓急，区分主要矛盾和次要矛盾，发现事关全局的关键性问题，并根据主要问题和主要矛盾，确定决策目标。其次，决策者需要对城镇化过程有全面的了解，并了解城市运行的基本规律。最后，专家型城市决策管理干部需具备系统的决策知识和专业的城市管理技能。

（二）具备专业思维和综合管理能力

生态城镇化决策受到技术、经济、社会、文化、政治和生态环境等各种因素的综合影响，决策者不仅要具有良好的专业素养，还应该具备系统思维和整体思维能力，这样才能从整体上把握好城镇化决策的问题，处理好各方利益主体之间的关系，协调好中央和地方、地方之间以及长短期目标之间的关系，才能有效地提高决策的质量和效率。如果决策者只考虑某个方面或某几方面因素就进行决策，或者只考虑短期的成本与效益进行决策，必然会因为考虑不周全而影响决策的效果，进而影响城市的长远发展。

（三）掌握专业决策技术和决策方法

政府决策者和城市管理者必须掌握多种决策方法和决策技术。生态城镇化决策是一个复杂系统的工程，关乎城市长远发展，生态城市的管理工作也是关乎广大社会公众切身利益的。生态城镇化决策必须经过充分的调查研究、严格的可行性分析，借助科学的决策方法和技术才能做出来。这样才能保证决策的科学性，降低决策失误的概率。经验决策和个别领导拍脑袋决策的方法是绝对不可取的。

二、运用现代信息技术打造智慧城市

现代信息技术是城市生态决策管理的重要技术支撑工具，直接影响城市管理水平和管理效果。在城市管理数据库及网络平台的支持下，利用数字技术，建立一个集城市规划、行政管理、城市社会和谐、应急指挥、社会服务等综合信息为一体的智能化信息系统，可以有效监控城市各系统的状况，为生态城市的设计、规划、建设、管理提供技术支持，为生态城镇化可持续发展提供信息支撑条件。

（一）信息技术在生态城镇化决策与城市管理中的应用

城市生态决策管理中可采用的信息技术主要有：地理信息系统、遥感和遥测技术、互联网技术、物联网技术以及云计算技术等。利用遥感遥测技术能够便捷地获取城市自然地理的具体信息，以此信息为基础，经过地理信息系统储存与处理后，可以为城市决策者和管理者提供基本信息及分析数据。互联网技术则是传输信息和数据的重要载体，借助互联网，可以促进部门之间信息的交流与传递，可以加强政府部门与企业、公众之间的联系。而仿真和虚拟现实技术可以将生态城镇化过程中的某些规划与管理过程虚拟化，利用仿真技术检验决策方案的效果，仿真检验通过以后，再组织方案的实施，这样能够提高决策的效果。

（二）利用现代信息技术建立决策支持系统

在生态城镇化决策中，利用现代信息技术建立决策支持系统、辅助决策，能够提高决策的科学性。决策支持系统是指运用电子计算机综合大量数据，有机组合多种模型，以模拟各种不同决策方案，帮助决策者实现科学决策的系统。建立决策支持系统的目标是为决策者创造出良好的决策条件，提高决策效率，保证决策的科学性。生态城镇化决策支持系统是生态城镇化科学决策的必需工具，决策支持系统可以在决策过程中的不同阶段给城市决策者以不同形式的支持，辅助生态城镇化科学制定可持续发展的决策。生态城镇化决策支持系统也是对生态城市进行宏观管理的辅助工具。

合理利用现代信息技术，辅助生态城镇化决策和生态城市的管理工作，可以从以下两方面入手。第一，加强应用系统的开发与研究，全面提升政府部门现有的信息系统功能等级，并在系统的大量事务性信息中进行二次开发和利用，使信息系统充分发挥辅助决策、支持决策以及管理的功能。第二，建设城市基础设施、交通、全部产业及城市管理系统各子系统的数字化管理数据库，并通过城域网将各分散的数据库连接起来，利用智能化的监测和调控系统进行数字化管理，实现生态城市人流、信息流、物流、资金流、交通流高度通畅，实现经济、社会、生态等协调发展。

（三）推广政府电子政务决策系统

在生态城镇化决策与管理过程中，借助现代信息技术，尤其是网络技术和云技术建设推广政府电子政务系统，为政府部门与社会公众之间、各级政府之间、政府部门之间的交流提供直接的、畅通的渠道。完整的政府电子政务信息系统包括：政府部门之间的电子政务，供上下级政府之间、不同地方政府之间，或者不同政府部门之间进行信息交流，协调管理；政府与企业的电子政务，是政府通过网络系统进行电子采购与招标，精简监管、减轻企业负担，促进企业发展；政府与公民的电子政务，是通过电子网络系统为公民提供各种服务。

政府电子政务系统的推广应用，有助于缩短政府和社会公众之间的距离，使政府决策者及时了解民情、民意，促进政府决策的民主化、科学化；有助于提高政府内部的行政效率，缩短政府决策的时间，提高政府决策的时效性；有助于增加政府管理与决策的透明度，使社会公众及时了解政府决策的事项、决策的目标，以及政府部门工作的基本流程，使公众有更多的知情权、参与权以及监督权；有利于营造公平的竞争环境，减少腐败行为，实现政府的廉政建设。

（四）打造生态智慧城市

智慧城市是城市发展的新形态，也是未来城市发展的趋势。在生态城镇化建设中，充分利用现代信息技术，打造智慧城市，实现城市化、信息化、生态化的高度融合，可以有效解决城市发展难题，实现城市可持续发展。智慧城市的建设覆盖城市公共管理、社会生活、教育文化、健康保障、交通管理等各个领域。

第三节　顶层设计要致力于建设紧凑型城市

倡导精明增长，建设紧凑型城市，是一项涵盖了生态城镇化发展多个层面的综合策略，能够将生态城镇化发展很好地融入区域整体生态系统和人与社会的和谐发展的目标中。紧凑型城市是精明增长理念体现，建设紧凑型城市和精明增长的要义与生态城镇化的目标有很多共通之处。

一、紧凑型城市

紧凑城市理念是一种基于土地资源高效利用和城市精致发展的新思维，倡导人们选择靠近工作地点和日常生活服务设施的地方居住，这种“紧凑”不是物理形态上的紧凑，具体体现在功能紧凑、规模紧凑和结构紧凑三个方面。紧凑型城市是功能混用的、高密度的城市形态，相对较高的密度更能减少交通拥堵、能源需求以及环境污染，更好地保证城市环境状况。紧凑型城市的发展模式强调居住、工作、交通出行和休闲生活等综合功能的配套完善，提倡建设一种紧凑而多样化的城市，其优点在于加强对乡村的保护；通过城市功能的重叠，增加能源使用效率，减少消耗与污染，实现可持续发展；减少私家车出行频率，支持乘坐城市公共交通出行，或者依靠步行、自行车出行；提高城市对市政设施和基础设施供给的有效利用，促进城市中心的重生和复兴等。

紧凑型城市与精明增长二者密不可分，具有相通之处。精明增长主要指城市建设要尽量以最低公共成本投入去创造最高收益，这不仅指经济效益，还包括宜居宜业、社会公平、环境可持续发展。精明增长的实现需要城市“紧凑”发展，而“紧凑”发展并非盲目追求城市高容积率，“紧凑”发展的目的是推动城市发展由外延扩张式向内涵提升式转变，实现精明增长。

二、建设紧凑城市，成为实现生态城镇化精明增长的举措

在生态城镇化决策与建设中，必须以城市可持续发展为目标，将精明增长理念和紧凑城市策略渗透到城市规划与决策的各个层面。

（1）坚持可持续发展目标，对城市规划进行“可持续性评估”。生态城镇化是“五位一体”总体布局下的城镇化，这与欧洲的紧凑型城市策略、美国的精明增长模式是一致的。在生态城镇化决策时，应该将精明增长理念和紧凑城市

策略渗透城市规划决策的各个层面和环节，以保证决策被很好地执行和实施。在制定城镇化规划方案时，必须进行可持续性评估，对城镇化规划与建设的各项内容进行逐项检测，评估其在实施可持续发展时的表现；评估其是否存在代际掠夺，为城市可持续发展留下难题。

（2）注重全面规划和统筹发展。传统城镇化规划注重的是空间规划，而建设紧凑型城市需要对整个城市发展进行全面规划，对城市资源进行全面统筹，努力建设“节约型社会”。在生态城镇化建设发展中，应将节约土地资源放在重要位置，提高对已开发土地的利用率，增强对城市建成区的合理改造，降低城市扩张对周边地区的压力，缓解人地矛盾。此外，还需充分、有效地利用好现有城市资源，尤其是提高城市现有基础设施的可持续综合利用，尽量降低新增基础公共设施的投入成本，减少不合理的政府财政支出，保证城镇化发展的可持续性。

（3）创建精明增长的生态城镇公共交通系统。精明增长的城市公交系统应该能够满足资源消耗低、环境污染小的要求，并能够为城市居民提供多样化出行选择，鼓励市民绿色出行。鼓励公众优先考虑公交、地铁、轻轨等公共交通工具出行，短途出行选择步行或自行车出行。当然，居民出行方式的选择与城市道路交通设施的完善程度是密不可分的，鼓励公众乘坐公交、地铁、轻轨出行，前提条件是要规划建设完整、高效的公交网络，配备完善的道路和公交车等基础设施；鼓励公众短途步行或自行车出行，这要求在城市道路规划时需要预留非机动车道和人行通道，保证公众安全出行。

（4）紧凑型城市建设要塑造自己的特色。各个城市可以根据自己所具有的特殊的文化传承、自然风光、城市建筑风格、产业形态以及历史古迹等塑造自己的城市特色。

第四节　顶层设计要倡导绿色消费

绿色消费是绿色发展理念的终极体现，生态城镇化的成果最终反映为绿色消费。绿色消费观是人们关于绿色发展的价值理念，它通过进一步推动城镇化决策行为的转变，从而影响生态城镇化的可持续性发展。

一、顶层设计需考虑绿色消费观的核心理念

绿色消费观是绿色发展观的一种具体体现，生态城镇化顶层设计要贯彻绿色发展的基本理念，因此，在生态城镇化决策中倡导绿色消费也成为其中的应有之义。绿色消费观要求消费者与自然和谐相处，养成科学消费的生活习惯，通过消费习惯的转变，转变生产模式，从而推动绿色产业的发展。倡导绿色消费观，是城镇化顶层设计需要重点考虑的实现路径。

传统城镇化带来生态资源问题，更深层次的根源在于工业文明消费观下人类贪婪的消费欲望。工业文明消费观在推动社会生产力提高和生产规模扩大的同时，造成了全球性的环境恶化、生态破坏等严峻局势，这一点，从我国改革开放以来工业化、城镇化快速发展的历程上就可以反映出来。因此，要想从根本上消除生态危机对人类生存造成的威胁，必须倡导绿色消费。

从广义层面看，绿色消费包含以下几方面：其一，消费者在消费时所消费的产品应该是对公众健康有益的或是未被污染过的；其二，消费者在消费过程中所产生的污染废弃物尽可能最少，不给环境造成污染困扰；其三，在消费结束后注重对垃圾的分类回收利用，促进资源的循环利用，注重周围环境的保护；其四，倡导广大公众转变消费理念，追求健康，崇尚淳朴自然，在追求自身生活舒适、方便的同时，要尽力节约能源和资源，注重环境的保护。① 广义的绿色消费覆盖的范围很广，生产和消费的各方面都被囊括在内。它不仅要求我们购买绿色产品，进行环境友好消费，而且还要求人们在消费过程中处处有节约资源和保护环境的意识，在消费后注重垃圾的处理，避免造成垃圾围城和围村现象。从狭义层面来看，绿色消费是指消费者消费对环境保护有益的或是未被污染过的产品，也就是所谓的消费绿色产品，通过消费绿色产品来减少对环境的污染，提高人们的生活质量。总的来说，绿色是一个全面、广泛的概念，要想

---

① 胡雪萍：《绿色消费》，中国环境出版社 2016 年版，第 11 ~ 12 页。

真正实现全社会绿色消费，需要社会各方的共同努力。

二、以绿色消费观推动生态城镇化的实现路径

（一）政府政策推动

在生态城镇化建设中践行绿色消费离不开政府政策的制约和激励。首先，需要政府及相关部门出台绿色消费相关法律和法规，完善市场准入制度，加快低碳技术的创新与推广，鼓励绿色产品的生产和有效供给，建立环境保护标识制度，推广绿色消费产品。在保障消费者合法权益的同时，推动人们树立绿色消费观，进一步规范人们的消费行为。同时加强法律法规的实施力度和监督制度，加强对绿色产品的监测和管理，维护正常的市场秩序。其次，政府可以采用各种经济杠杆，支持发展绿色产业，激励企业进行绿色创新，供给绿色产品，使消费者能够方便地购买。最后，在消费绿色化转型过程中，政府还应加强对自身的绿色约束，降低行政成本。政府部门率先垂范，采取低碳化、低能耗的消费方式。

（二）企业市场引导

在生态城镇化建设中，企业要肩负起一定的社会责任，为城镇化低碳、绿色发展提供技术支撑。作为市场的重要组成部分，企业在发展绿色产业、开发绿色产品、构建绿色市场、实现绿色营销等方面起着重要的作用，企业可以通过改变产品的生产模式来引导和改变人们的消费模式。企业应由传统的只追求经济效益，向既追求经济效益，又兼顾生态效益转型，在发展过程中高度关注环境问题。具体来说：第一，企业应根据消费者的产品诉求，研制和开发绿色产品、提供有益于环境的产品，这是构建绿色市场的关键。第二，企业要在设计、开发、生产、销售、使用、回收等产品流动环节上尽可能减小对环境的破坏和资源浪费，生产出既能满足当代人需求，又不损害后代人利益，支持经济可持续发展的消费品。第三，企业应创新建筑设计思路，彻底改变传统的低品质、低舒适度建筑，不断研发应用新型绿色节能建筑材料，创新发展净零能耗、

低碳建筑。第四，企业对绿色产品的设计研发与生产离不开绿色技术的创新与应用，因此，企业要通过科技手段，研发绿色产品，为消费者提供高质量、低成本的绿色产品。

（三）消费者转型推动

生态城镇化建设关乎每个家庭和个人的利益，每个人都应有一种主人翁的责任意识，有一种保护生态环境的自觉性与责任感，尽自己所能，为生态城镇化建设添砖加瓦。消费者合理转型，形成科学合理的绿色消费习惯，能够推动生态城镇化发展。

消费者的绿色消费行为体现在衣、食、住、用、行生活细节的选择上，应采取低碳绿色的方式进行消费，节约资源、保护环境。同时，绿色消费还包含适度消费的内涵，践行绿色消费就必须摒弃攀比消费、炫耀性消费和过度消费行为。

消费者转型推动，一方面反映在消费者的绿色消费行为上，另一方面也反映在生态城镇化决策成果的体验和检验上。倡导绿色消费，成为生态城镇化顶层设计应重点考虑的实现路径。

第五篇
生态城镇化的运行机制

生态城镇化的运行机制，核心是制定生态城镇化建设的制度体系，保障生态城镇化的长期运行。运行机制的制度体系构建，主要依托生态城镇化相关制度规则的设计与实施。

第八章　生态城镇化运行机制的重点：制度体系的构建

生态城镇化运行机制的核心是制度体系的构建。为了确保生态城镇化的长效建设，其关键因素是构建一个完备的生态城镇化制度体系，其规制了生态城镇化的目标、实施手段、利益协调等。通过制度体系的建立与实施，使生态城镇化的发展方向与具体实施能够保持在既定的生态战略决策范围内，从而达到生态城镇化的最终发展目标。

生态城镇化的运行机制是不同制度范式的综合体，是城镇化建设中所涉及的众多制度体系的综合结果，而不仅仅是某一个单一的制度范畴。一个单一范式的制度无法涵盖生态城镇化进程的各个方面，致使单一的生态城镇化制度存在漏洞，在微观主体天然逐利性的影响下，这种单一制度的漏洞将会被放大，从而威胁整个生态城镇化的战略实施。因此，单一的生态城镇化制度范式无法保障生态城镇化的长期运行。

一套完善的生态城镇化制度体系应该包括资源环境保护制度、经济产业制度和社会保障制度这三大制度范式，通过这三大制度范式的综合规制，涵盖生态城镇化建设的各个方面，从而使生态城镇化保持良好的运行态势，保障生态城镇化长期有效推进。

第一节　构建制度体系在于熨平各方利益博弈

生态城镇化的运行机制，是保障生态城镇化长效性的关键。随着生态城镇化建设的不断推进，运行机制的构建，其核心是致力于解决运行规则问题，通过建立生态城镇化的制度体系来明确规则，以平衡生态城镇化参与主体各方利益，从而保障生态城镇化长期运行平稳、畅通。

一、制度体系保障生态城镇化有效运行

生态城镇化运行机制的主体是制度体系的构建，通过生态城镇化制度体系的建立来有效保障生态城镇化长期有效运行。对生态城镇化制度体系的建立而言，其核心内涵便是充分兼顾各方生态城镇化建设的参与者，通过熨平各参与者之间的利益矛盾，协调参与者之间的利益博弈，从而使各方参与者都有动力遵循生态城镇化的制度体系，在制度体系的框架中做出自身的经济决策，进而使各方参与者都能为生态城镇化建设做出自己的贡献。如何建立高效的生态城镇化制度体系，使各方利益博弈能够达到均衡，是生态城镇化运行机制的核心，也是保障生态城镇化长效运行机制的重点和难点。

生态城镇化制度体系还应该包括奖惩措施。生态城镇化制度体系中的资源环境制度、经济产业制度和社会保障制度，每一个制度范式都应该包含制度框架下的奖惩措施。通过奖惩条例和措施对生态城镇化的参与主体实施规制，使生态城镇化的各参与主体遵守并实施生态城镇化的战略，将该战略的生态精神纳入生态城镇化的博弈决策中。这一生态城镇化制度体系中的奖惩措施是生态城镇化运行机制的补充内涵。

二、生态城镇化中多方参与者的博弈行为

生态城镇化运行中涉及多方参与者，各参与者之间存在着利益博弈，通过分析不同参与者之间的博弈行为，熨平各参与者的利益冲突，实现生态城镇化的长效运行。

（一）生态城镇化动态运行中的博弈参与者

在生态城镇化的动态运行中，参与者被分为以下四个范式：中央政府作为

生态城镇化战略的顶层设计者直接参与顶层制度和法律规章的设计；地方政府作为生态城镇化动态运行阶段的执行者与主要监督者，协调生态城镇化的动态运行，保障生态城镇化朝着既定的轨道建设发展；微观主体作为社会主义市场经济的供给侧主体，是生态城镇化运行的重点参与者与被约束者，也是生态城镇化能否长效运行的关键主体；经济活动个体作为生态城镇化动态运行的参与者和长期受益者，同时扮演着部分监督者的角色。其绿色消费观的建立与否对生态城镇化的长期运行起到“催化剂”与“润滑剂”的作用。

中央政府、地方政府、微观主体和经济活动个体这四个参与范式，作为生态城镇化长期实施的主体参与者，在生态城镇化的动态运行伊始便开始产生利益冲突。四大主体范式作为生态城镇化的主体参与者在最大化自身“收益”的过程中相互产生利益冲突，进而通过博弈达到均衡。这一博弈若没有生态城镇化制度体系的约束，而纯粹通过经济运行来达到，则会在长期陷入“囚徒困境”的泥潭之中，达到博弈的劣均衡状态，使生态城镇化的运行陷入停滞甚至是崩溃。因此，如何建立完善的生态城镇化制度体系，是保障生态城镇化长期运行的关键。在完善的制度体系构建之前必须明确各参与主体的经济利益与社会利益，从各方的博弈过程中寻找建立制度体系的切入点，从而通过完善的制度体系熨平各方利益博弈，达到生态城镇化长效运行的目的。

（二）生态城镇化运行中参与者的博弈行为

中央政府、地方政府、微观主体和经济活动个体作为生态城镇化的主要参与主体，在生态城镇化的长期运行过程中存在着相互之间的利益博弈，这种利益博弈如果不加以分析和规制，容易产生不利于生态城镇化建设的劣均衡结果，导致生态建设无法融入城镇化建设过程，影响生态城镇化的长期运行。

1. 中央政府与地方政府之间的利益博弈

（1）政府作为生态城镇化的重要参与者具有分层的特性。传统的研究认为，政府作为经济社会的参与主体，参与制定相关的制度与政策，以确保经济长期健康发展。在经济的长期动态发展中，政府始终作为一个整体参与经济决策行为，而并不将政府区分为中央政府与地方政府。在西方经济学领域，政府通常也作为一个整体充当着“守夜人”的角色，并不直接参与微观经济的运行。

然而，由于我国特殊的经济社会环境，使得政府的层级结构在制度体系的制定与经济政策的实施过程中成为关键影响因素。在具有中国特色社会主义市场经济的大环境下，我国政府在经济发展中的层级大致被分为中央政府与地方政府两大层级，中央政府与地方政府共同构成经济范式中的“政府”部门。

中央政府作为我国宏观经济发展战略的制定者，在经济政策的制定过程中充当领航者的角色，以规制我国经济社会发展的总体方针与策略。中央政府通过制度体系与法律条文的制定和完善，从宏观、整体的层面保障经济社会的健康发展。从生态城镇化发展层面来看，中央政府负责制定生态城镇化的总体规划战略，明确生态城镇化的目标、达成手段、长期建设周期、生态城镇化的宏观制度体系等顶层设计，保障生态城镇化在宏观战略层面具有可行性与持久性。

地方政府的权利小于中央政府的权利，地方政府只能在宪法的基础上制定地方税收的相关政策。地方政府作为我国经济社会发展的一线执行者、协调者与监督者，是经济社会发展的重要组成部分。地方政府作为微观主体与顶层设计之间的协调者，起到重要的桥梁作用，以连接微观主体与顶层战略。同时，地方政府保障经济活动个体的日常经济行为，通过行使地方政府的管辖权与微观自主权，使经济活动个体与微观主体顺利进行动态经济交易，保障经济社会的长期发展。由此可见，地方政府作为微观主体与顶层设计的桥梁，同时作为微观主体与经济活动个体的经济交易保障者，承担着无法替代的作用。具体到生态城镇化建设的范式中，地方政府是生态城镇化建设的直接参与者，其在生态城镇化的动态运行中起至关重要的作用，监督生态城镇化顶层设计的执行，规制微观主体的生态城镇化执行策略，培养经济活动个体的生态城镇化意识，对经济活动个体宣传绿色消费观念。一方面，地方政府与中央政府共同合作制定出生态城镇化运行机制，使生态城镇化无论在宏观层面或微观层面都拥有完善的制度体系，以保障生态城镇化的长期运行；另一方面，地方政府作为城镇化建设的长期推动者，其所管辖的地方经济发展至关重要。其经济的发展与城镇化程度的加深直接影响地方政府的财政收入，同时也直接关系到地方居民的收入水平与生活水平。因此，在地方政府推进生态城镇化战略的进程中，其必定会兼顾地方经济的发展与城镇化进程的有效推进，制定出兼顾地方城镇化建设与生态环境保护相协同的生态城镇化运行机制，使地方经济发展与城镇化进程不会受制于生态城镇化运行机制的主体。

（2）中央政府与地方政府博弈的原因。不同的政府层级所期望达到的经济社会目标是不相同的。中央政府在新时期希望实行生态城镇化的战略目标，摒弃粗放型的经济发展战略与简单的土地城镇化发展方式，使经济社会发展呈现可持续性的特点，同时引导我国的城镇化建设能够迈入生态城镇化的发展轨道，使简单的土地扩张式城镇化能够向着生态城镇化的方向转变，最终使城市建设发展、经济发展与环境保护相协调，达到生态城镇化的最终目标；对于地方政府而言，其首要目标是保障当地经济的快速、稳定发展，推动并建设地方城市化。地方城镇化的快速推进与地方经济发展是地方政府的首要目标，这与中央政府关于推进生态城镇化战略的顶层设计是有一定出入的。同时，在中央政府关于生态城镇化的顶层设计指导下，地方政府必须调整其经济发展方式与城镇化方式，以期与中央政府的顶层设计相配套，进而使地方政府的生态城镇化政绩凸显。在地方经济发展与城镇化进程中，地方政府必须权衡地方经济发展与执行生态环境保护战略间的利弊，找到生态城镇化长期建设的平衡点，并制定出生态城镇化的制度体系，以保障该地方生态城镇化进程不会偏离这一平衡点。因此，在保障生态城镇化制度体系的建立中，地方政府与中央政府的目标有一定的偏离，中央政府与地方政府制度体系设计的出发点不同、以期获得的收益不同，这必然导致中央政府与地方政府在生态城镇化制度体系的设计过程中存在利益的博弈。而博弈的过程正是中央政府与地方政府共同设计生态城镇化运行机制主体——制度体系的过程，博弈的最终均衡也意味着生态城镇化制度体系在政府层面上的有效建立。

（3）中央政府与地方政府间的博弈行为。假设中央政府制定生态城镇化战略后在长期所获得的收益为 R_{11}，而其在制定制度体系时所付出的成本为 C_{11}，在长期监督地方政府执行生态城镇化战略、保障生态城镇化顶层制度体系有效执行所付出的监督成本为 C_{12}；假设中央政府放弃生态城镇化战略而只注重短期经济增长所获得的收益为 R_{12}，而其所必须支付的生态环境破坏带来的长期成本为 C_{13}，长期经济收益的贴现率为 π。根据以上假设条件，中央政府制定制度体系的前提条件为式（8.1）：

$$\frac{R_{11}}{1+\pi}-C_{11}-\frac{C_{12}}{1+\pi}\geqslant R_{12}-\frac{C_{13}}{1+\pi} \tag{8.1}$$

由于长期实行生态城镇化战略所获得的收益不仅仅是经济收益，还包括城市生活质量的显著提高以及经济长期稳定可持续的增长环境。为了分析方法的简便，这些隐性的非经济收益在分析时转化成了可以度量的经济收益，包含在了变量 R_{11} 之中，使隐性收益可以通过经济收益来度量。同理，中央政府采取短期经济收益策略而忽视生态城镇化进程所付出的成本。其成本并不仅仅包含经济成本，还包含环境破坏所带来的成本如环境治理成本、医疗成本、居住成本等。这些隐性成本在中央政府的短期经济行为中占有很大的比重，使中央政府采取短期经济行为所获得的收益极大程度地降低。在分析中央政府采取短期经济收益战略时，为了方便度量中央政府采取不同战略所应该支付的不同成本，此处将所有隐性成本转化为显性的经济成本，纳入变量 C_{12}、C_{13} 中。由于经济收益与成本具有短期与长期之分，因此长期或滞后期的收益与成本需要贴现到当期，进而达到在决策之初进行比较的目的。

假设地方政府长期执行生态城镇化战略所获得的收益为 R_{21}，地方政府与中央政府共同制定生态城镇化的制度体系时，地方政府所应支付的制度建设成本为 C_{21}。地方政府作为生态城镇化战略的一线实施者与监督者，在长期保障生态城镇化制度体系发挥其建立之初的效用，因而其所必须支付的长期成本为 C_{22}。地方政府如果忽略中央政府关于生态城镇化的顶层设计而仅仅追求地方短期经济增长，则其所获得的短期经济收益为 R_{22}，而其在长期所必须支付的生态成本为 C_{23}。值得注意的是，在我国的实际国情中，对于地方政府而言，其在日常的决策与执行时存在一个特殊的收益即政绩收益。政绩收益 R_p 反映了各个地方政府在中央政府考核指标下的排序，也反映了中央政府对各个地方政府发展其管辖区域成果的满意程度。对于地方政府而言，政绩收益是地方政府在日常的制度设计与经济政策决策时所考虑的重点因素，地方政府政绩收益的大小直接决定地方政府或者地方政府官员的长远收益。政绩收益的特殊性在于其衡量的繁杂性与多样性，在中国几十年的国家发展历程中，其不仅取决于各地方的经济发展状况，也取决于各地方政府对于中央政府顶层设计的执行情况，同时还取决于不同时期地方政府与中央政府制度体系设计与政策制定的拟合程度。政绩收益 R_p 的大小在我国是由中央政府对地方政府执政成果的综合考量所决定的，其在分析时可以简化为地方政府短期经济收益 R_{22} 与长期执行中央政府关于生态城镇化顶层设计所得经济收益 R_{21} 的函数：$R_p = f(R_{22}, R_{21})$。地方政府在选择长期执行生态城镇化战略所获得的政绩收益为 $R_{p_1} = f_1(R_{22}, R_{21})$；其选择注重短期经济收益而忽视中央政府关于生态城镇化的顶层设计所获得的政绩收益为 $R_{p_2} =$

$f_2(R_{22}, R_{21})$，而政策收益在 R_{p_1} 与 R_{p_2} 的区间内按连续的函数进行变动，即：

$$R_p = F(R_{p_1}, R_{p_2}) = F[f_1(R_{22}, R_{21}), f_2(R_{22}, R_{21})] \tag{8.2}$$

因此，地方政府在构建制度体系时必定会比较短期经济发展收益与长期生态城镇化战略的收益，从收益角度决定制度的设计偏向。地方政府与中央政府积极合作，有动力共同制定生态城镇化战略所满足的条件为：

$$\frac{R_{21}}{1+\pi} + \frac{R_{p_1}}{1+\pi} - C_{21} - \frac{C_{22}}{1+\pi} \geqslant R_{22} + R_{p_2} - \frac{C_{23}}{1+\pi} \tag{8.3}$$

与中央政府的隐性收益与隐性成本相同，地方政府在生态城镇化的制度体系建立时也面临着无法用经济指标来衡量的隐性收益与隐性成本。为了方便定量化的收益分析，此处运用与中央政府相同的处理方法，将地方政府的隐性收益与隐性成本转化为可由经济收益所度量的收益成本指标。

（4）中央政府与地方政府的博弈结果。中央政府与地方政府在生态城镇化运行机制建立前，双方通过对收益与成本的评估，做出符合自身的利益最大化行为。因此，中央政府与地方政府在生态城镇化运行机制前进行博弈。博弈的收益矩阵如图 8－1 所示。

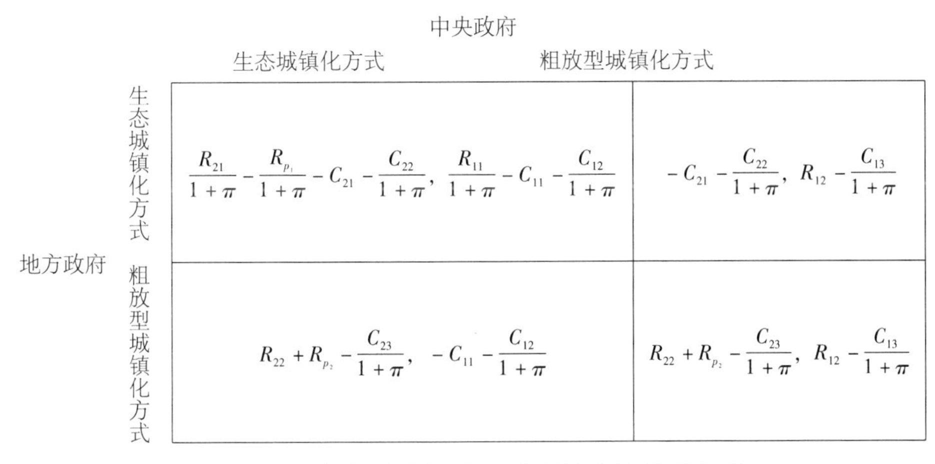

图 8－1　中央政府与地方政府博弈的收益矩阵

从中央政府与地方政府的博弈可以得知，博弈结果存在两个纳什均衡，即中央政府与地方政府共同选择生态城镇化策略并共同构建制度体系，或者中央政府与地方政府抛弃生态城镇化的长期建设，以追求短期的经济增长收益。在中央政府与地方政府共同选择生态城镇化战略，并且构建出保障生态城镇化战略长期有效实施的制度体系时，博弈双方获得长期的正收益；在中央政府与地方政府共同摒弃生态城镇化策略而选择粗放型城镇化的发展方式时，博弈双方则共同获得短期经济增长所带来的收益。如果地方政府出于本地环境考虑选择以生态城镇化为目标的发展战略而中央政府并没有相关的生态城镇化顶层设计进行支持，则地方政府在投入生态城镇化的制度成本与监督成本后无法获得相对应的长期收益，因而地方政府单独制定生态城镇化并加以实施的贴现收益为负值 $-C_{21}-\frac{C_{22}}{1+\pi}$。根据这一结果，地方政府在中央政府不重视生态城镇化战略的前提下不会投入要素来制定地方性生态城镇化制度体系。

（5）现实中的一种特殊博弈均衡。另一种较为特殊的情形是中央政府投入要素以制定有利于生态城镇化长期运行的制度体系，而地方政府站在自身的角度选择获得短期的经济收益。在我国实际的生态城镇化长期运行过程中，这种偏离纳什均衡的情况普遍存在。这种偏离纳什均衡的博弈结果存在的原因是中央政府与地方政府间信息的不对称。党的十八大以来，中央政府长期执行生态城镇化战略而地方政府选择粗放型的发展方式，这一偏离纳什均衡的博弈结果在我国持续出现。通过分析中央政府与地方政府在制定生态城镇化的制度体系之初的博弈可知，要想建立起生态城镇化的长期运行机制，必须引导两级政府（特别是地方政府）在制度体系构建时偏向生态城镇化策略的选择上，通过建立完善的生态城镇化制度体系保障良性的纳什均衡结果的出现。如何在政府层面建立完善的生态城镇化制度，将会在本章的后半部分予以讨论。

2. 地方政府与微观主体之间的利益博弈

（1）微观主体在生态城镇化运行中的地位。微观主体是指在微观经济运行市场中具有一定市场影响力的生产消费型企业或个体。在生态城镇化运行中，把微观主体限定在“具有一定市场影响力的生产消费型企业”之中，而将微观个体纳入“经济活动个体”的范式。这一划分是根据我国微观主体的市场影响力所决定的，微观主体在这一定义范式中是具有一定的微观经济影响力的，因而将其单独作为一个博弈的参与方纳入分析范畴，而经济活动个体在这一定义范式中并不具备微观经济的影响力，而仅仅根据制度的约束来进行经济消费行为，因此其仅仅会在已制定好的制度范式下，使自身的消费行为最优化。

（2）地方政府与微观主体的博弈原因。中央政府与地方政府在生态城镇化战略的制度构建上达到一致后，中央政府作为生态城镇化的顶层设计者，在后续生态城镇化运行机制的主体设计中所起到的作用将逐渐减弱，而地方政府所起到的作用将会不断加强。微观主体在国家的经济行为中扮演着举足轻重的地位，其作为整个微观经济运行的核心其在经济社会中具有庞大的规模，对政府的政策制定具有一定的影响力。因此，中央政府与地方政府在生态城镇化制度体系建立之初进行利益博弈后，由于微观主体天然的经济逐利性，将其作为一个庞大的整体对生态城镇化制度体系的微观层面加以干预，使之尽可能少地影响微观主体的经济逐利行为，由于这个原因，其将会作为博弈的参与主体与政府在制度体系设计的第二阶段进行博弈行为。在实际的经济运行中，微观主体与地方政府的接触是频繁的，而直接与中央政府进行接触的微观主体则相对稀少，因而微观主体在生态城镇化的制度体系设计时为了控制制度的设计，使其发挥的制度约束力在自身的可控范围内而不至于过多影响微观主体自身的生产逐利行为，将会作为博弈的参与者与地方政府进行生态城镇化制度设计之初的博弈。

（3）地方政府与微观主体的博弈过程。假设某个经济体中有 N 个微观主体，在生态城镇化的运行机制制定前第 i 个微观主体能够获得的短期经济收益为 R_{s_i}，其所必需支付的生产性成本为 C_{s_i}，则市场中无数个微观主体作为一个整体所获得的纯收益为 $\sum_{i=1}^{N}(R_{s_i}-C_{s_i})$。令微观主体在遵循生态城镇化的制度框架内所获得的长期收益为 R_{l_i}，而其所付出的长期经济成本为 C_{l_i}，则微观主体在生态城镇化的长期运行中所获得的利润为 $\sum_{i=1}^{N}\frac{R_{l_i}-C_{l_i}}{1+\pi}$，其中 π 为贴现率。则微观主体作为生态城镇化制度体系的直接约束者，其遵循生态城镇化制度体系建设与执行的内在动力为：

$$\sum_{i=1}^{N}\frac{R_{l_i}-C_{l_i}}{1+\pi} \geqslant \sum_{i=1}^{N}(R_{s_i}-C_{s_i}) \tag{8.4}$$

条件（8.4）是否具有存在性这直接关系到微观主体能否从主观上接受新常态下生态城镇化的发展理念，同时也直接关系到微观主体在生态城镇化制度体系的建立过程中所发挥的作用。如果条件（8.4）在经济社会中自然存在，则微观主体将会在其自身逐利性的驱使下制定有利于生态城镇化的制度体系，从而保障生态城镇化的长期建设。然而，在我国现实的城镇化建设中，微观主体在其自身逐利性的驱动下大多采取了规避甚至是抵制生态城镇化制度的措施，目的是尽可能地降低其生产成本，从而获得更高的短期收益。这一现象的出现并不能否定条件（8.4）的存在性，而是说明在生态城镇化制度体系的建设初期，在无约束的市场经济条件下无法自然达到。因而，必须发挥生态城镇化运行机制中制度体系的约束作用，通过制度的约束力来提高微观主体采取短期经济策略的成本 C_{s_i}，同时降低其在长期经济行为中遵守生态城镇化制度设计所付出的成本 C_{l_i}，从而使条件（8.4）在生态城镇化的制度体系约束下满足存在性。

（4）地方政府与微观主体的博弈结果。由于生态城镇化运行机制的主体在设计之前无法保证微观主体满足条件（8.4），而生态城镇化运行机制的主体在设计之后必将降低微观主体的短期收益。因而微观主体在生态城镇化运行机制主体即制度体系的设计之初将会与其直属管辖的地方政府进行博弈，以争取微观主体短期利益。博弈结果的收益矩阵如图 8－2 所示。

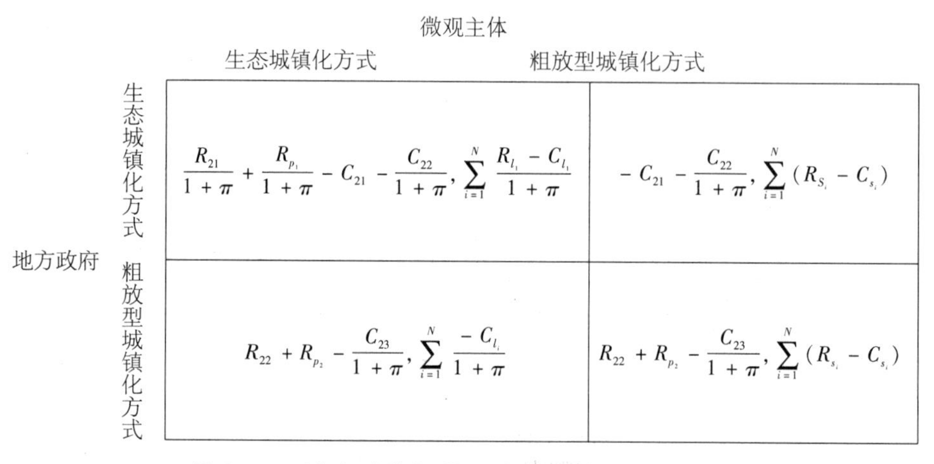

图 8－2　地方政府与微观主体博弈的收益矩阵

地方政府与微观主体之间的博弈存在两个纳什均衡，即地方政府与微观主体共同选择生态城镇化方式策略、共同制定生态城镇化运行机制的制度体系，或者地方政府与微观主体抛弃生态城镇化的长期建设策略而采取粗放型的城镇化方式，以追求短期的经济增长收益。在地方政府与微观主体共同选择生态城镇化战略方式，并且共同构建出保障生态城镇化战略长期有效实施的制度体系时，博弈双方获得长期的正收益；在地方政府与微观主体共同摒弃生态城镇化策略而选择粗放型城镇化的发展方式时，博弈双方则共同获得短期经济增长所带来的收益。由于微观主体天然的逐利性，使地方政府选择粗放型的城镇化方式而微观主体选择生态城镇化方式的情况在现实经济环境下不会存在。由于微观主体在天然的逐利性驱动下不会考虑环境所带来的整体外部成本，而仅仅会根据现有经济环境条件下自身的利益最大化原则制定相关的生产规模，在这一前提下微观主体不会在没有地方政府直接明确支持的发展领域投入生产要素，也不会在没有地方政府政策支持的环境下主动选择生态城镇化的策略而放弃自身的经济收益。因此，地方政府选择粗放型的城镇化发展方式而微观主体选择生态城镇化方式的结果在理论上不会出现。在现实经济环境下，由于不完全信息的作用，微观主体可能会在中央政府的生态城镇化顶层设计倡导下做出符合生态城镇化方式的策略，但如果没有地方政府对于生态城镇化长期建设的制度支持，微观主体不会持续选择生态城镇化的策略，微观主体将会改变策略选择以获取自身收益的最大化，最终导致该博弈结果的非持续性和非稳定性。

（5）现实中的一种特殊博弈均衡。现实经济中一个特殊的博弈结果，即地方政府选择生态城镇化的制度设计策略而微观主体根据天然的逐利性做出有利于自身利益最大化的短期生产性经济行为。这是普遍存在的。如果地方政府出于本地环境以及遵守中央关于生态城镇化顶层设计的角度考虑选择以生态城镇化为目标的发展战略，而微观主体并没有相关的生态城镇化成本—收益激励以及相关正式规章的约束，则地方政府在投入生态城镇化的制度成本与监督成本后无法获得相对应的长期收益，因而地方政府单独制定生态城镇化并加以实施的贴现收益为负值 $-C_{21}-\frac{C_{22}}{1+\pi}$，而微观主体则获得相对有效的短期收益 $\sum_{i=1}^{N}(R_{s_i}-C_{s_i})$。对于地方政府而言，由于其在与中央政府关于制度设计的博弈偏向中与中央政府共同选择生态城镇化的策略，投入了生态城镇化的制度设计成本与长期监督成本，由于制度和政策具有一定的路径依赖，所以地方政府要想改变其生态城镇化的策略选择，其必须付出一定的成本，同时要重新与中央政府进行博弈以调整第一次博弈后双方共同制定出的用以支持生态城镇化长期建设的制度范式。同时，在中央政府顶层设计的规制下，地方政府在选择执行生态城镇化策略的政策收益较高，而向微观主体妥协将会付出较高的机会成本。在这两个作用机理的约束下，即使地方政府在采取生态城镇化策略时无法获得短期的经济收益，同时还要支付维持生态城镇化策略的成本，地方政府将会长时期地采取生态城镇化的策略。对于微观主体而言，由于其天然的逐利性，在微观主体实施生态城镇化的策略时，短期的经济收益将会降低，这种收益的减少使微观主体缺乏自主实施生态城镇化策略的内在动力，从而在没有外部强制约束的情况下不会自发地选择生态城镇化策略。因此，生态城镇化制度体系的设计之初，在没有明确界定微观主体采取生态城镇化的收益 $\sum_{i=1}^{N} \frac{R_{l_i} - C_{l_i}}{1+\pi}$ 时，对微观主体而言，由于选择生态城镇化策略的经济收益往往低于选择短期经济行为策略获得的收益，因此地方政府与微观主体进行博弈的过程将不会出现微观主体自发选择生态城镇化策略的情况。微观主体在自身逐利性的驱动下选择短期粗放型城镇化方式，这一策略对于微观主体而言是占优策略，因此无论地方政府如何选择博弈的策略，微观主体都将会选择短期的经济增长策略。这致使在现实的经济社会中地方政府与微观主体在制度体系设计之初进行博弈时出现偏离纳什均衡的博弈结果。因此，在地方政府与微观主体进行制度设计之初的利益博弈时，如何设计并建立约束微观主体的制度体系，以从根本上保障微观主体的基本收益，使微观主体有内在动力去选择生态城镇化策略，是生态城镇化关于微观主体约束的一个重要议题。该议题将会在本章的后半部分加以说明。

3. 地方政府与经济活动个体之间的博弈行为

（1）地方政府在博弈中的角色。地方政府作为生态城镇化长期实施的重要参与主体，其不仅连接着中央政府与微观主体，是中央政府关于生态城镇化顶层设计的传达者和直接参与者，同时也是微观主体经济利益诉求的传达者和保障者，在整个生态城镇化的建设过程中占据着较为核心的地位。同时，地方政府的生态城镇化政策措施必定会影响经济活动个体的消费行为，使经济活动个体作为生态城镇化建设的最终受益者，其城市生活质量得到改善。

（2）经济活动个体的博弈选择。对于经济活动个体而言，其日常的经济行为较为复杂，其最优化选择不仅依照消费者效用最大化的行为进行选择，同时也受消费者主观心理预期和信念认知、心智的支配。道格拉斯·诺斯在其晚年的研究中开始注重人类行为的主观选择性，人们的信念、认知、偏好、心智构念和意向性在人类社会的制度变迁中起到了重要的作用，诺斯认为，意向性是人类演化变迁的重要因素，参与者的感知决定并支配着人类演化变迁的进程。由于对政治、经济和社会组织目标的追求，参与者做出选择，而这类选择是在不确定性感知的基础上制定的。参与者的意向性以及他们的理解偏好是经济变迁的关键因素，参与者的信念与选择息息相关，信念决定了选择，而选择又通过信念来决定人类处境的变化。总之，经济变迁的关键因素是信念。同时，人们所具有的显存的心智构念是左右经济变化的关键，文化遗产是人们显存的心智构念产生的根源。人们所解决的“局部的”日常问题也产生了部分显存的心智构念，与此同时，“非局部的”学习也产生了显存的心智构念。[①] 根据诺斯的观点，制度的演化路径很大程度上取决于经济活动个体的主观行为，其主观的消费品选择能够拨动制度变迁的路径，使其朝着偏向消费者主观意愿的方向发展。在我国生态城镇化的建设过程中，经济活动个体作为经济社会中数量最庞大的群体，其行为将很大程度上决定生态城镇化制度体系的构建，同时也直接影响供给侧即微观主体（企业）的生产性行为。因而，地方政府在生态城镇化制度体系的建立之初，必须充分考虑经济活动个体这一群体的消费行为，通过对消费者主观行为的考察来建立符合经济活动个体行为的生态城镇化制度，避免生态城镇化制度体系与经济活动个体行为的不相容性。

经济活动个体所表现出的经济行为具有双重性。一方面，经济活动个体根据自身效用的最大化决定自身的消费量和储蓄量，以期达到动态收益的最大化；另一方面，经济活动个体作为有心理预期的普通消费群体，受内心的信念与感知所支配，对一些违反非正规约束机制的行为持有抵触态度，从而偏离其消费最优化的选择。在生态城镇化的长期建设过程中，地方政府作为地方经济的引导者和管理者，必须充分考虑大众消费群体在地方经济中所发挥的作用，在生态城镇化制度体系的设计之初必须充分考虑经济活动个体经济决策行为的双重性，从而制定出与经济活动个体行为相容的制度体系，以确保经济活动个体能够接受生态城镇化建设所带来的消费观念的转变，进而更好地发挥制度对于生态城镇化建设的微观约束作用，达到生态城镇化长效建设的目的。

经济活动个体的消费选择除了具有双重性外，另一个重要的特点便是“搭便车”行为。生态城镇化的长期建设是生态福利的改善，是城镇居民生活质量的改善，而不仅仅是数量上的增长。因而，生态城镇化的长期建设具有公共物品的属性，而公共物品的提供将导致市场失灵，使微观市场在公共物品的处理

---

① ［美］道格拉斯·C. 诺思：《理解经济变迁过程》，中国人民大学出版社，2005 年版，第 83 ~ 84 页。

上无法通过自身的调节达到市场均衡，进而导致政府资源配置上的失衡。生态城镇化的长期建设是具有公共物品的特征的，单纯依靠市场进行生态城镇化的建设和调节并不现实，经济活动个体会消费生态城镇化这一公共物品所带来的城市福利，但是经济活动个体并没有为保障生态城镇化长期有效体系的构建成本支付任何费用。其中，“搭便车”行为是城镇化建设中亟待解决的问题之一，也是考量消费者自身效用最大化的基础。从消费者的角度而言是理性选择。而对于地方政府而言，这种生态城镇化建设中的“搭便车”行为使其在推进生态城镇化的长效建设中产生了巨大的成本，进而影响了生态城镇化建设的内在动力，阻碍了生态城镇化长效建设的进程。

（3）地方政府对经济活动个体的规制效力。如何规制经济活动个体被自身信念、心智等主观因素的支配，使经济活动个体在绿色消费观念的引导下做出符合生态城镇化长期建设的消费决策，同时避免经济活动个体的“搭便车”行为而陷入成本扩大化的风险之中，是生态城镇化制度建设在经济活动个体层面上所必需考虑的问题。而在当前我国的生态城镇化建设中，在经济活动个体的层面上并没有相应有效的生态城镇化制度范式来很好地囊括消费者的消费行为，使其能够产生内在的绿色消费动力。

4. 微观主体与经济活动个体之间的利益博弈

（1）微观主体与经济活动个体博弈的性质。微观主体与经济活动个体之间的经济交易，是经济正常运行的基本保障。在传统的经济学领域，生产者与消费者共同构成一个市场，在这个市场中存在着无数的交换，使经济最终达到供求均衡。因此，微观主体与经济活动个体双方是一种经济交易的关系，消费者通过市场交易使自身效用最大化，生产者通过市场交易使自身收益最大化，这种经济行为最终使市场达到交易的均衡状态。因此，微观主体与经济活动个体之间更多的是依靠市场的交易，是为了获得各自利益的一种交换，而不是一个明显的博弈过程。在生态城镇化建设的框架下，这种交易的过程在生态城镇化制度体系的约束中发挥着市场的决定性作用，通过市场交易的实施逐渐达到生态城镇化微观层面上的培育目标。

（2）微观主体与经济活动个体博弈的关键因素。在中央政府与地方政府长期执行生态城镇化建设的过程中，经济活动个体的绿色消费观念逐渐形成，进而不断改变其本身的消费预期与消费模式。由于绿色消费模式给经济活动个体所带来的经济效用和心理效用不断增加，由此使得其对绿色消费品的需求增加，而对传统环境损耗型消费品的需求减少。根据市场运行的基本规律，消费者对于绿色消费观念的转变使生产者在生产绿色消费品时有了合理的利润空间。对于绿色消费品需求的增加使市场上的微观主体开始关注生态城镇化建设框架下的生产行为，从而使得微观主体将生产要素投入绿色产品的研发与生产上来。这种市场化的交易行为是保障生态城镇化长期有效推进的核心动力，也是生态城镇化进程发挥市场决定性作用的重要环节。在这一环节中，一个基石性的步骤是经济活动个体消费观念的转变。消费者从消费资源消耗型物品转变为消费绿色消费品的行为，市场中微观主体的天然逐利性使得微观主体拥有生产绿色消费品的动力。与此同时，生产过程中的资源可持续循环利用和环境污染问题也是微观主体考虑的重要问题。这些问题在经济活动个体没有转变消费观念时微观主体是不予考虑的。经济活动个体这一消费行为的根本转变是生态城镇化长效运行过程中微观层面的核心，因此，在微观层面上，生态城镇化制度体系的设计应着重考虑经济活动个体绿色消费观念的培养。

三、生态城镇化运行中博弈行为的纠偏

生态城镇化运行机制虽然能够提供生态城镇化动态运行阶段的内在驱动力，却无法有效保障生态城镇化动态运行过程中各参与者始终选择生态城镇化的策略而不发生策略偏移。对于参与者博弈行为的偏离，应采取相应的措施加以纠正。

（一）生态城镇化运行中参与者博弈行为的偏离

自始至终，除中央政府这一参与者以外，其他三方参与者都有突破生态城镇化运行机制的设计动机而回到粗放型的城镇化发展模式，因为在生态城镇化长期运行的过程中，除中央政府外的各方参与者都会损失短期的经济增长利益，因而偏离最初所做出的生态城镇化的策略选择。另外，即使是中央政府，在生态城镇化的长期运行过程中，宏观经济必定面临下行的压力，致使中央政府对自身顶层设计也产生了偏离的动机。因此，针对博弈参与者建立偏离博弈均衡

的惩罚措施是生态城镇化运行机制的保障，是对生态城镇化核心内涵的有效扩充。如果失去偏离博弈均衡的惩罚约束，则各方参与者的生态城镇化策略选择路径将会在长期冲破生态城镇化的制度框架，偏离最初的选择轨道，使生态城镇化最终流于形式。

托达罗的人口流动模型指出，农村劳动力在决定是否向城市转移时，不是以城市的实际收入为标准来决定自身是否进城务工，而是以城市的预期收入来作为选择标准。预期收入为实际收入与就业率的乘积。这种预期收入的决定效用也可以较好地解释生态城镇化长期运行下四方参与者偏离最初的生态城镇化策略的动机。由于四方参与者对生态城镇化的长期运行机制存在不同的利益冲突，因此其也会对生态城镇化的建设存在不同的预期。由于预期的动态影响，生态城镇化长期策略的执行将会出现偏离，进而使生态城镇化的长期建设受到影响。值得特别指出的是，四方参与者策略选择的偏移不是在生态城镇化制度体系的框架下发生的。这种偏移是超越生态城镇化制度体系的偏移。换句话说，完善的生态城镇化制度体系将会创造一个框架，使四方参与者在这一框架之内做出有利于自身收益的行为。策略的偏移不是在这一框架之内做出的最优选择，而是要突破这一框架的束缚，使制度体系的框架无法继续约束经济行为，而回到过去粗放型城镇化的发展模式中。

1. 中央政府偏离博弈均衡的动机

宏观经济增长的放缓是中央政府偏离博弈均衡的主要动机。

对于中央政府而言，将生态因素作为内生变量纳入城镇化的发展范式后，城市的发展在长期执行生态城镇化策略将会面临经济增长放缓、传统制造业与城市发展受阻等压力。而这些压力将会不断冲击中央政府有关生态城镇化的顶层设计，使中央政府在长期进行生态城镇化建设的动机减弱，从而偏离生态城镇化的顶层设计。一旦中央政府出现偏离生态城镇化顶层设计的情形，其与地方政府通过博弈所建立的具体的生态城镇化制度体系将会失去顶层设计的支持而出现瓦解，进而使生态城镇化的具体制度与顶层设计出现不一致的情况，生态城镇化的长期建设也将不可能完成。

2. 地方政府偏离博弈均衡的动机

地方差异性是地方政府偏离博弈均衡的主要动机。

对于地方政府而言，资源禀赋差异、经济发展状况差异以及中央政府的政策对待差异使不同地方政府在生态城镇化长期战略下所处的地位不同。对于经济发展程度较高的地区，生态城镇化长期建设的提出无疑是地方城市未来建设发展的良药，其将会有效减轻城市病所带来的困扰。而对于经济发展程度很低的地区，生态城镇化的提出对于地方政府的刺激性不大，地方政府也不会过多关注生态城镇化建设对当地所带来的影响。对于经济发展正处于起步或高速增长的地区，地方政府将财政等资本投入地方经济的发展，处于资本投资积累的阶段，此时鼓励生态城镇化的长期建设，将会使得这些地方政府无法获得经济增长与短期城市化建设所带来的预期回报。因此，在生态城镇化的长期建设过程中，这些地方政府将会在预期的作用下偏离最初的生态城镇化策略选择，而着重发展本地的经济。地方政府作为生态城镇化四方参与者所组成的三角结构的核心，对上紧密连接着中央政府的顶层设计、对下密切连接微观主体与经济活动个体的行为选择，一旦其偏离了生态城镇化策略，将会迅速释放传统城镇化道路的讯息，影响微观主体与经济活动个体的策略选择，使生态城镇化的建设迅速瓦解。

3. 微观主体偏离博弈均衡的动机

天然的逐利性将成为微观主体偏离博弈均衡的主要动机。

对于微观主体而言，天然的逐利性行为使其在策略选择之初便一直拥有偏离策略的主观动机。由于生态城镇化制度体系的设立目的是规制微观主体，使其在这一制度框架内做出经济决策。然而，微观主体天然的逐利性使其在生态城镇化的策略选择之初便有了冲破生态城镇化制度体系的动机，因为对于微观主体而言，一旦摆脱生态城镇化制度体系的束缚，其将会获得更高的收益，或者支付较低的生产成本。因此，在生态城镇化的长期运行过程中，如果说中央政府和地方政府偏离生态城镇化策略的压力来自外部，是由外向内影响其策略选择，那么微观主体偏离生态城镇化策略选择的动机则源于其自身内部，是由内向外影响微观主体的生态城镇化策略。这一影响机制使微观主体在生态城镇化的长期运行中成为最主观、最容易偏离最初生态城镇化策略选择的参与者，这与我国生态城镇化建设的事实相符。

4. 经济活动个体偏离博弈均衡的动机

个体利益受损将成为经济活动个体偏离博弈均衡的动机。

对于经济活动个体而言，其面对生态城镇化所做出的策略选择是最具稳定性的，因为生态城镇化长期建设运行机制的最直接受益人是经济活动个体。生态城镇化长期运行所带来的空气污染的减轻、城市生活用地效率的提高、城市交通状况的改善、城市生活质量的提升使经济活动个体成为四方参与者中偏离生态城镇化策略动机最弱的参与方。[①] 然而，值得注意的是，经济活动个体是经济下行压力下最直接的受害者。面对经济下行压力，城市失业率提高、消费降低、投资降低，在这一情况下，经济活动个体在面对生态城镇化长期运行时所拥有的态度往往会变得消极，甚至是抵制，以迫使地方政府做出刺激短期经济、加快土地城镇化建设的决定。在这一情况下，经济活动个体也将会面临偏离生态城镇化策略的激励，使其作为最直接的受益者无法继续支持生态城镇化的长期运行，从而自下而上迫使两级政府重新考虑生态城镇化的策略选择。

（二）参与者博弈行为偏离的纠正措施例证

生态城镇化运行机制的保障在参与者偏离博弈均衡时显得尤为重要。在生态城镇化长期运行机制的设定中，由于其必定牺牲经济快速增长和土地城镇化所带来的短期利益，每个参与者都有冲破生态城镇化制度体系约束的动机，因而必须建立完善的激励约束机制，特别是要包括针对各方参与者偏离博弈均衡的惩罚措施。通过对参与方偏离最初生态城镇化策略的选择进行惩罚，提高博弈参与者偏离生态城镇化的成本，“保证金”制度则是激励约束机制的有益尝试。

1. “保证金”制度应成为激励约束机制的理论尝试

根据上述分析，四方参与者所面临的策略偏移压力是不同的，引起策略偏离的原因也各有不同。因此，在生态城镇化的长期运行阶段，需要建立一个简洁、明确、高效的策略偏移惩罚措施，使参与生态城镇化长期建设的四个参与主体能够受到共同的惩罚措施的约束，进而增加长期博弈下策略偏移的成本。同时，这一惩罚机制的执行在生态城镇化的动态运行过程中不能过于复杂，使参与方在偏离策略选择时能够及时得到警告和处罚。综合考虑，生态城镇化长期建设之初可以设立“保证金”制度，以规制四方参与者的策略选择在动态过程中不会发生偏离。

---

① 胡雪萍、吕衍超：《微观主体培育：生态城镇化建设的立足点》，载于《福建论坛》（人文社会科学版）2016 年第 7 期，第 17 ~ 25 页。

保证金制度即押金制度，最初源于金融期货领域，是指对达成期货交易的买房或卖方进行清算，进而缴纳履约保证金。在期货交易的过程中，买卖双方必须按照期货合约价格的5%～10%缴纳资金，作为合约履行的担保，在此基础上才能进行期货合约的买卖，并根据价格考虑是否继续追加资金，这种方式即保证金制度，所需缴纳的资金即保证金。在生态城镇化动态运行的阶段，可以借鉴金融领域中期货交易的保证金制度，建立四方参与者的履约保证金制度，使各方在生态城镇化长期运行阶段能够保证自身的履约义务，保证自身作为博弈参与方没有偏离生态城镇化策略。

2. “保证金”制度的建立规则

生态城镇化动态运行阶段的“保证金”制度建立如下：在保障生态城镇化的制度体系设立之初，便相应地建立生态城镇化的“保证金”制度。在博弈的四方参与者共同达到博弈的纳什均衡，即共同选择生态城镇化策略后，便根据生态城镇化的不同角色缴纳一定的保证金。不同的博弈参与主体缴纳的保证金数额不同，保证金是根据各自采取粗放型的短期经济行为所获得的利益来决定的。由于不同的参与主体在生态城镇化长期运行中所扮演的角色不同，所支付的成本也不同，因此其保证金的征收比例也不同。令征收保证金的比例为μ，对于中央政府而言，其应缴纳的保证金金额为$\mu_1 \cdot \left(R_{12} - \frac{C_{13}}{1+\pi}\right)$；对于地方政府而言，应缴纳的保证金金额为$\mu_2 \cdot \left(R_{22} + R_{p_2} - \frac{C_{23}}{1+\pi}\right)$；对于微观主体而言，应缴纳的保证金金额为$\mu_3 \cdot \sum_{i=1}^{N}(R_{s_i} - C_{s_i})$；对于经济活动个体而言，无论是在生态城镇化的长期运行框架下还是在短期粗放型城镇化发展模式的框架下，作为消费者，其都是根据收入约束条件下的效用最大化原则作出自身的消费选择。因此，对于经济活动个体而言，其所应缴纳的保证金金额为$\mu_4 \cdot (y - \sum_{i=1}^{n} p_i \cdot x_i)$。在生态城镇化运行伊始，便针对四方参与者收取相应金额的保证金，以保障四方参与者生态城镇化策略的动态一致性。由何种机构或组织来收取并管理这一数额庞大的保证金？在这一生态城镇化保证金制度的建立下，非政府机构（NGO）的作用能够得到有效的发挥。通过非政府机构的引入，使生态城镇化运行之初所获得的保证金由第三方进行保存与监管。保证金根据各方的生态城镇化策略随时间推移所实施的情况进行返还，一旦某一方参与者偏离最初的生态城镇化策略，则保存保证金的非政府机构有权没收该参与者余下的保证金，用以生态城镇化的运行矫正，以示对该参与者偏离生态城镇化策略的惩罚。这一非政府机构必须是独立的、不受任何一方制约的、不以营利为目的、不参与经济交换活动的负责任机构，可以由四方参与者和民间专家型管理者共同组织成立。

3. “保证金”制度对生态城镇化运行机制构建的意义

生态城镇化中的“保证金”制度，是对生态城镇化长期运行的一种保护，也是保障生态城镇化的四方参与者始终坚持生态城镇化策略不发生偏移的一种制度尝试。其目的是通过增加各方参与者策略偏移的成本，使参与者主动选择策略偏移的成本大幅增加，从而保障其生态城镇化的策略选择具有动态一致性。因此，生态城镇化保证金的持有者必须具有相对独立、自主、非营利性特征，以确保该制度能够达到其设计之初的目的。如果“保证金”的所有者无法获得绝对的独立自主，例如，该组织受到中央政府或者地方政府的管辖和控制，则该保证金制度的存在将会人为地降低二者偏离生态城镇化的成本，加大二者在生态城镇化利益博弈中的优势，增加二者的话语权和控制权，同时降低微观主体和经济活动个体在博弈中的影响力，影响生态城镇化制度体系的作用发挥，产生本末倒置的后果。

非营利机构必须始终保证非营利的性质，以确保其不会因为该制度而获得“保证金”所带来的资本积累和资本收益，确保不会因为生态城镇化的“保证金”制度而人为地创造出生态城镇化资本的垄断权力，从而通过该制度人为地增加非政府机构（NGO）对资本的控制权。

生态城镇化运行过程中的“保证金”制度是对运行机制主体的一个有效补充，能很好地发挥其运行机制的补充作用，对生态城镇化运行机制的构建意义重大。

四、生态城镇化制度体系构建的目的

生态城镇化运行机制的核心内涵是熨平各方利益博弈的冲突。通过生态城镇化制度体系的构建，保障生态城镇化的各方参与者能够在生态城镇化的制度体系框架内都能够获得收益，使博弈参与者在天然逐利性的驱动下能够去选择生态城镇化的策略，从而产生生态城镇化运行机制下的内在动力，以保障生态城镇化建设的长效运行。

根据前文的分析，生态城镇化运行机制的四方参与者在达成生态城镇化长期运行的道路上存在不同的利益选择，产生了不同的利益冲突，因而四方参与者之间会存在博弈。中央政府与地方政府进行制度体系设计的博弈，地方政府与微观主体就有关地方城镇化方式与地方经济发展进行利益博弈，地方政府与经济活动个体就生态城镇化中的“搭便车”行为进行利益博弈，微观主体与经济活动个体在生态城镇化的背景下做出符合自身利益的最大化经济行为。因此，这四方参与者共同构成一个博弈的三角结构框架，使两两之间的博弈行为受到整个生态城镇化博弈框架的影响。四方参与者共同构成的博弈框架如图 8－3 所示。

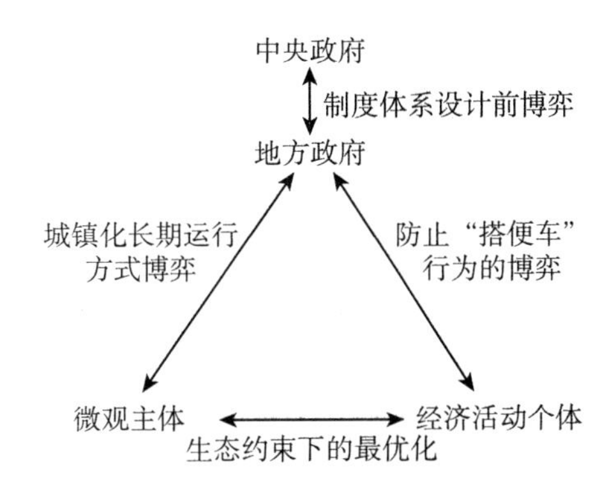

图 8－3　中央政府、地方政府、微观主体和经济活动个体四方博弈框架

如图 8－3 所示，中央政府、地方政府、微观主体与经济活动个体的博弈呈现三角的框架结构。正因为生态城镇化的四方参与者在生态城镇化长期进程下存在着利益的相互冲突，因而中央政府与地方政府之间、地方政府与微观主体之间、微观主体与经济活动个体之间才会出现博弈行为，而这四方参与者在博弈结束后的最终结果直接决定了生态城镇化建设能否长期运行。要保障生态城镇化长期有效地运行，在以上每一个博弈中，参与双方都必须共同选择生态城镇化的策略，进而使得双方共同选择的生态城镇化策略成为纳什均衡，从而保障生态城镇化的长期稳定运行。

要达到博弈参与方共同选择生态城镇化策略的这一种理想状态，核心因素便是能够建立有效的生态城镇化制度体系。通过完善、高效的生态城镇化制度体系的建立，很好地熨平各方利益博弈的冲突，使博弈参与者在生态城镇化的博弈进程中都能获得相应的收益。只有保障各方参与者获得相应较高的经济收益与非经济收益，生态城镇化的长期运行才能由内而外地产生内在的动力，通过内在的驱动力保障生态城镇化的顺利运转。如果在这一过程中有一方的参与者认为自身是生态城镇化过程中仅有的“牺牲者”或是“付出者”，则该参与者将会在下一时期偏离生态城镇化的策略选择，而这一偏离将会致使整个生态城镇化的长效运行机制崩塌，使生态城镇化落入无法持续的泥沼中。因此，生态城镇化运行机制的重点必须是建立完善的制度体系，这一完善的生态城镇化制度能够高效地保障四方参与者在每一个博弈中都能主动选择生态城镇化策略，能够从选择生态城镇化的策略中获得各自能够接受的收益，使每一个参与者都没有主动偏离生态城镇化策略的动机，进而保障整个博弈的结构呈现如图 8 - 3 中所示的稳定的结构，使生态城镇化作为博弈的最终纳什均衡纳入经济运行的最终范畴，进而达到生态城镇化长效运行的目的。

第二节　生态城镇化制度体系的构建内容

生态城镇化运行机制的主体在于制度体系的构建，而生态城镇化制度体系构建的关键在于熨平中央政府、地方政府、微观主体以及经济活动个体之间的利益冲突，使各方参与者在生态城镇化的框架下做出有利于生态城镇化长期运行的经济决策，从而达到生态城镇化长期运行的最终目的。

完善的生态城镇化制度体系的建立，不仅仅涵盖了经济层面与环境保护层面，而且还应该包括社会保障层面。生态城镇化的长期运行不仅仅是一个经济运行的行为，同时也是一个环境规划、环境保护以及城镇化发展方式转变的社会行为。在这一前提下，单一的制度无法全方位涵盖生态城镇化长期运行和发展的需要，必须拥有一个完善的生态城镇化制度体系，以保障生态城镇化长期运行的平稳和流畅。另外，如果一个制度体系所涵盖的内容过于宽泛冗杂，层级过于繁多，则该制度体系在实际的实施过程中效率将会降低。一个低效率的制度体系不仅不会促进经济的发展和良性提高，反而会导致经济与社会层面的运行产生扭曲，使制度设计之初的目的流于形式。公平高效的生态城镇化制度体系建立需要有精准性的保障，制度规模过大，则其实际的实施效率将会下降，阻碍并制约日常生态城镇化的运行；制度规模过小，则无法涵盖生态城镇化范式所涵盖的各个方面，使该生态城镇化的制度体系出现涵盖面上的空白，从而给参与生态城镇化的参与者一个钻制度漏洞的空间，最终从制度性的扭曲转变为整个生态城镇化运行发展的扭曲；制度体系不符合我国城镇化的实际情况，则其将会造成我国生态城镇化运行机制的扭曲，在经济层面、城镇化层面与环境保护层面产生超越预期之外的不确定性因素。必须保证制度精准性的特点，充分涵盖生态环境保护、经济产业和社会保障等多方面制度体系，以期更好地规制生态城镇化的运行，使生态城镇化能够长期健康发展。

在制度体系精准性和完善性的要求下，生态城镇化的制度建立应该包括以下三个范式：资源环境保护制度、经济与产业制度、社会保障制度。这三个制度范式很好地囊括了生态城镇化长期运行的重要方面，使生态城镇化长期运行能够在三个制度范式的规制下很好地运行，同时避免因制度体系过于庞大纷杂而失去了其本身所应该具备的效率。

一、资源环境保护制度

资源环境保护制度针对生态城镇化长期运行中的“生态”因素，通过建立并运用相应的资源环境规划、实施和监督，使我国的城镇化运行过程中的“生态”因素得到有效的重视，并通过资源环境保护制度规制我国的城镇化运行道路，使其朝着“生态”友好型的方向发展。

资源环境保护制度直接规制生态城镇化建设的生态性以及参与生态城镇化各方主体的生态行为，使其符合生态城镇化长期建设的标准。生态城镇化的长期建设，其首要目标是使城市适宜人类居住，从粗放型的城镇化建设方式逐步转变为生态友好型的城镇化建设方式。一个完善的资源环境保护制度能够有效地保障生态城镇化的长期健康发展，使我国的城镇化进程能够符合生态经济的客观要求，达到人与自然和谐发展的目标。同时，完善的资源环境保护制度应该在保障环境不受到持续破坏的同时能够最大限度地刺激微观主体的积极性，使经济社会能够在该制度的框架内尽可能发挥自身的能动性，从而兼顾生态环境的可持续性和经济的可持续性。

生态城镇化的长期建设离不开具有针对性的资源环境保护制度。依照我国“十三五”时期生态城镇化的长期建设目标，必须建立并完善相应的资源环境保护制度，建立相应的耕地、水资源、环境保护制度，提高城镇建设用地集约化程度；健全环境保护责任追究制度、环境损害赔偿制度、实行资源有偿使用制度、生态补偿制度，使生态城镇化的参与主体能够受到资源环境保护制度体系的有效约束，进而将生态城镇化的主体行为规制在生态环境的框架内，达到生态城镇化长期建设的目的。

二、经济与产业制度

经济与产业制度针对我国城镇化建设中的经济层面，使生态城镇化建设在注重生态环境保护的前提下兼顾经济的发展，通过市场的内在驱动力保障我国城镇化建设稳步推进，城镇居民生活水平不断提高，民生不断改善。生态城镇化的关键在于将生态因素纳入城镇化的长期运行之中，达到生态与城镇化相互协调、共同推进的目的。保障生态城镇化的长期运行，必须制定与针对性较强的经济与产业制度，同时与已有的相关制度进行配套执行，从而激发各方参与主体的原动力，使生态城镇化能够长期健康运行。

经济与产业制度，在我国生态城镇化的长期运行中可以分为两大类。第一，经济制度。主要包含经济模式、经济政策、经济手段、金融模式等领域；第二，产业制度。主要包含产业发展规划、产业政策、产业调控手段、产城融合措施等领域。经济与产业制度体系的建立，确立了经济领域与产业领域在生态城镇化建设中的地位，明确了经济政策和经济手段对生态城镇化长期运行的作用，突出了正确的产业政策在生态城镇化中的重要性，提出了产城融合发展战略在生态城镇化长期运行过程中所起的重要作用。

三、社会保障制度

社会保障制度是我国城镇化平稳运行的关键性制度，也是覆盖面最广、体系最为庞大的制度。社会保障制度从“人”福利的改善为出发点，是社会发展的“底线”，是生态城镇化中“以人为本”发展目标的具体保障。

完善、配套的社会保障制度能够促进城镇化的建设与发展，提高城镇居民福利，由内而外产生出城镇化建设运行的动力。生态城镇化的建设必须从相应配套的社会保障制度进行改革，使其适应生态城镇化运行的内在要求，从而成为生态城镇化建设运行的重要组成部分。社会保障制度则是针对我国生态城镇化中的社会层面所建立的。生态城镇化的长期运行不仅仅是资源环境与城镇化发展的有机结合，其更会影响我国的社会层面。如果没有相应的社会层面制度规制我国生态城镇化的发展方向与发展框架，则生态城镇化仅仅在资源环境制度与经济产业制度的规制下无法长期有效的运行。如果一个制度体系没有考虑其带来的社会影响，并未建立相应社会层面的制度去进行协调，则该制度体系是不完整的，也无法最终达到其建立之初所期望达到的目标。因而，社会保障制度在我国的生态城镇化制度体系中不可或缺，其将会保障社会层面的稳定，使生态城镇化的长期运行在社会层面上平稳有序。

社会保障制度涉及的范围较广，包含的内容较多。任何与农民或城镇居民生活福利相关的保障制度都属于社会保障制度体系的范畴。在我国，社会保障制度大体上可包括如下三大方面：户籍制度、土地制度和社会服务保障制度，而社会服务保障制度主要包括就业、教育与公共服务三个分支。这些制度蕴含的边界宽广，为农业居民与城镇居民提供保障。在新时期生态城镇化的运行背景下，社会保障制度的体系必须做出相应的调整，以适应生态城镇化建设发展的需要，符合生态城镇化的建设目的。

四、生态城镇化的制度体系框架

综上所述，一个完善的生态城镇化制度体系包括资源环境保护制度、经济产业制度、社会保障制度这三个范式。在社会保障制度方面则着重强调户籍制度、土地制度以及社会服务保障制度所发挥的重要作用，其结构如图8－4所示。

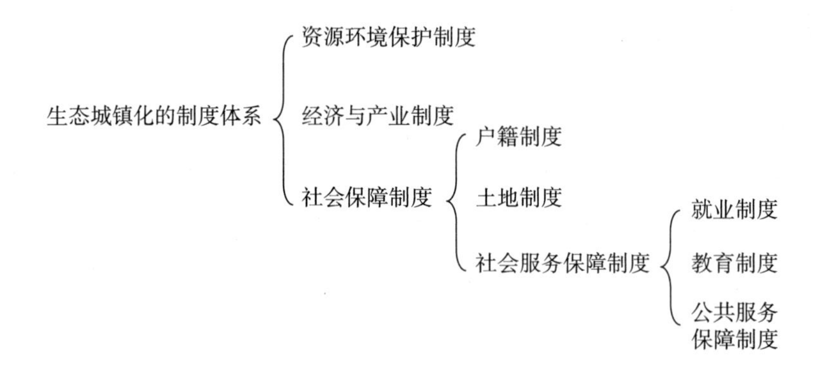

图8－4　生态城镇化的制度体系

生态城镇化制度体系中的资源环境保护制度、经济与产业制度以及社会保障制度将会分别在第十章和第十一章进行详细的探讨。通过对不同的制度范式进行分析，以期建立完善的生态城镇化制度体系，形成生态城镇化的动态运行机制，从而使生态城镇化建设保持长效性与连续性。

第九章　资源环境保护制度

资源环境保护制度是生态城镇化制度体系的核心。完善的资源环境保护制度，直接规制生态城镇化建设的生态性以及参与生态城镇化各方主体的生态行为，能够有效地保障生态城镇化的长期健康发展，使我国的城镇化进程能够符合生态经济的客观要求，达到人与自然和谐发展的目标。同时，完善的资源环境保护制度，应在保障环境不受到持续破坏的同时，能够最大限度地刺激微观主体的积极性，使经济社会能够在该制度所规制的框架内，尽可能发挥自身的能动性，从而兼顾生态环境的可持续性和经济的可持续性。

生态城镇化的长期建设离不开具有针对性的资源环境保护制度。依照我国“十三五”时期生态城镇化的长期建设目标，在完善耕地、水资源、环境保护制度的基础上，建立资源环境保护制度，提高城镇建设用地集约化程度、健全环境保护责任追究制度、环境损害赔偿制度、实行资源有偿使用制度、生态补偿制度，使得生态城镇化的参与主体能够受到资源与环境保护制度体系的规制，进而将生态城镇化的主体行为规制在生态环境的框架内，达到生态城镇化长期建设的目的。

自然资源保护制度、资源有偿使用制度、环境损害赔偿制度、环境保护责任追究制度与生态补偿制度共同构成保障生态城镇化长期运行的资源与环境保护制度体系。通过完善的制度体系建立，从水资源、森林资源、土地资源等自然资源的保护，明确自然资源使用的有偿性，明晰各环境资源的责任归属，通过生态补偿等经济手段赋予资源明确的经济价值，从而利用市场的能动性提高自然资源使用效率，降低自然资源开发强度，在城镇化的长期建设过程中充分注重生态因素，进而保障生态城镇化的长期运行。

第一节　自然资源保护制度

自然资源环境保护制度的建立，是解决资源过度开发利用和其所造成的环境污染问题，是引导我国城镇化建设由粗放型转变为生态型的关键性制度体系。自然资源包括矿产能源资源、土地资源、水资源、森林资源、海洋资源、草地资源、野生动植物资源、再生资源和大气环境资源等的规制、开发、利用以及相应的环境保护标准。

一、自然资源保护制度是生态城镇化长效运行的基础

自然资源作为生态城镇化长期运行的物质基础，在生态城镇化的长期运行中具有举足轻重的地位。生态城镇化的长期运行必定涉及水资源、森林资源、土地资源和大气资源的开发、利用、污染以及保护。因此，明确水资源、森林资源、土地资源与大气资源的经济价值，建立相应合理的自然资源保护制度，保障自然资源能够按照科学、合理、合规的要求进行开发利用，使自然资源的再生速度超过其消耗和使用速度，提高生态承载力水平，从而为生态城镇化的长期运行提供自然资源方面的科学供给。

完善的自然资源保护制度是保障自然资源合理开发利用和长期有效保障的前提。因此，在生态城镇化长期运行的前提下，必须建立科学合理的自然资源保护制度，制定我国水资源、森林资源、土地资源以及大气资源等自然资源的开发、利用和保护条例，明确政府和相应微观主体对自然资源的权力责任归属，通过完善的自然资源保护法，规制相应主体的开发和利用行为，从而保障生态建设能够长期融入城镇化的建设过程，达到生态城镇化长期运行的目的。

二、自然资源保护制度的现状

（一）水资源保护制度

我国的水资源保护主要由《中华人民共和国水资源保护法》规制，其根据我国水资源的存量、再生能力、空间分布状况和水域纳污能力等明确规定了水资源的利用、排污标准以及保护途径，设定了水资源利用警戒线，通过明文规定了排污许可证制度、水资源权益制度、水生态系统健康诊断制度、水环境安全预警制度、水环境安全维护和管理制度等，使我国水资源得到保护和合理利用。[①]

（二）森林资源保护制度

我国的森林资源主要由《中华人民共和国森林法》进行规制和保护。该法律通过明确的森林管理条例，给予了森林资源科学合理的定义，明确了我国拥有的森林资源状况。通过具体的森林保护法规制了包括森林管理、森林保护、植树造林、森林采伐等方面的法律责任，从而保障我国森林资源的合理开发与利用。

（三）土地资源保护制度

我国的土地资源主要由《中华人民共和国土地管理法》《基本农田保护条例》和自然资源部制定的相关规定来规制实施，明确规定了我国 18 亿亩耕地红线、土地利用审批、流转、出让等相关规定，构成了我国土地保护制度的核心内容。[②] 由于土地资源本身的特殊性，其在生态城镇化的长期运行中拥有重要的地位。因此，我国当前的《中华人民共和国土地管理法》《基本农田保护条例》

---

① 《中华人民共和国水法》，中华人民共和国环境保护部网站，http：//www.zhb.gov.cn/gzfw_13107/zcfg/fg/xzfg/201610/t20161008_365107.shtml。

② 《中华人民共和国土地管理法》，中华人民共和国中央人民政府网，http：//www.gov.cn/banshi/2005－05/26/content_989.htm。

以及自然资源部制定的相关规定，都对相应的土地资源给予了较为明确的规制条例，保障我国的耕地红线、农村土地的开发、利用和流转以及城市土地的交易。

（四）大气污染防治制度

我国的大气污染防治主要是由《中华人民共和国大气污染防治法》来规制。该法律是为保护和改善环境，防治大气污染，确保公民生命健康，完善生态文明建设，保障经济社会可持续发展。其明确了微观主体废气的排放标准，对空气污染的相应责任归属、处罚与监管主体等作出了明确的规定，明确了空气作为自然资源具有相应的价值，规制了微观主体对大气资源的利用与废气的排放上限。

三、当前自然资源保护制度存在的问题

我国当前的自然资源保护制度在保护水资源、森林资源、土地资源以及大气资源方面具有重要的作用，一定程度上保障了我国自然资源开发利用的合理性、科学性与可持续性。然而，在生态城镇化长期运行的背景下，当前所实行的自然资源保护制度也存在着三个方面的问题：第一，当前的自然资源保护制度对经济活动个体的约束较弱；第二，自上而下的制度规制框架降低了生态城镇化的运行效率；第三，自然资源保护制度在对生态城镇化的长期运行中针对性较弱。

（一）自然资源保护制度对经济活动个体的约束较弱

我国现有的自然资源保护制度，对经济活动个体的制约机制较弱。经济活动个体，是生态城镇化的参与主体，是影响微观生产者的重要因素。自然资源保护制度在该领域的约束机制较弱，将会影响我国需求端的消费行为，从而阻碍生态城镇化的长期运行。

经济活动个体的绿色消费观念直接决定该参与主体是否符合生态城镇化的建设标准，是否能够引领正确、绿色的消费模式，从而倒逼微观主体生产绿色

产品以符合经济活动个体的消费理念，进而满足生态环境的要求。在生态城镇化的运行机制中，必须拥有针对经济活动个体的制约机制，使经济活动个体在生态城镇化的建设下能够理性消费、绿色消费，以满足生态城镇化运行的需要。然而，目前我国的自然资源保护制度主要集中在微观主体的约束，相对缺乏对经济活动个体的制约机制，使消费者的消费行为无法适应生态城镇化的要求。因为缺乏对消费者的制约机制，使经济活动个体的高消费往往伴随着高浪费，特别是对奢侈品和高档品的消费模式，是我国消费群体目前所面临的很重要的问题，一定程度上造成了对资源的过度使用。

1. 当前自然资源保护制度对经济活动个体的影响

目前，我国的自然资源保护制度主要是针对微观主体建立的制约机制，通过规制微观主体对自然资源的开发和利用，以达到生态经济的目的，而针对经济活动个体的消费行为，使其符合绿色消费标准的自然资源保护制度则相对缺乏。正因为缺乏对经济活动个体绿色消费行为的规制，使我国作为全世界最大的发展中国家，其奢侈品和高档品消费量却是全球第一，2016 年占全世界奢侈品消费的 30%。[①] 这种消费模式与我国的生态经济发展目标是背道而驰的，其在城镇化的过程中无法符合生态城镇化的运行标准。微观主体天然的逐利性行为将会由经济活动个体的消费观念来引导，从而偏离生态城镇化的建设要求和建设目标，其生产产品也偏向于满足经济活动个体的消费行为和消费模式。如果我国当前的资源与环境制度体系拥有针对经济活动个体的规制机制，则经济活动个体作为生态城镇化的重要参与主体，其行为将会受到正式制度和非正式制度的共同规制，从而能够更接近于生态城镇化运行框架下的要求，达到生态城镇化长期平稳运行的目的。然而目前，我国在生态城镇化的建设框架内，缺乏针对经济活动个体消费行为的规制机制，对经济活动个体的消费行为，主要还是停留在非正式制度约束的阶段，主要通过媒体的宣传和教育，使经济活动个体在消费行为上能够尽量符合生态经济的要求。这种主要通过媒体宣传的主观意识形态的构建在面对消费者的效用最大化行为时效果通常并不明显，消费者往往遵从自身的效用最大化行为进行消费配置，而生产者则根据消费者的消费行为和自身的利益最大化决策来进行生产。一旦进入这种模式，则很难满足生

① 搜狐财经网站：http：//www. sohu. com/a/117165505_481787。

态经济发展的要求，在城镇化的道路上也无法达到生态城镇化的长期建设目标。

2. 对经济个体制约性较弱的后果

在生态城镇化的运行机制中，针对经济活动个体消费行为的自然资源保护制度相对缺乏，使生态城镇化的长期运行受到挑战。目前，我国在生态城镇化的长期建设中，没有完善的资源与环境制度体系来填补这一空白，其缺少针对经济活动个体的正式制度，从而使经济活动个体的消费行为无法得到理性、有效的规制和制约。这也是我国当前实行生态城镇化建设所面临的重要问题。

例如，随着我国工业化进入成熟时期，土地的开发利用在《中华人民共和国土地管理法》《基本农田保护条例》和国土资源部制定的相关规定的规制下也逐步暴露出相应的问题，特别是土地的重金属污染问题日益严重。土地的重金属污染问题便是相应制度体系的缺失所带来的，由于自然资源保护制度对微观主体和经济个体的制约性较弱，使土地的利用缺乏相应的强制性规制。中央政府也认识到了土地在经济可持续发展中的基础性作用，认识到土壤污染加重的趋势必须得到相应的控制，因此在2016年5月颁布了《土壤污染防治行动计划》，详细规定了土地资源保护的立法、监督、防范和追责，并制定规划，以控制土壤环境风险。

（二）自上而下的制度规制框架降低了生态城镇化的运行效率

当前我国的自然资源保护制度，其执行主要是自上而下的强制性约束结构。政府作为顶层设计者，制定出相应适合地方实际发展客观条件的制度体系，然后由环保部门和执法部门共同规制微观主体，通过强制性手段使微观主体能够遵守相应的资源与环境规律。从制度框架上来说，这种结构属于自上而下强制性执行的结构，缺少倒逼机制以及微观主体自发考虑生态环境因素的内在动力。

1. 自上而下的设计框架对生态城镇化的影响

自然资源保护制度，是生态城镇化运行中保障“生态”因素的关键，该体系的结构和运作方式直接关系其规制生态城镇化的效率，关系生态城镇化的内在运行动力。当前我国所执行的自然资源保护制度体系，主要是以自上而下的结构为主。这种制度体系和框架决定了该制度的长期运行方式，也决定了该制度在执行中的效率。由于其是自上而下、从外到内的规制模式，因此当出现一个环保问题时，首先是由政府部门对该问题进行评估，然后对评估结果进行分析，制定相应的政策法规和规章制度，并结合已有的资源与环境制度体系对相关的微观主体进行约束和规制。这一系列的程序较为烦琐，其通过层级的划分拉长了解决问题的周期，使自然资源问题无法得到高效的重视和解决。另外，延长的周期还会进一步加剧该自然资源相关问题的严重程度，使问题的解决往往错过最佳的时间段，降低了解决资源与环境问题的效率。

工业化后期，随着我国资源与环境问题的不断涌现，“十三五”期间对于生态友好型经济发展的要求日益凸显，在经济发展的同时更加注重资源与环境问题的改善。[①] 中央政府在顶层设计中之所以会强调这一点，是因为在以往的经济发展中，政府对经济增长和地方建设的重视程度要大于对地方资源与环境保护的重视程度，这一客观事实加之微观主体本身所具有的逐利性特征，使我国的城镇化进程和经济发展，在过去的几十年里更加偏重于城镇化中土地资源的扩张和 GDP 的增长，相对忽视了自然资源的保护。这种相对的忽视，使资源与环境问题排在了经济发展和城镇化推进问题之后，无论是地方政府还是微观主体都存在这一倾向，进而在城镇化的建设和生态环境的保护之间相互取舍时，微观主体由于自身的逐利性会倾向于选择前者，地方政府为了地方的城镇化建设和经济发展，通常也优先选择前者。这种模式导致了土地扩张型城镇化进程的加快。当出现资源与环境问题时，各级地方政府才临时加以调研、分析和解决。这种自上而下的临时性分析和政策往往并不完善，降低生态环境的承载力、降低经济运行的效率、降低城镇化的建设效率，使自然资源的利用和配置人为地造成扭曲，进而无法达到生态城镇化建设的最终目的。

2. 自上而下的设计框架降低了生态城镇化效率

当前我国这种自上而下的自然环境保护制度的结构模式，正是从前我国过多注重土地城镇化的建设和经济的发展，而相对忽视资源与环境问题所造成的，是生态城镇化长期建设所必需妥善解决的问题。如果无法解决这一问题，则自然资源保护制度在长期的作用过程中，将带来自然资源配置的扭曲和市场的低效率，进而降低生态城镇化的长期运行效率。

（三）自然资源保护制度在生态城镇化运行下的针对性较弱

目前我国所建立的自然资源保护制度，缺少对城镇化进程的资源环境规制

---

① 《中共中央关于制定国民经济和社会发展第十三个五年规划的建议》，新华网，http：//news. xinhuanet. com/fortune/2015 - 11/03/c_1117027676. htm。

和明确的制度要求，缺少专门针对城镇化而设立的自然资源保护制度框架，缺少对生态城镇化长期运行所应拥有的生态城镇化制度体系。这导致我国在生态城镇化的运行阶段，缺少一个成熟的自然资源保护制度体系进行参考，从而使生态城镇化的参与主体并不明确其所应该遵循的规则，降低了生态城镇化的运行效率。当生态城镇化的各方参与主体需要寻求制度的规制时，其无法找到相应有效的、专门针对生态城镇化所建立的自然资源保护制度，而只能从现有的针对生产者的资源环境制度进行推演和借鉴，这种针对性制度的短缺，较为明显地降低了生态城镇化的运行效率，阻碍了生态城镇化的有效运行。

对于生态城镇化而言，其运行机制的核心便是建立具有较强针对性的、完善科学的保障生态城镇化建设的制度体系，在这个制度体系中，合理高效的自然资源保护制度是必不可少的，生态城镇化区别于传统意义上的城镇化，就是其在城镇化进程稳步推进的过程中，充分注重“生态”因素，建立适宜人类居住的城镇。而充分注重“生态”因素的关键在于是否具有较为完善高效的自然资源保护制度，通过完善的制度来规制生态城镇化进程中参与者的主体行为，使其达到“生态”可持续的要求，从而在真正意义上达到生态城镇化建设的目的。然而，目前我国现有的自然资源保护制度不具备这样的条件，其更多地注重微观主体的生产行为，而没有明确规制“生态城镇化”概念下的行动范式。这种生态城镇化建设框架下资源与环境制度的缺乏，直接导致了生态城镇化最重要的参与主体即微观主体没有相应完善的制度进行规制，从而使其更多地注重企业利益的最大化而相对忽视了生态因素，导致环境污染问题日益严重，生态城镇化的建设逐渐偏离其预设的轨道，步入粗放型的土地扩张怪圈。自然资源保护制度体系的建设之初没有包含较为明确的生态城镇化建设目标和要求，因此在实施过程中，往往会出现部分行业的环境保护措施和自然资源利用能够达到预期的目标，但从宏观层面依然无法达到生态城镇化的要求。这也是生态城镇化建设框架下相关自然资源保护制度缺失所导致的宏观扭曲现象，在整体上看则缺乏生态城镇化建设的统一构架和统一协调，进而使宏观层面上无法达到生态城镇化的环境可持续的要求。

自然资源保护制度在生态城镇化框架下的针对性缺失，是目前我国自然资源保护制度体系范式中所面临的主要问题。

四、完善自然资源保护制度的措施

在生态城镇化的长期运行框架下，需对自然资源保护制度做出相应的改革，使自然资源保护制度符合生态城镇化长期运行的内在要求。要建立对经济活动个体具有约束效力的自然资源保护制度，建立自下而上的倒逼机制，加强自然资源保护制度在生态城镇化运行中的针对性，提高自然资源保护制度的规制效率，保障生态城镇化长期有效运行。

（一）建立针对经济活动个体的规制机制

我国当前的资源与环境制度体系缺乏针对经济活动个体的规制措施。经济活动个体作为我国生态城镇化的参与主体，具有数量庞大、消费观念混杂、消费群体多样等特点。在生态城镇化建设背景下，我国的资源与环境制度在规制微观主体的生产性行为时较为规范和具体，而在规制经济活动个体上则存在制度条例欠缺、规制力疲软等问题。因此，必须在现有的资源与环境制度体系中增加针对消费者的规制机制，以引导消费者理性消费、绿色消费，保障消费行为的合理性，从而符合生态城镇化的长期运行要求。

1. 经济活动个体的规制是生态城镇化运行的重要组成部分

生态城镇化长期运行的最终受益者是经济活动个体。改革开放 40 年的时间里，中国的经济从计划经济转变为具有中国特色的市场经济，完成了经济的起飞阶段，特别是在我国的城市中迎来了大众高消费阶段。高消费群体缺少正确的消费引导，盲目追求高档商品、奢侈品等，忽视了绿色消费的重要性。我国目前的资源与环境制度又缺乏相应规制消费群体的规章条例，从而放任经济活动个体的消费观念，产生了过度消费甚至是浪费等现象。这种与绿色消费观念背道而驰的消费理念直接影响了生产者的生产性行为，使其为了适应消费者主导的市场而大量生产不符合绿色消费标准的消费品，以满足自身追求利润的行为。当生产者更加偏重于奢侈品等的生产时，市场中的经济活动个体会进一步消费高档商品，更加偏重于市场中已经存在的消费观念。这种恶性循环在大众高消费阶段将会不断蔓延，从而导致整个大众消费群体在城镇化建设背景下的消费观念扭曲，进而导致其忽视绿色消费的必要性，从而在生态城镇化的内部出现较大的运行阻力。因此，必须尽快建立针对经济活动个体的系统有效的资源与环境制度体系，通过明确的制度条例规制经济活动个体的行为，并借由新兴媒体、网络媒体、通识教育等宣传手段广泛传播绿色消费观念的重要性，使广大消费群体在消费决策时具有绿色消费意识，从而做出符合绿色消费的行为选择。

2. 生态城镇化的长期运行需要绿色消费的引导

在现有的资源与环境制度体系中引入针对大众消费群体的规制措施，是引导经济活动个体绿色消费、理性消费的第一步，也是最重要的一步。只有建立了相应完善的制度体系，才能根据科学的统计数据和制度框架更好地进行宣传和教育，从而使多数消费者能够意识到绿色消费的重要性，由自身做起，理性做出符合绿色消费标准的消费决策，从而在微观层面支持生态城镇化的建设和运转。经济活动个体作为生态城镇化的重要参与主体，是支持生态城镇化长期运行和建设的重要组成部分。如果经济活动个体没有建立起相应的绿色消费观，则其将会倒逼微观主体进行短期的生产性行为，从而自下而上给予生态城镇化建设以阻力。经济活动个体绿色消费观的建立，必须有相应的正式制度作为保障，而这种正式制度正是我国目前在资源环境保护领域所缺乏的。因此，必须尽快建立相应针对性的制度体系，从而完善生态城镇化的制度体系，使其参与者都能够受到相应制度的规制，不留下制度的漏洞和空白。

（二）建立自下而上的倒逼机制

自然资源保护制度的有效实施，除了自上而下较为完善的顶层设计之外，其必须拥有自下而上的倒逼机制。微观主体和经济活动个体在资源与环境保护制度体系的具体实施中，必须拥有流畅的反馈机制，通过信息的公开来向顶层设计者提供实时的修改方案和政策建议。如果没有这种倒逼机制而仅凭政府部门自上而下的约束，则其很难制定出具有针对性的自然资源保护制度，从而使微观主体和政府由于信息不对称而产生相应的信息成本，降低微观层面上生态城镇化的运行效率，最终影响生态城镇化的长期建设。

政府部门将生态城镇化的顶层设计传达给微观主体和经济活动个体后，可以借助第三方管理监督机构收集信息，为信息反馈通道的畅通提供平台。微观主体和经济活动个体在实际的生态城镇化运行中，必然会与政府的政策措施产生摩擦，这时可以通过第三方平台将信息和改进方案反馈给政府部门，从而倒逼政府部门重视其所作出的制度性决策，改进政府部门在生态城镇化长期建设中的政策措施。这种通过第三方管理监督机构的倒逼机制，相比直接向政府部门进行反馈而言效率会有所提高，因为第三方监督管理机构在提供信息的同时也履行着监督和制约政府部门的作用。而作为相对弱势的微观主体和经济活动个体，如果直接向政府部门反映其本身在面对政策措施时所遭遇的困难，则政府部门由于层级和责任划分等原因无法达到较为有效的反馈机制，在长期形成了自上而下的单项机制，增加了政府部门制定政策的随意性，从而扭曲了真实微观市场中的经济行为。而建立了相关的倒逼机制后，微观主体和经济活动个体能够以较低的经济成本和非经济成本向上反映自身存在的问题、反馈当前的资源与环境制度存在的可行性问题，从而提高政府部门相关制度供给的效率，熨平新的制度建设所带来的各方利益摩擦，从而充分激发微观主体和经济活动个体的内在动力，提高生态城镇化的运行效率。

（三）建立针对生态城镇化运行的自然资源保护制度

尽快建立起具有针对性的资源与环境制度，通过建立明确针对生态城镇化的自然资源保护制度，来更有效地规制生态城镇化的长期运行，从而提高生态城镇化的运行效率，在长期达到生态城镇化健康发展的目的。

1. 充分发挥政府在专门性制度建立中的作用

建立专门针对生态城镇化的自然资源保护制度，中央政府和地方政府必须尽快做出全面完善的城镇化现状调查，并通过调查结果进行相应的顶层设计，通过顶层设计来完善现有的制度体系，使其更好地针对生态城镇化的运行要求和发展需要。政府部门的顶层设计通过政策法规的实施以及广大媒体的宣传，使其在微观主体领域得以全面认知，弥补当前我国生态城镇化背景下相关自然资源保护制度的不足，在制度层面完善生态城镇化的运行，使生态城镇化在长期实际的运行过程中拥有明确的制度体系作为引导，以提高运行效率。

2. 建立专门性制度的措施

当前的自然资源保护制度体系虽然没有明确针对生态城镇化建设的条例，但是其在水资源、森林资源、土地资源以及大气资源等保护方面具有较为完善的制度条款。在建立具有针对性的制度体系时，第一，需充分参照现有的自然资源保护制度并加以改良、衍生，以期适应当前具体的生态城镇化建设要求，而不必重新针对生态城镇化的概念建立相关的制度体系。这种做法可以节省当前我国针对生态城镇化的资源与环境制度建设的成本，通过改进现有的资源与环境制度，使其符合生态城镇化的建设框架，并完善现有的制度条例，从而节省了建立全新制度所需要的时间成本、经济成本以及试错成本。第二，中央政府的顶层设计必须明确生态城镇化运行框架的边界，通过明确的自然资源保护制度，清晰地规制生态城镇化的底线，无论是地方政府、微观主体或是经济活动个体，任何超越制度底线的生产性行为和消费行为都是不允许的，将会受到相关制度和法律的问责。对于地方政府而言，在中央政府的底线设计之上，各个地方政府可以制定出符合自身地区的地方性制度，通过建立高于中央政府顶层设计标准的相关地方性制度，更加切实地规制当地的经济发展和城镇化建设，从而达到生态城镇化的长期运行目的。第三，这种针对性的自然资源保护制度必须尽可能缩短其时滞性，通过提升制度供给的效率、缩短制度供给的时间，使微观主体和经济活动个体在逐利性的驱使下自身经济行为的空间尽可能最小化，从而降低制度运行的成本，提高制度建立和运行的效率，最终达到制度设计之初的目的。

第二节　资源有偿使用制度

资源有偿使用制度，是通过经济运行模式对自然资源进行经济定价，使自然资源的使用遵循市场化的方式，从而倒逼微观主体和经济个体充分考虑在经济行为中自然资源的消耗成本，进而使自然资源的使用具有集约性和高效性。资源有偿使用制度的建立和实施保障了我国自然资源开发和利用的集约性。

一、资源有偿使用制度是生态城镇化长期运行的内在动力

在经济运行过程中，被赋予经济价值的自然资源是资源有偿使用制度的关

键因素，以此来促进自然资源的可持续循环发展。自然资源的有偿使用使微观主体在自然资源的开发、利用和回收等阶段具有了经济动力，提高了微观主体使用自然资源的成本，从而通过制度性规则刺激微观主体以提高自然资源利用效率。资源有偿使用制度的建立，在我国城镇化的长期运行中具有举足轻重的作用，该制度改变了自然资源开发和利用的规制性质，使自然资源的集约高效利用从行政干预转变为经济刺激，从而提高了制度的规制效率，由内而外产生自然资源集约高效利用的激励，保障自然资源在生态城镇化的长期运行中得到有效的开发和利用。因此，资源有偿使用制度是保障自然资源集约高效利用的关键性制度，是生态城镇化长期运行的内在动力。

二、自然资源有偿使用制度存在的问题

自然资源有偿使用制度在我国依然处于不断探索的阶段，虽然国务院在2017年1月发布《关于全民所有自然资源资产有偿使用制度改革的指导意见》，并通过相应的顶层设计来规制自然资源有偿使用制度的相关原则，但其相应的较为完善的制度体系和法律体系较为缺乏，依然需要进行相应的制度体系改革，以完善我国自然资源有偿使用制度。

当前，我国的资源有偿使用制度存在如下三个方面的问题：第一，资源有偿使用制度针对政府政策行为的约束机制较弱；第二，资源有偿使用制度的供给不足；第三，资源有偿使用制度对不同主体存在双重标准。这三方面的问题，将会降低制度规制的效率，扭曲自然资源的高效配置，降低经济手段的高效性，从而影响我国生态城镇化的长期运行。

（一）资源有偿使用制度针对政府政策行为的约束机制较弱

我国当前的资源有偿使用制度针对政府政策行为的约束机制较弱。资源有偿使用制度不仅仅包括对微观主体和微观经济个体的规制约束，还应该包括对地方政府甚至是中央政府的规制。生态城镇化不断推进的过程中，政府作为重要的参与主体，必定会参与到自然资源的配置过程，协调和监督自然资源的开发、利用和循环。政府在自然资源的配置中具有审批权甚至决策权，如果缺少

了对政府政策行为的相关约束机制，则容易影响资源有偿使用制度的规制模式，降低自然资源通过经济运行方式有偿使用的效率，进而影响生态城镇化的长期运行。

目前我国所拥有的资源有偿使用制度，缺少对政府政策行为的约束机制。生态城镇化，是各方参与主体共同作用、共同参与、共同投入自身资源的综合性城镇化建设机制，每一个参与者都有自身的义务和责任，缺少任何一个参与者的投入，则生态城镇化的平衡机制将会失去，进而阻碍整个生态城镇化的长期运行。

1. 针对政府政策行为的约束机制表现偏弱

政府作为生态城镇化长期建设的顶层设计者、参与者和监督者，在生态城镇化的运行过程中起到至关重要的作用。政府，是生态城镇化的参与主体，与微观主体、经济活动个体一样成为支撑生态城镇化长期运行的支柱。然而，一方面，目前我国的资源有偿使用制度，主要是针对生态城镇化运行过程中微观主体的生产性行为和排污行为所制定的，而这些资源与环境制度又主要是由政府这一主体所单独制定。这直接导致了微观主体在生态城镇化中所受到的“生态”约束趋于扭曲，进而扭曲企业的生产性行为、企业的经济行为以及生态城镇化中的“城镇化”建设行为，而政府本身作为生态城镇化的参与主体却拥有了直接干预微观生产者的权力，这一权力的出现很大程度上会导致生态城镇化建设偏离市场化的配置，使生态城镇化运行过程中出现资源配置的扭曲，从而阻碍生态城镇化的长期运行。另一方面，我国目前的资源有偿使用制度在针对政府政策行为的约束上不强，使政府在顶层设计和环境资源配置上不用考虑相应的约束行为。这直接导致我国政府在城镇化的建设过程中资源和环境的分配上没有硬性的标准与约束，从而容易产生资源配置的扭曲和短视的经济行为，使城镇化的进程落入简单的土地扩张型城镇化模式，阻碍生态城镇化目标的最终达成。阿西莫格鲁在研究中指出，缺少制度性约束的政府在顶层设计以及政策制定上容易倾向于榨取性制度的建立，而拥有制度性约束的政府在运行机制的设计上则更加容易偏重于包容性制度。① 根据这一理论，在我国的生态城镇化长期建设过程中，缺乏对政府主体的制度性约束，容易导致政府的行为出现误

① ［美］德隆·阿西莫格鲁：《国家为什么会失败》，湖南科技出版社 2015 年版，第 31 ~ 79 页。

区，即在生态城镇化的框架下，建立起具有榨取性制度的资源有偿使用制度，通过榨取性的资源与环境制度的建立产生制度性的资源稀缺性，从而为寻租行为创造条件和空间。当资源配置通过资源与环境制度产生扭曲以后，生态城镇化的建设将会脱离原本的初衷。

2. 缺少相应约束机制的后果

资源有偿使用制度由于缺乏对政府的约束性，其将会导致政府政策行为的动态不一致，降低微观主体的预期，从而造成生态城镇化建设的不稳定性。政府在生态城镇化的顶层设计和政策实施过程中，由于缺乏相应的约束机制，其政策的动态不一致性问题日益凸显，使微观主体在资源与环境政策的动态不一致性背景下，做出其自身的最优化行为，即只考虑短期的经济利益而放弃长期保护生态环境所获得的收益，进而使生态城镇化的长期运行存在预期偏移和动力不足的问题。由于缺乏对政府政策性行为的资源有偿使用制度，政府作为生态城镇化的参与主体，倾向于政策的动态不一致性。在制定资源有偿使用制度下的相关政策时，会依据政府关于生态城镇化的建设要求和建设框架，而在城镇化的实际进程中，其又会考虑地方经济的起飞和发展，忽略地方在生态环境保护过程中所获得的长期收益，进而偏离生态城镇化的最初政策。这种政策的偏离将会改变微观主体的预期，使得其生产性行为回到自身的利益最大化决策上，从而偏离生态城镇化的运行框架。这也将直接阻碍生态城镇化的长期运行。

（二）资源有偿使用制度的供给不足

我国的资源有偿使用制度的供给不足，使微观主体和经济活动个体缺少完善制度的规制，容易在利益最大化的驱动下发现制度的漏洞，进而使资源与环境制度体系在长期失去其规制效率，阻碍生态城镇化的长期运行。

我国在经济迅猛发展的同时，存在着一定的制度建设落后的现象。这种制度供给的滞后和不足，使处于转型期的城镇化建设和经济建设的进程受到了一定的阻碍。我国在改革开放深入发展的时期，经济社会各个领域都面临着未知的挑战和转折，也面临着我国独有的经济社会问题，这是发达国家的发展所无法提供的经验。对于微观主体和经济活动个体而言，在面对制度的供给不足或者制度的缺失时，其在自身利益最大化的驱动下更加倾向于选择有利于提高自身收益的行为，利用制度覆盖的盲点，以达到自身利益的最大化。当前，我国正处于制度供给速度慢于经济变革速度的时期，也是资源配置扭曲、贫富差距扩大、资源与环境遭到破坏等问题最为突出的转型时期。因此，提高有效的资源与环境制度的供给，规制生态城镇化进程中微观主体和经济活动个体的经济行为，使其能够适应我国生态城镇化的建设需要，并在相应的生态框架下做出符合自身最优化的决策。

（三）资源有偿使用制度对不同主体存在双重标准

当前的资源与环境制度体系所拥有的约束力对国有企业和非国有企业是不同的。由于资源有偿使用制度是由政府设计并长期执行，因此其在对待非国有的微观主体时采用的往往是较为严格的资源定价标准，而对国有微观主体而言则往往给予政策优惠和经济优惠。这导致市场上的国有企业和非国有企业所面临的生态城镇化建设环境不同，非国有企业在承受更多市场竞争压力和更大的环保责任的同时，无法享受国有企业应有的政策扶持和社会便利。长期将会导致市场结构的扭曲和二元化，导致资源有偿使用制度成为扶持国有企业的合理手段，最终使得生态城镇化流于形式。

这一问题的出现，将会使得市场中不同微观主体所面临的资源与环境规制力不同，使得制度体系失去其应有的一致性，从而在长期无法保障生态城镇化的有效运行。

三、完善资源有偿使用制度的措施

针对我国资源有偿使用制度存在的三个问题，应该采取如下三方面的政策建议，以提高资源有偿使用制度的规制效率。第一，建立第三方监督管理体系，用以监督政府在生态城镇化中的政策行为，自然资源分配的公平、公开和透明；第二，提高政府资源有偿使用相关制度的供给效率，缩短制度供给的真空期；第三，严格实行统一的资源有偿使用制度标准。

（一）建立第三方监督管理体系

当前，我国的资源有偿使用制度缺少对政府政策行为的约束机制。政府作为生态城镇化的参与主体，同时兼具着顶层设计者、决策者、监督者和参与者等身份。这种多重的身份很容易导致地方政府政策的动态不一致性，从而影响微观主体的预期，进而将其经济行为拉回短期经济决策的模式。因此，必须在资源与环境制度体系中尽快引入约束政府政策行为的机制，建立相对脱离政府管制的第三方监督管理机构，并赋予该机构政策决断和政策执行以及监督过程中的相应权力。

1. 第三方监管体系的性质

第三方监督机构可以由中央政府监督机构、地方政府监督机构、经济活动个体以及生产主体共同构成，但其履行职责不受政府、微观主体等参与者的控制，其主要目的是通过该机构进行信息的交换和利益的协调，同时制定出符合各方利益的现实性政策制度，并监督各方参与者的长期执行情况。埃莉诺·奥斯特罗姆的研究表明，政府和市场之间是连续的而不是离散的，并不是说政府管制和市场行为是非此即彼的，在现实的经济世界中存在着中间的量级，使得共同治理变为可能，同时现实也证实这种中间的形态，即政府与微观主体共同参与，是一种常态，完全由政府计划或完全的市场行为在现实经济中都很难存在，同时这种中间的形态所具有的经济效率较高。[①] 埃莉诺·奥斯特罗姆的研究为第三方监督管理机构的成立提供了理论上的可能。通过第三方监督机制的建立，共同参与资源与环境政策的制定，使其符合各方参与者的共同利益和长远目标。

2. 第三方监管体系的意义

在生态城镇化的长期运行中，第三方监督管理体系的引入，将会给予中央政府、地方政府及微观主体相应的约束，特别是对拥有多重身份和多重职能的地方政府。第三方监督管理机构将会作为独立的行使机构对生态城镇化参与主体进行规制和监督，从而使各方参与主体在生态城镇化的框架内做出自身的最优化行为。多方参与者共同参与的管理监督机构能够使信息更加的完全、透明，降低信息获取的成本，从而有效防止寻租行为的出现，提高经济的运行效率。

（二）提高相关制度供给效率

生态城镇化作为我国新时期城镇化的发展战略，具有战略前瞻性，是时代

---

① ［美］埃莉诺·奥斯特罗姆：《公共事物的治理之道：集体行动制度的演进》，上海三联出版社 2000 年版。

发展的必由之路，也是“十三五”时期我国城镇化发展面临的新选择。生态城镇化的顶层设计还属于较新的领域，保障生态城镇化长期运行的制度体系的建立还处于探索和起步的阶段。如果没有相应的顶层设计和资源环境制度体系加以规制，生态城镇化的长期运行将会遇到较大的阻力。因此，必须尽可能缩短制度建设的周期，加快制度体系的建立健全，提高制度供给的效率，在制度运行层面给予相应的支撑，从而通过完善的正式制度保障生态城镇化的长期有效运行。

中央政府作为生态城镇化的顶层设计者和制度的建设者，必须建立公平高效的资源有偿使用制度，以保障各地区生态城镇化建设框架的一致性。在生态城镇化建立阶段，如果相应的制度体系和制度供给无法及时供给，则微观主体和经济活动个体，甚至是地方政府都很容易在自身逐利性的驱动下做出不利于环境建设的短期经济行为，因为其还没有相应的制度进行规制和处罚。而这种时滞性将会扭曲微观市场，使其具有“柠檬市场”的相关特征，导致遵守生态城镇化并放弃相关短期收益的微观主体，无法在市场中获得相应的收益和补偿，从而被市场中的经济行为所淘汰，而仅仅考虑短期经济收益的微观主体，因为没有正式制度的约束，从而冲破生态城镇化的建设框架，仅追求利润最大化目标。这在长期将会挤出绿色企业的生产行为，从而扭曲市场，最终使得生态因素无法真正纳入城镇化的建设中。因此，中央政府作为生态城镇化的倡导者、规制者和顶层设计者，必须尽可能缩短相关制度的建设周期，加快专门针对生态城镇化的制度体系的建立，从而在资源与环境领域规制市场，使其能够朝着绿色、良性的轨道发展。相关正式制度的缺失时间越长，其考虑资源与环境的市场交易将会越扭曲；相反，如果缺失的时间越短，即制度供给的真空期越短，其对微观主体的约束力将会越强，越容易规制市场，使其朝着有利于生态城镇化长期运行的目标发展。

（三）严格实行统一的资源有偿使用制度

在生态城镇化的长期运行中，必须严格实行统一的资源有偿使用制度，防止制度二元性的出现，保障微观主体能够在一个公平、公正、公开的资源有偿使用制度中合理合法进行市场竞争，提高市场经济的运行效率，从而在微观层面为生态城镇化的长期运行注入持久的动力。

1. 资源有偿使用制度二重性带来的效率损失

由于当前我国的市场经济体制中拥有数量较多的国有企业或者国有控股企业，这些企业是由政府部门所控制的，而当前的资源有偿使用制度主要也是由政府部门进行设计、实施和监督的。因此，在面对国有企业和非国有企业时很容易出现双重标准，减小了资源有偿使用制度的权威性，降低了其运行的效率，提高了寻租行为的可能。政府部门在不同职责领域的过多干预使制度体系被人为地赋予了二元性，从而大幅度降低了制度运行的效率，带来效率的损失。因此，必须严格实行统一的资源有偿使用制度标准，无论是对国有企业还是非国有企业而言，都必须共同遵循相应的资源有偿使用制度。

2. 严格实行统一制度的途径

严格实行统一的资源有偿使用制度，首先，须有完善的法律制度保障，通过完善的法律，将政府的公权力控制在合理合规的范围内。在我国城镇化的进程中，由于政府扮演着多重重要的角色，使政府在很多方面都具有控制发展方向、协调微观主体等权力。这些权力在缺乏监管的情况下容易导致其更多地偏重于地方政府控制的国有企业，通过政策优惠、环境排污标准优惠、市场优惠等手段给予国有企业得天独厚的优势，从而扭曲市场经济的行为，最终导致市场的二元性。因此，中央政府必须尽快制定出明确严格的法律体系，以限制地方政府的经济行为，使其公权力得到明示，从而有利于中央政府和社会各界的监督。其次，严格实行统一的资源有偿使用制度，需要完善的第三方监督管理机构。相关评估、运行和监督的职能必须从政府部门让渡于第三方监管机构，从而真正做到公平和高效。如果政府在资源与环境制度体系的设计和执行中始终不执行权力的让渡和简政放权，则经济的长期运行和城镇化的长期建设将必然会导致资源配置的扭曲，降低生态城镇化的运行效率。政府通过权力的让渡，虽然在短期内失去了部分市场的掌控力，但在长期能够使经济运行效率最大化，改善城镇化运行的扭曲状况，提高整个国家的福利水平。

3. 加快自然资源及其产品价格改革

按照成本、收益相统一的原则，充分考虑社会可承受能力，建立自然资源开发使用成本评估机制，将资源所有者权益和生态环境损害等纳入自然资源及其产品价格形成机制。推进农业水价综合改革，全面实行非居民用水超计划、超定额累进加价制度，对高耗能、高污染、产能严重过剩等行业，将实行更加严格的累进加价制度。加快城市“一户一表”改造，全面推行城镇居民用水阶梯价格制度，阶梯设置应不少于三级，阶梯水价按不低于1∶1.5∶3的比例安排，缺水地区应进一步加大价差。张嵘、吴静芳[①]（2009）通过模拟测算上海市2007年阶梯供水定价方法发现总共可以节约19.4亿立方米，阶梯水价既能保证城市居民用水福利分配的公平性，又能提高城市的用水效率。刘晓君、丁超[②]（2012）模拟测算了2010年陕西省阶梯水价实施效果，发现阶梯水价节约用水达15.47%，说明了阶梯水价在促进水资源节约利用方面的有效性。

第三节　环境损害赔偿制度

在生态城镇化的长期运行过程中，环境损害赔偿制度规制了微观主体和微观经济个体在经济行为中对环境造成破坏所应承担的赔偿责任，是环境资源开发、利用和再生的基础性制度。环境损害赔偿制度明确了自然资源和自然环境损害的价值，通过将自然环境和自然资源进行合理估价，将污染转化为经济损失，对造成环境污染和资源浪费的相关企业和经济个体实行经济和非经济上的惩罚。环境损害赔偿制度是生态文明建设的底线，对于环境污染企业和个体实行了强制性的惩罚赔偿，保障了资源环境的可再生性和经济发展的可持续性。

党的十八大报告明确提出，“要加强生态文明制度建设”，并具体提出了“健全环境损害赔偿制度”。[③] 由此可知，我国面临一个十分重要的问题，即健全环境损害赔偿制度，贯彻党的十八大精神。其中，环境损害是指对客体环境的损害而造成的一切客观的损害后果，它主要包括两种损害：一是传统意义的对环境的损害，即对公民身体和财产的直接损害；二是新型损害，即对客体环境

① 张嵘、吴静：《基于扩展性线性支出理论的阶梯水价模型》，载于《科学技术与工程》2009年第3期，第641～645页。

② 刘晓君、谷敬花：《居民阶梯水价定价模型研究—基于陕西省数据的分析》，载于《价格理论与实践》2010年第7期，第22～23页。

③ 《党的十八大报告（全文）》，新华网，http：//www.xj.xinhuanet.com/2012－11/19/c_113722546.htm.

本身的损害。环境损害赔偿制度的理解为，当产业活动给生态环境造成无法恢复或不可逆转的损害时，规定了这种行为应当受到的赔偿和处罚。

一、环境损害赔偿制度是生态城镇化有效运行的底线

环境损害赔偿制度主要明确了环境损害的底线，为环境执法部门对相关环境污染企业和个体进行处罚提供了明确的参考依据，保障了环境资源在受到侵害时有明确的法律对相关责任主体进行处罚。环境损害赔偿制度增加了污染性企业的生产成本，促进了企业更加注重环境排污技术的进步，对环境污染行为起到了较为明确的震慑和约束作用。

该制度为生态城镇化建设规制了相关污染性企业的排污标准，使微观主体能够依照明确的环境赔偿制度对相应的资源消耗和环境污染进行经济赔偿。如果缺乏环境损害赔偿制度的有效实施，则环境污染排放量将会失去强制性约束，导致环境污染量显著增加，环境资源消耗过快，使经济发展走上粗放型的道路上。因此，要保障我国的经济发展和生态城镇化的长期运行，必须拥有较为完善的环境损害赔偿制度，明确规定环境赔偿标准，使生态城镇化的长期运行拥有强制性的法律保障。

二、当前的环境损害赔偿制度

我国目前的环境损害赔偿制度主要由《中华人民共和国环境保护法》中的条例进行规制。目前我国环境保护法规制的环境损害赔偿制度主要涉及排污收费制度、清洁生产制度、限期治理制度。

（一）排污收费制度

排污收费制度的定义为：国家环境管理机关根据相关法律法规制定的向环境排放污染物及超标准排放污染物的排污者征收排污费的制度，超过标准的需缴纳超标准排污费。同样，将污染物排放到大气和海洋的，其污染物排放浓度

一旦超过国家和地方规定的排放标准，须接受相应的惩罚。

值得注意的是，该制度设计之初，其目的是为了对超标排污的微观主体进行惩罚，使其能够在今后的生产排污行为中符合国家的有关规定，达到环境评价的标准。排污收费制度的建立和实施，是由中央政府和地方政府共同完成的，处罚机制也是由各级政府委托法律部门和行政部门同步进行。

（二）清洁生产制度

清洁生产制度是以实现可持续发展和人与自然和谐发展的目标的一种环境损害赔偿制度。清洁生产制度是对以上各环节的发生进行正规化、法定化和制度化的管理。

清洁生产制度是中央政府依照环境评价标准对现有落后产能实行的淘汰性制度，具有强制性的特征，其直接作用于微观主体的生产资格和市场准入，从而在源头上控制污染排放。

（三）限期治理制度

企事业单位依据国家制定的法律法规在一定时期内完成规定的污染物治理任务，并达到相应的标准，即限期治理制度。严重污染环境的污染源和位于特别保护区域内的超标排放污染源是限期治理的主要治理对象。其中，特别保护区域包括风景名胜区、自然保护区和其他受保护区域。我国限期治理制度目前规定，对逾期未完成治理工作的企事业单位，政府除了加收超标的排污费外，还会对企事业单位进行资金处罚，或者责令关停等处罚。

限期治理制度，是各级政府对违反环境污染标准的微观主体实施的整改制度，其给予微观主体一定的整改期限和整改空间。如果该企业在规定期限内能够达到国家对于企业污染排放量的标准，则允许其继续在该生产性行业中继续生产。如果该企业在规定时限内无法达到环保部门所要求的最高污染排放量标准，则将会被责令退出该生产性行业，无法继续从事生产和经营。限期治理制度是对违反环境污染规定的企业的一个警示措施，也给予了该类企业一定的整改空间和生存空间。限期治理制度在某种程度上给予了污染不达标企业一定的弹性空间，给予了其继续整改和运行的可能。

三、当前环境损害赔偿制度的弊端

环境损害赔偿制度作为我国环境保护法中较为成熟的制度体系。在生态城镇化的长期运行中，环境损害赔偿制度发挥着基础性的作用，对相关环境污染企业具有较为明显的强制性惩罚和约束条例，以保障资源环境的污染能够控制在既定范围之内，达到生态可持续的目的。然而，随着生态城镇化的长期运行，环境损害赔偿制度的弊端逐渐显现，即环境损害后的处罚措施相对单一，主要集中在经济处罚与行业准入限制，从而影响了生态城镇化长期运行的效率。

（一）经济惩罚带来的影响

目前我国的资源与环境制度体系中包含对微观主体违反相关规定的惩罚措施。然而，这种惩罚措施主要局限于经济上的惩罚和强制性的行业禁入惩罚。较为单一的惩罚措施使行业内部容易出现垄断行为，现实中这种情况导致了资源与环境问题的进一步加深，污染问题更加严重；对违反资源与环境相关规定的企业，该制度在经济惩罚的前提下往往采用行业限入等限制性措施，这种措施使行业内部容易出现垄断现象，人为导致市场资源配置的扭曲和市场失灵，从而降低整个行业的运行效率，进而影响生态城镇化的长期建设运行。

对于经济实力较强的微观主体而言，经济上的惩罚往往无法起到遏制该微观主体继续超标破坏资源与环境的生产性行为，相反，经济上的惩罚在一定程度上变相给予了微观主体污染环境的权力，微观主体实际上可以利用经济惩罚“购买”相应的资源消耗和污染资格。使该微观主体可以通过缴纳经济罚款的方式继续实施对资源与环境破坏程度较强的生产性行为，因为其所受到的经济惩罚可以直接计入该微观主体的成本核算中，从而不考虑其必须投入保护资源与环境的非经济成本。对于该微观主体而言，其将更不容易控制和核算的非经济成本直接转化为相应的经济成本即罚款，缩短了成本核算的流程，降低了非经济成本。这对于微观主体而言是成本最小化条件下的最优决策，因此是合理且理性的决策。但这种情况一旦出现，将会使资源与环境问题得不到有效的改善，甚至会更加严重。这种恶性循环的出现，根源便是当前的资源与环境制度中所包含的惩罚机制过于单一，主要集中在经济上的惩罚。一方面，这使中小型微观主体在面对生态城镇化框架的决策时失去了竞争力，另一方面，由于原始积累雄厚的大中型微观主体对经济惩罚并不十分重视，甚至将经济惩罚作为自身逃避资源与环境责任的手段，通过经济惩罚变相获得污染资源环境的资格，从而加大自身在市场上的竞争力。长此以往，中小型企业将会逐渐由于竞争力的缺失而退出市场，靠前期原始资本积累的大型企业则会通过该惩罚措施获得污染资源与环境的资格，同时获得自身在该产业中的垄断地位。这种集中于经济惩罚手段的资源与环境制度体系，将会导致我国资源与环境的恶化，降低市场的运行效率，从而影响生态城镇化的长期运行。

（二）行业限入可能产生的影响

除了经济惩罚外，资源与环境制度体系中的惩罚机制过多集中于对行业的限入。这种行业的限入措施，其建立的初衷是为了从重处罚那些违反资源与环境制度的微观主体，使其失去在市场中参与生产和交易的资格，从而净化市场中的企业主体，同时也能给予在线生产和交易的微观主体以警示作用，通过市场限入的方式警示已经在市场上从事生产交易的微观主体，使其能够遵守资源与环境的客观要求。然而，这种好的初衷却非常容易导致市场的扭曲，使市场出现垄断行为，降低市场经济的运行效率。限入和退出机制设计之初的目的和其运行结果出现了较大幅度的偏移，从而人为地造成了行业中的垄断，降低了经济的运行效率，阻碍了城镇化的建设和发展。同时，这种垄断力的出现会逐步控制我国本身较为稀缺的环境资源，使得本应作为公有的环境资源被市场中的垄断企业所控制，最终导致资源配置的扭曲，进而影响生态城镇化的长期运行。

可见，我国目前的资源与环境制度体系所包含的惩罚措施过于集中于经济惩罚和行业限入退出制度，这使市场容易出现资源配置的扭曲，产生出垄断行为，使得制度设计的初衷与实际运行结果发生偏离，从而降低了环境资源的运行效率，使资源与环境保护的目的很难达到，最终阻碍了生态城镇化的长期运行。

四、完善环境损害赔偿制度的措施

完善环境损害赔偿制度，使其能够适应生态城镇化长期运行的需要。第一，必须加大非经济惩罚的力度，通过在资源与环境制度体系中引入较为完善的非经济惩罚措施，高效地规制资本积累较为雄厚的微观主体的生产和排污行为，从而提高生态因素在城镇化中的量级；第二，需建立社会化的环境损害赔偿制度与保险机制，保障环境损害赔偿制度有效实施；第三，需加强政府部门的政策保障；第四，政府部门需大力鼓励公众参与。

根据2017年12月，中共中央办公厅 国务院办公厅印发的《生态环境损害赔偿制度改革方案》[①]，在全国范围内试行生态环境损害赔偿制度，进一步明确生态环境损害赔偿范围、责任主体、索赔主体、损害赔偿解决途径等，形成相应的鉴定评估管理和技术体系、资金保障和运行机制，逐步建立生态环境损害的修复和赔偿制度，加快推进生态文明建设。

（一）明确非经济惩罚措施

资源与环境制度体系中必须加大非经济惩罚的力度，通过非经济的惩罚措施规制当前资本雄厚的微观主体，使其能够充分重视资源与环境制度对其的规制，从而达到制度设计之初的目的。非经济的惩罚措施涉及内容较为广泛，其涉及企业的行业准入制度、企业的社会认可度和企业形象、企业的行业逐出制度、企业环境征信制度等。第三方管理机构或者政府制定出针对以上内容的非经济惩罚，对违反环境排污标准的企业实行行业限入和行业逐出惩罚，并建立相应的环境征信系统，使其在行业内留存永久信息。同时，通过传统媒体和新兴媒体等宣传手段对违反环境标准的企业进行第三方的曝光，明确其社会责任。通过一系列非经济的处罚，达到威慑微观主体的目的，从而保证生态因素在生产排污以及城镇化的进程中充分得到重视，进而达到生态城镇化长期建设的目的。

（二）建立社会化的环境赔偿制度与保险机制

本着“有损害就有赔偿”的基本法律原则，基于环境侵权原则，精神损害赔偿和环境损害恢复赔偿也被归入环境损害赔偿的范围内。对恶意污染环境且

① 中华人民共和国中央办公厅网站，http：//www. gov. cn/zhengce/2017 -12/17/content_5247952. htm。

后果比较严重的侵权人再适用惩罚性赔偿；建立环境损害赔偿责任社会化机制；建立环境责任保险制度，对造成突发性环境损害或长期积累性损害实行强制责任保险，对重点、一般、轻度污染区域的排污企业实行差别保险费率；建立环境责任赔偿基金制度。

（三）加强政府部门的政策保障

从地方到中央，各部委需明确自身在环境损害赔偿过程中的责任，加强政府部门对环境赔偿制度的政策保障。对于试点地方环境健康问题的研究调查由国家卫生计生委和环境保护部进行。

（四）大力鼓励公众参与

随着信息技术的高速进步，必须充分利用信息时代所提供的数字化方式，鼓励公众参与环境损害赔偿制度的方方面面，为生态环境保护提供群众基础。

第四节　环境保护责任追究制度

环境保护责任制度是用制度的形式约束企业和个人的行为，明确环境保护的权利和义务。

在生态城镇化的长期运行中，环境保护责任追究制度必须拓宽到广义的定义，对环境污染企业及各级相关管辖政府、部门领导以及企事业单位领导人进行归责，明确相应负责人的权责范围，在环境遭到污染时拥有透明公开的追责渠道，从而保障生态城镇化的可持续发展。

在生态城镇化长期运行的过程中，必须建立有效的环境保护责任追究制度，切实做到事前约束和事后处罚，囊括企业、政府等相关责任人的责任归属，保障生态城镇化的长期运行获得各方的参与和支持，从而保障生态城镇化的长期平稳运行。

一、环境保护责任追究制度是生态城镇化的重要保障

环境保护责任追究制度的明确与否直接决定生态城镇化长期运行的效率，是生态城镇化的重要保障性制度。若环境保护责任追究制度存在漏洞，则相关企业、政府部门等责任人在逐利性的驱动下会更加偏向于利用制度存在的漏洞来谋取最大化的收益，从而消耗自然资源，同时对环境造成污染。完善的环境保护责任追究制度，能够有效防止此类情况的发生，其明确相关责任人的权责范围，明确事后的追责措施，有效防止环境污染的发生，提高生态城镇化长期运行的效率。因此，环境保护责任追究制度是生态城镇化长期运行的重要保障。

二、环境保护责任追究制度的现状

我国目前的环境保护责任追究制度主要是通过《中华人民共和国环境保护法》进行规制和实施的。政府通过相关的环境标准制度、环境资源许可证制度、现场检查制度等对微观企业进行环境保护责任的划分，明确各微观主体的环保责任。环境标准制度明确了微观主体必须遵守的环境污染标准；许可证制度规定了政府部门在事前对微观主体的调查与环境预防，明确了政府在环保中的责任归属；现场检查制度则是由政府监督部门对污染环境的企业进行现场监督勘察，明确污染责任，对污染企业实施责任划分与处罚。

（一）环境标准制度

为保护环境质量、控制环境污染，国家的相关法律法规及各种环境技术规范，即环境标准制度。中央政府通过制定严格的环境标准，规制地方政府以及微观主体的行为，使其符合环境保护的要求。因此，环境标准制度是必须明确遵守的量化标准，是通过科学手段制定出的守则。任何超越环境标准制度的生产性或消费性行为都是不被法律和道德所允许的。

环境标准制度主要分为两大类，一类是排污标准，另一类是环境质量标准。

国务院所制定的排污标准是生态环境的底线，各地方政府可根据当地的实际情况制定严格于国务院所制定的排污标准。如果地方政府官员在任期内没有达到国务院所制定的环境质量标准，官员需接受问责，并给予相应的惩罚。环境标准制度必须明确可行，是中央政府、地方政府、微观主体以及经济活动个体所必须遵守的资源环境底线，任何超越底线的行为都是违法行为，将受到法律的制裁。排污标准则主要针对微观主体的生产性行为，通过制定严格的生产排放标准，将企业的污染排放控制在符合自然规律的合理范围之内。严格的环境标准制度是我国实行环境改善、控制环境污染的前提，是规制企业生产性行为的必要指标。

（二）环境保护许可证制度

排污许可证，规定了微观主体在生产性活动中对环境造成污染的最大排放量，允许微观主体在规定的范围内产生一定的污染量，从而进行正常的生产经营性行为。

许可证由有关部门进行审批和发放，主要是通过第三方评估机构对企业日常生产的污染总量实施评估，从而决定该企业是否具有在行业中进行生产和经营行为的资格。许可证制度是行业生产行为的底线，具有许可证的企业才能从事相关产品的生产和经营，未获取许可证的企业则不能从事该行业的产品生产和销售。许可证主要由中央政府和地方政府共同进行审批和颁发，从而规定哪些合格企业能够进行相关产品的生产。

三、当前环境保护责任追究制度存在的问题

我国目前的环境保护责任追究制度在生态城镇化的长期运行中具有重要的作用，明确了生态城镇化各参与主体的责任划分，规定了生态城镇化背景下的环境损害标准，有效限制了高污染、高能耗企业的市场进入。然而，我国目前的环境保护责任追究制度在生态城镇化的长期运行中也暴露出了两个方面的问题：第一，针对政府相关责任人的追究处罚制度相对较弱；第二，许可证制度易导致寻租行为。

（一）针对政府相关责任人的追责制度相对较弱

当前，生产型企业、自然资源消耗型企业是环境保护责任追究制度体系主要的受调查对象，《中华人民共和国环境保护法》在环境标准制度、环境保护许可证制度以及现场检查制度中都对微观企业的生产行为和排污行为做出了明确具体的规定，并通过环保部门和执法部门对违反环境保护法的微观企业或个人实施处罚。然而，对相关政府部门责任人的监督与处罚缺少明确的法律法规，相应的顶层设计依然停留在国务院颁发的指导文件和纲领性规定中，缺乏具体针对政府部门相应责任主体的追责措施与惩罚条例，从而导致执法部门在实际的追责过程中缺乏相应具体的制度引导，增加相应责任人的追责难度，使政府相应责任人所受到的约束力减弱，导致环境污染责任追究制度出现二元性，进而减弱了制度的规制力度。

（二）许可证制度容易导致寻租行为

目前，我国环境保护责任追究制度中一项很重要的子制度便是环境保护许可证制度。环境保护许可证制度要求对环境有一定污染的生产性企业，在投入生产和相关经济行为时，必须向政府部门报备，通过政府部门的审核以获取相应的生产和排污许可证。这种许可证制度，能够在一定程度上对生产性企业进行资源与环境方面的评估，从而给予相对应的生产和排污资格，在源头上限制资源与环境的低效开发，将责任落实到具体微观企业。然而，许可证制度的实施也会带来较大的负面效应，其有可能为地方政府部门或相关评估、监督性企业提供寻租的空间，从而扭曲市场经济的正常行为。

中央政府由于其主要负责整个国家的政策制定和制度框架的顶层设计，其目标是保障整个国家经济和环境的可持续发展，因此其不容易通过具体的资源与环境制度体系进行寻租，而地方政府所拥有的发展方式和发展目标不同，所处的地理位置和环境不同，因而其在生态城镇化框架下所扮演的角色也不同。不同的地方政府，其根据自身的发展特点，其制定政策的侧重点是不一样的。因此，在政策制定的过程中，地方政府很有可能通过相关政策制定的权力，通过许可证制度这一平台，为寻租行为创造空间。许可证制度在事前的约束中容易成为寻租行为的导火索，使本应作为监督机制运行重要手段的许可证成为阻碍微观主体最优化行为的障碍，成为某些地方政府变相寻租的手段。微观主体在环境保护责任追究制度的框架内，必须取得相应的许可证才能从事生产性活动。为了快速获取相应的生产和排污资格，部分未达标的微观主体将会通过寻租手段获得相应的许可证。这种情况的发生会挤出生产技术达到绿色环保要求的企业，促使这些在环境保护领域技术领先的企业不会继续将经济资源和非经济成本投入绿色生产的领域中，从而产生类似“格雷欣法则”的状况，使本来具有领先绿色生产技术的微观主体逐渐在该制度的框架下被淘汰出局。而地方政府作为生态城镇化长期运行的参与主体，拥有一定的资源和环境配置权，其可以通过一定的配置权增加地方的财政和税收收入，或者为地方经济的发展扭曲相应的资源与环境资源配置。这最终会导致生态城镇化中的“生态”因素流于形式，其长期运行将会受到阻碍。

因此，许可证制度的实施虽然在一定程度上控制了污染型微观主体的市场进入，在源头上治理了污染的排放量，但其也为微观主体和地方政府间的寻租行为提供了空间和平台，降低了城镇化过程中的运行效率，阻碍了生态城镇化的长期运行。

四、完善环境保护责任追究制度的措施

在生态城镇化的长期运行中，必须改善环境保护责任追究制度，明确责任主体的相关法律权利与义务，完善政府部门相关责任人的责任追究制度，尽快建立相应法律条例，保障生态城镇化的长期平稳运行。

（一）完善政府部门责任追究制度

政府作为生态城镇化的顶层设计者、参与者与监督者，在生态城镇化的长期运行中扮演着多重角色。针对政府相关部门责任人的责任追究制度直接影响了生态城镇化的运行效率，是资源环境制度体系的重要组成部分。因此，必须完善政府部门的责任追究制度，制定公开、公正、科学合理的政府部门责任追究条例，并通过立法的方式解决执法中的相应困难，切实保障政府部门的责任追究过程有法可依、有法必依，从而通过完善的责任追究制度保障生态城镇化

长期平稳运行。

（二）完善许可证制度

资源与环境制度的改善包括引入第三方监督管理机构，相应的，许可证的评估、发放和后期监督权也可以相应转移到第三方监督管理机构中。这一机构是非营利性的协调机构，其构成汇集了各方利益群体和无利益相关方。其具有信息公开透明的平台，也拥有相应配套的人力资本。许可证的发放通过第三方的管理监督机构，不仅可以达到信息公开化、透明化，以防止寻租行为的发生，同时还能够尽可能将制度建立所创造出的资源稀缺性降到最低，在效率与公平之间能够偏向于公平，而不是在失去效率的同时也没有达到公平的目标。

因此，建立完善公正的许可证制度，需要将许可证的评估、发放以及后期的监督权力逐渐让渡于非营利性质的第三方机构，从而保障许可证制度长期运行的权威性和高效性，有效避免寻租情形的出现，在损失效率的同时能够保证达到公平的状态。

第五节　生态补偿制度

生态补偿制度的目的是保护生态环境、促进人与自然的和谐发展，通过经济激励和惩罚的手段，针对生态保护与环境污染进行相应的补偿性措施。它是建设资源节约型社会、环境友好型社会，实现人与自然和谐相处的重要组成部分。

一、生态补偿制度是资源环境制度体系中的重要组成部分

生态补偿制度在生态城镇化的长期运行中扮演着重要的作用，是资源与环境保护制度体系的重要组成部分。在市场经济高速运行的新时期，将生态因素

高效融入城镇化建设，必须充分尊重市场经济体制的运行规则，充分运用经济手段解决资源环境问题，对参与生态城镇化的各方主体建立科学合理的生态补偿制度，通过生态补偿制度协调各方收益，明确生态资源的经济价值，保障自然资源的消耗和环境的污染能得到相关主体的经济补偿。

健全生态补偿的运行机制与监督机制，明确监督体系，加强公众参与，确保生态补偿程序的合法性、原则性以及市场化运作方式，明确补偿标准和补偿范围，防止生态补偿制度本身约束力的弱化，避免“破窗效应”的发生。

二、生态补偿制度的运行现状

生态补偿制度作为资源与环境保护制度体系中的重要内容，在我国的顶层设计中得到了充分的重视。针对我国相应环境资源的分布状况和不同自然资源的自身特点，建立了“森林生态效益补偿基金管理办法”“草原生态保护补助奖励政策”“湿地生态补偿管理办法”“重点生态功能区转移支付办法”。通过运用经济手段与环境保护手段相结合的方式，对相应的土地资源、森林资源、水资源和生态功能较强的地区资源进行规制和协调。

三、生态补偿制度存在的问题

自然资源的开发利用和生产所带来的环境污染问题将会伴随着生态城镇化的长期运行持续存在。通过生态补偿制度的有效设计与实施，能够保证自然资源的合理开发利用，有效控制环境污染量，从而保障生态城镇化的长期平稳运行。我国目前的生态补偿制度还处于不断发展与完善的阶段，在生态城镇化的长期运行中依然存在制度供给不足、生态补偿标准偏低、激发内在运行动力的机制较弱等问题。

（一）生态补偿制度的供给不足

我国正处于经济社会各领域不断深化改革的转型期，城镇化长期运行的各种制度，也在顺应新时期的发展形势进行不断的调整和完善。生态补偿制度作为连接经济制度与资源环境保护制度的重要制度，缺少相应完善的制度供给渠道，导致生态补偿制度存在供给不足，影响了生态补偿制度在城镇化运行中的广泛应用，降低了生态城镇化的运行效率。

（二）生态补偿标准偏低

随着我国经济社会的高速发展，相关原材料的价格普遍上涨。已经制定的生态补偿标准须根据当期的原材料市场价格做出及时的调整，从而能够反映相关自然资源的真正价值。然而，由于制度更新的时滞性和制度本身的稳定性，我国生态补偿制度仍然停留在其建立之初的补偿标准中，自然资源的价值被普遍低估，环境污染成本下降，导致了生态补偿制度的规制效力减弱，从而影响了生态城镇化的长期运行。

（三）激发内在运行动力的机制较弱

目前，我国的生态补偿制度在激发微观主体和经济活动个体的内在动力机制方面较为薄弱。在城镇化建设的框架下，我国的生态补偿制度仍然以自上而下的制约为基本形式。政府通过制定相应的生态补偿制度和生态补偿标准来规制自然资源的使用价格。然而，这种自上而下的制约形式往往会损伤微观主体的积极性，影响自然资源的市场交易，低估自然资源的市场价格，使微观主体的经济行为发生扭曲，进而影响微观主体的最优化生产，阻碍经济层面的收益。

由于政府作为生态城镇化的参与者，其最主要的目的是使城镇化的进程符合生态环境的要求，从而达到可持续发展的目的，因此政府的政策行为更加偏重于生态城镇化中的“生态因素”。微观主体作为生态城镇化的主要参与主体，其最主要的目的是在生态城镇化的框架下实现自身利益最大化或成本最小化，因而微观主体则更加偏重于生态城镇化概念下的“城镇化”目标。政府和微观主体的出发点不同，其采取行动的目的不同，在生态城镇化中所扮演的角色不同。生态城镇化的最终落脚点，是微观主体能否适应生态城镇化的需要，从而在生态城镇化的框架要求下进行最优化的经济行为。这种最优化的经济行为，是微观主体的原动力，是其由内而外自发产生的运行机制。生态补偿制度的建立只有充分利用好这一原动力，使其能够朝着生态城镇化的方向发展、符合生态城镇化的建设需要，才能真正产生生态城镇化长期运行的内在动力，使生态城镇化长期平稳推进。

四、完善生态补偿制度的措施

在新时期，必须加强我国生态补偿制度的建设，提高生态补偿标准，通过全面协调生态城镇化参与者的多方利益博弈，制定出符合微观主体逐利性的生态补偿制度，从而保障生态城镇化的长期运行。

1. 提高生态补偿制度的供给

生态补偿制度作为连接资源环境保护制度与经济产业制度的重要制度，在生态城镇化的长期运行中具有重要的作用。必须提高生态补偿制度的供给，加强制度建设效率，改善已有制度体系，使生态补偿制度本身能够更加适应生态城镇化的长期运行要求。

2. 提高生态补偿标准

生态补偿制度中所涵盖的生态补偿标准必须充分根据市场化的运作方式进行及时的调整，提高我国当前资源环境定价的灵活性，在生态补偿制度中明确提高补偿标准。生态补偿制度中对资源环境的定价措施应遵循市场经济运行的基本模式，根据我国各地区生态城镇化的具体情况，在资源环境保护领域结合相应的行政手段，充分发挥生态补偿制度在资源环境保护制度与经济产业制度中的双重优势，通过经济手段和经济运行模式来规划自然资源的开发利用和环境污染的排放，提高规制效率，从而保障生态城镇化的长期运行。

3. 建立符合微观主体逐利性的生态补偿制度

必须建立符合微观主体逐利性的生态补偿制度，通过承认、引导微观主体的天然逐利性，由内而外、自下而上地产生环境保护的内在动力，从而在长期推动生态城镇化的平稳运行。

要建立能够激发微观主体内在驱动力的生态补偿制度，首先，必须充分认识并承认微观主体的天然逐利性。这种天然的逐利性是微观主体适应市场经济环境的必然结果，是微观经济运行的内在动力。如果没有这种逐利性的存在，市场经济的运行将不会持续下去，经济增长和城镇化建设将无法向前推进。因此，必须在客观上承认市场经济条件下的这种逐利性所带来的影响和运行动力。在资源与环境保护的领域尤其如此，如果生态补偿制度建立的出发点和立足点是主观意识形态的构建，则其必须要充分认识并考虑到微观主体的逐利性，将逐利性纳入制度建立的最重要参考因素，从而为制度的建立打下良好的基础。其次，必须充分运用微观主体的逐利性来建立生态补偿制度。我国目前的生态补偿制度仍然以强制性约束为主，这种强制性的约束条例越多，越说明其没有充分重视微观主体的逐利性。如果能利用该逐利性建立相应的条例，则只需对微观主体稍加引导，便会自然产生出长期运行的内在动力，而不是通过大量的强制性制度条例和大量的约束成本达到相应的目的。在资源与环境制度设计时，可以考虑明确赋予微观主体采取环境保护所能获得的经济收益，利用微观主体的逐利性，通过相关制度条例显性化微观主体的收益，创造出微观主体内在的运行动力，最终达到生态城镇化长效运行的目的。

第十章　经济与产业制度

经济与产业制度，是生态城镇化动力的源泉，是其能否长期有效运行最关键的保障性制度体系。一个好的经济与产业制度，能够与资源环境制度相辅相成、相互融合、相互协调，使得二者能够共同发挥出其设计之初的巨大潜力，能够激发微观主体和经济活动个体的内在动力，从而为生态城镇化的长期建设提供源源不断的内动力。党的十九大报告明确指出，我国经济已由高速增长阶段转向高质量发展阶段，建设现代化经济体系是跨越关口的迫切要求和我国发展的战略目标[①]。“十三五”时期是我国经济发展转型的重要阶段，城镇化的建设必须向可持续发展的道路转移，长期实行生态城镇化建设，从而保障我国经济长期健康发展和城镇化水平的不断提高。科学完善的经济与产业制度，能够保障生态城镇化的有效推进，使我国在城镇化的建设过程中能够充分考虑生态环境的因素，将生态环境因素纳入政府、微观主体以及经济活动个体的决策中，同时在生态环境允许的框架范围内，能够最大限度地激发微观主体和经济活动个体的积极性，通过市场经济的健康运行，为生态城镇化的长期建设提供内在的驱动力。

第一节　经济与产业制度是生态城镇化长效运行的核心

当前，生态城镇化对于我国城镇化建设而言还是一个较新的概念，相关的

① 中国共产党第十九次全国代表大会报告《决胜全面建成小康社会 夺取新时代中国特色社会主义伟大胜利》，2017 年 10 月18 日。

顶层设计还处于前期的评估和制度体系建立的阶段。在这一背景下，必须加快针对生态城镇化建设的制度设计，通过完善的制度供给来规制生态城镇化参与者的行为，使各方参与者在追求自身相关利益和目标的同时能够充分重视生态环境的因素，在生态城镇化的范围框架内激发出自身内在的动力，而经济与产业制度体系，是这一内在动力激发的源泉。

经济与产业制度是生态城镇化长期运行的核心。经济与产业制度体系的建立，确立了经济领域与产业领域在生态城镇化建设中的地位，明确了经济政策和经济手段对生态城镇化长期运行的作用，突出了正确的产业政策在生态城镇化中的重要性，提出了产城融合发展战略在生态城镇化长期运行过程中所起的重要作用。

随着我国改革开放的不断推进，具体的经济与产业制度也在不断进行调整，以符合各阶段我国经济持续增长和转型的实际需要。保障生态城镇化的长期运行，必须制定出针对性较强的经济与产业制度，同时与已有的相关制度进行配套执行，从而激发各方参与主体的原动力，使生态城镇化能够长期健康运行。

第二节　经济制度

在生态城镇化的长期运行中，经济制度作为激发生态城镇化内生驱动力的制度，其科学与否直接关系到生态城镇化运行的长期性与稳定性。经济制度，规制了我国经济社会的各个方面，包括经济模式、经济政策、经济手段、金融模式等。这些方面通过经济制度的规划、确定与实施，为生态城镇化的长期运行提供内在的驱动力。

一、经济制度需符合生态城镇化有效运行的要求

在社会主义市场经济的基本框架下，我国建立符合生态城镇化的经济运行

模式，通过经济政策、金融模式、经济手段等方式调节我国经济发展，以期适应生态城镇化长期运行的要求。

（一）经济制度的形成机理

中央政府通过顶层设计规定生态城镇化的制度边界，通过明确相关底线，为相关经济制度的设计提供纲领性的指导。在具体的生态城镇化运行过程中，各地方政府根据我国生态城镇化的顶层设计，制定出符合区域生态城镇化发展路径的经济政策，通过具体的地方经济政策、财政政策、金融政策以及微观调控手段，明确区域生态城镇化的运行方向，规制地方生态城镇化的运行路径，从而保障生态城镇化长期运行的平稳性和高效性。这一规制过程随着生态城镇化的长期运行不断调整和适应，同时也使相关的税收制度、财政补贴制度、金融手段等一系列经济手段进行动态的调整和融合，从而在长期运行过程中自发构建出规制生态城镇化长期运行的经济制度。

（二）经济制度的规制原则

经济制度的规制原则必须遵循生态城镇化的顶层设计和宏观经济纲领，从实际经济和产业运行的角度出发，充分考虑我国城镇化的推进和发展现状，充分考虑生态城镇化的资源与环境制度以及社会保障制度，设计出符合客观规律的、科学的经济制度体系，从而在生态承载力允许的范围内，最大限度地调动市场的积极性和能动性，最大限度地发挥微观主体和经济活动个体的主观能动性，使其符合生态城镇化的长期建设规律。

生态城镇化是新时期我国城镇化建设的新战略规划，因此其配套的制度体系由于时滞性等客观原因还没有相应完善，导致我国目前在生态城镇化的背景下，依然沿用之前粗放型发展阶段遗留下来的部分经济手段、金融手段与经济政策。当前，必须尽快建立起符合生态城镇化规律、保障生态城镇化长期平稳运行的经济制度体系。通过先进的经济模式、经济手段、金融方式以及经济政策催化经济制度的形成，进而通过完善的经济制度规制生态城镇化的长期运行，同时在生态城镇化的框架内最大限度地释放参与者的内在驱动力。

（三）经济制度的规制重点

经济制度的规制重点在于合理的自然资源定价制度、科学的环境污染赔偿制度、完善的自然资源分配制度、宏观的生态城镇化调控制度。这些制度都属于经济制度的涵盖范围，通过经济手段和经济政策调节自然资源的分配、提高城镇化所带来的福利，调控各地区城镇化的运行重点，使生态城镇化在经济制度的规制下长期平稳运行。

生态城镇化的长期运行必须拥有合理的经济制度，建立科学合理的经济调控机制、经济政策与金融财政手段，通过合理的自然资源定价制度，明晰自然资源的真实价格和内在价值，明晰环境市场的交易模式，保障自然资源的合理分配；通过合理的分配制度调控城镇化的运行路径，保障生态城镇化长期运行下居民福利的切实提高。

二、保障资源环境的相关经济制度

我国已经初步建立了保障资源与环境的经济制度体系，如相关的环境污染的经济惩罚制度、碳交易金融手段、环境污染税收制度等。通过一系列旨在保护资源环境的具体制度体系的建立，约束微观主体和经济活动个体的行为，使其在国家所制定的制度体系内进行经济活动，从而达到保护环境的目的。特别是“十三五”规划中，在环境保护规划方案上，强调了要建立有史以来最严格的环境保护制度。通过最严格的经济制度和环境制度来约束微观主体，达到环境保护的目的。

（一）环境污染的经济处罚制度

我国环境污染的经济处罚制度，是由国家环保总局制定的，其具体的处罚制度和处罚金额在《中华人民共和国环境保护法》中有明确的规定。针对不同微观主体和不同的污染类型，有《中华人民共和国水污染防治法》（2008）、《中华人民共和国大气污染防治法》（2016）、《中华人民共和国噪声污染环境防治法》（1997）、《中华人民共和国固体废物污染环境防治法》（2005）以及《最高人民法院关于审理环境污染刑事案件具体应用法律若干问题的解释》（2017）等具体法律条款对涉事主体进行相应的经济和非经济处罚。我国的环境保护法目前规定企业违反环境保护相关规定，污染环境相对严重的最高可处罚款百万元。

不同程度的环境污染，根据相关法律条例进行相应的经济处罚。

环境污染的经济处罚制度和经济处罚条例，其目的是在微观经济层面给予违反环境规定的企业经济上的制裁，在经济层面上弥补相应的环境损失，同时增加其他微观主体通过违法手段污染环境的预期成本。经济惩罚的实施，是我国资源与环境保护的重要组成部分，其不仅能够在一定程度上弥补相关微观主体对环境所造成的损失，同时也能增加市场中微观主体环境污染的预期成本，起到相应的震慑作用。然而，对于污染程度相对严重的大型企业，经济的惩罚力度往往不足，其罚款金额也往往无法弥补环境污染所造成的损失。

（二）碳金融与碳交易制度

碳金融和碳交易制度，意在通过经济手段和金融手段，为我国乃至国际的资源环境保护做出贡献。“碳金融”的兴起源于国际气候政策的变化，其主要发源于《联合国气候变化框架公约》和《京都议定书》。

在全球环境问题日益恶化的大背景下，碳金融与碳交易制度的创新为环境保护注入了崭新的活力，由内而外产生出了环境技术创新的内在动力。对于我国生态城镇化的长期运行而言，碳金融与碳交易制度作为创新经济制度体系的典范，为生态环境因素赋予了明确的经济价值，并建立和完善相应的交易市场，通过金融手段明确环境在经济中的重要作用。碳金融与碳交易市场的不断建立与完善，为资源与环境的保护提供了重要的参考思路。通过金融手段与经济手段，将生态文明建设与经济建设有机融合，由内而外产生出符合生态环境客观标准的交易市场和定价策略，产生生态城镇化长期运行的内在动力。

（三）环境污染税收制度

环境污染税收制度是我国当前规制环境问题最主要的经济手段，也是中央政府和地方政府在调节环境规划与环境保护方面运用最广泛的经济政策。“十三五”时期，国家通过环境污染税收制度的相应调整来保障生态城镇化长期运行的生态性要求。

由于我国的环境污染税收制度在生态城镇化建设前便已经建立，其主要适用于环境保护方面，对生态城镇化运行的长期性规制力度稍有欠缺。新时期下，必须建立针对生态城镇化长期运行的环境税收制度，同时适当调整当前已经建立和实施的税收制度体系，使其能够符合生态城镇化长期运行的要求，从而保障生态城镇化长期平稳运行。

三、经济制度存在的问题

我国的经济制度是一系列经济政策、经济手段、金融手段等不断作用而形成的制度体系。随着生态城镇化的长期运行，相应的经济制度也暴露出了问题，体现在五个方面：第一，经济制度与资源环境保护制度存在脱离的现象；第二，经济制度无法高效激励生态城镇化参与者的积极性；第三，经济制度在生态城镇化转型期的供给不足；第四，经济制度内部存在一定的矛盾性；第五，缺乏规制政府行为的经济制度。这些问题在生态城镇化长期运行的背景下逐渐暴露，影响了我国经济的持续健康发展，降低了生态城镇化的长期运行效率。

（一）经济制度与资源环境保护制度存在脱离现象

我国目前的经济制度与资源环境制度存在一定的脱离现象，这导致制度供给体系出现矛盾性，从制度层面上加深了经济发展、城镇化建设与生态环境保护之间的矛盾关系。由于经济制度建立的出发点是保障社会主义市场经济的平稳运行和长期发展，提高国家整体的福利和人民的生活水平。而资源与环境制度体系建立的出发点是保障我国环境的宜居性和资源的可持续性，限制微观主体的短期经济行为，使我国的经济社会发展能够保持在环境承载力的范围之内，提高广大居民的居住质量和生活质量，使我国走上经济社会可持续发展的道路。因此，经济产业制度体系的建立与资源环境制度体系的建立，二者设计的初衷不同，制度体系的设计的目的也不相同，在制度运行时的规制方法和处罚手段不同，制度体系所带来的规制结果也不同。在两种制度体系存在较低相容性的前提下，使二者在规制生态城镇化的长期运行时出现了脱离的现象。

当前我国的资源环境制度与经济制度在生态城镇化的长期运行时，没有很好地形成高密度的耦合，致使两个制度体系之间存在连接性不强、规制效率减弱以及规制条款矛盾等问题，从而扰乱了微观主体的长期预期，降低了生态城镇化的长期运行效率。

在城镇化建设推进过程中，政府、微观主体以及经济活动个体更多地遵从经济制度体系，通过经济制度的相关框架来引导自身的最优化决策；在生态环境保护的过程中，政府、微观主体以及经济活动个体则更多地倾向于遵从资源与环境制度体系，通过具体的资源环境制度条例来引导自身的行为，使其符合生态环境的相关标准。然而，生态城镇化作为新时期下我国城镇化的必然趋势，其包含生态环境保护和城镇化长期建设的双重概念，因而受到资源环境制度体系和经济产业制度体系的双重制约。因此，资源与环境制度体系与经济制度必须有机地结合起来，通过制度体系间的相互融合，共同保障生态城镇化的长期建设运行。我国目前的经济制度正面临转型期，在生态城镇化的背景下，其必须能更好地适应我国资源环境的客观规律，适应新时期生态城镇化的运行标准。由于制度体系的时滞性和本身所具有的路径依赖，我国目前的经济制度在经济发展快速转型期无法有效进行相应的适应性变更，这导致在生态城镇化的背景下，经济制度与资源环境制度体系的脱离和矛盾，在长期降低了生态城镇化的建设效率。

对于资源与环境制度体系而言，其是建立在相对科学、客观的环境承载力标准之上的，因而制度变更不存在相应的弹性空间；而经济制度是建立在市场经济的大背景下，其目的是在相应的条件下规制微观主体的经济行为，因此，在经济模式、经济手段、金融手段与经济政策等方面具有一定的调整空间。在城镇化从粗放型向生态宜居转型的背景下，当经济制度与资源环境制度相矛盾冲突时，应该首先调整经济制度，使其适应新时期生态城镇化的长期运行。

（二）经济制度无法高效激励参与者积极性

目前我国的经济制度在城镇化的进程中起到了较为积极的作用，然而，在激励生态城镇化的参与者方面却相对乏力，缺少高效激发生态城镇化参与者积极性的机制。

经济制度无论是对地方政府、微观主体还是对经济活动个体而言，都过多地集中于利用市场经济的自发性和逐利性刺激相应的经济行为，提高经济效益，而缺少高效激发生态城镇化参与者积极性的机制，导致生态城镇化的参与主体在经济制度的激励下过多地重视“城镇化”的因素而相对忽略了“生态”因素，从而在长期扭曲了生态城镇化的设计理念、降低了生态城镇化的运行效率。

制度体系的设计，其目的是为了更好地规制该制度框架内的参与者，使其能够遵守相应的制度规则，从而使参与者能够在该制度所规定的框架内做出自身的行为，进而达到制度设计之初所期望达到的目的。我国目前的经济制度，其设计的初衷是希望解放生产力，刺激我国经济社会的起飞和发展，通过建立较为完善的社会主义市场经济体制来刺激和规制微观主体和经济活动个体的经济行为，从而使我国的经济具有长期发展的内在动力。我国改革开放40年所取得的经济成就充分证明，我国的经济制度在规制我国经济运行、促进我国经济发展方面取得了较为显著的成果。然而，在生态城镇化的建设背景下，由于现有的经济制度需要一定的时间进行适应、调整和转型，因此现有的经济制度在新时期的背景下更加偏重于城镇化的概念，相对忽视了生态环境的建设，使其在规制微观主体和经济活动个体时，制度的规制范式中没有多方位地融合生态因素，最终导致生态城镇化的运行效率降低，运行范式逐渐变窄。

（三）经济制度在城镇化转型期的供给不足

我国已进入“十三五”发展时期，经济社会面临变革，走生态城镇化发展道路是这一新时期的必然选择。然而，我国在这一转型时期的经济制度没能很好地紧跟快速发生转变的社会经济环境，制度供给速率无法与经济环境速率相匹配，产生了制度供给不足的现象，导致了生态城镇化的运行出现了制度的真空期，使生态城镇化的运行缺乏相应经济与产业制度的规制与引导，使其发展方向产生扭曲和偏移，最终降低了生态城镇化的运行效率。

根据中央政府关于“十三五”时期的发展战略，我国的经济发展和社会发展都面临重大的改变，转变经济发展方式已经成为当今时代的主旋律，也成为我国可持续发展的重要课题。在这一经济背景下，城镇化的建设和发展也必须适应我国经济发展方式的转变，从粗放型的城镇化建设方式转变为资源集约型、环境友好型的生态城镇化建设方式。因此，相应规制城镇化长期推进的经济制度在这一背景下必须做出适当的调整，同时增加相应规制生态城镇化的新制度体系，使城镇化的重心向“生态”因素倾斜，保障城镇化的长期建设能够符合当地生态环境的客观规律，从而确保城镇化的建设能够符合生态承载力的要求，进而达到可持续性的目的。同时，专门针对生态城镇化的经济制度，在保障“生态”因素的同时还必须能够适应经济发展的需要，激发微观主体的内在动力，同时引导经济活动个体健康积极的经济行为，使市场交易的活力增加，从而由内而外、自上而下激发生态城镇化长期运行的内在动力。然而，在我国目前的城镇化建设发展中，缺乏相应科学合理的经济制度供给。这种制度供给的缺失导致生态城镇化的建设没有正规、公平、针对性强的制度进行规制，从而使城镇化向土地扩张模式上偏移，这种模式与当今的发展规划相背离。

制度的真空期对于生态城镇化的长期运行是极为不利的，生态城镇化的建设初期必须要有一个明确、科学的经济制度体系来规制生态城镇化的发展方向，引领生态城镇化的运行模式。如果生态城镇化在这一阶段没有一个科学、明确的经济产业制度进行规制，则初期的稍微偏离将会导致后期极为严重的目标偏离，如图 10 – 1 所示。

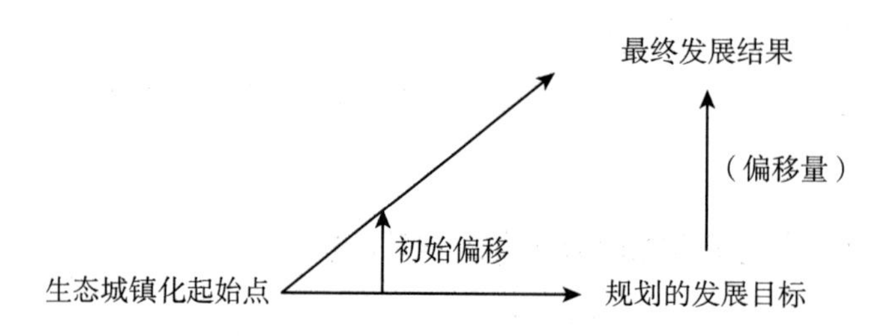

图 10 – 1　生态城镇化初期偏离导致后期目标偏离

因此，必须在生态城镇化的初期缩短制度供给的周期，缩短经济制度的真空期，以保证生态城镇化的长期运行能够按照既定的规划目标发展。这一问题，是当前生态城镇化背景下经济制度体系设计所必须重视和解决的。

（四）经济制度内部存在一定的矛盾性

目前，我国的宏观经济增长由高速转变为中高速，我国的经济制度在这一背景下面临着调整和转型的压力。在面临转型压力时，资源环境保护制度由于其包含自然资源所拥有的相对较强的客观性、科学性，因而其能够在明确生态承载力的情况下较为迅速地进行科学的变更和转型。而经济制度在面对激烈的转型压力时，由于其具有较强的路径依赖，因而制度调整和转型的时滞性较长。当资源环境制度能够较快进行适应性调整，而经济产业制度缓慢地进行适应性调整时，便出现了制度体系之间的相互矛盾，影响地方政府的政策制定、微观主体对经济制度的预期以及经济活动个体的消费储蓄、城镇化参与主体的最优化决策等。另外，目前我国在经济制度体系内部也存在制度建立目的不明确、制度条例之间相互交叉、相互影响甚至相互矛盾的情况，使原本应该具有明确指向性和约束性的制度体系出现了指向不明的情况。无论是经济制度体系内部的矛盾还是其与资源环境制度体系之间的矛盾，都会影响地方政府的政策制定、微观主体的生产交易预期以及经济活动个体的消费行为，影响经济手段、经济政策、金融政策的制定与实行，降低整个经济体系的运行效率，阻碍城镇化的进程，从而影响生态城镇化的长效运行。

经济制度体系内部的矛盾影响该体系对城镇化建设所应该具有的约束效力。例如，在“十三五”期间，我国的发展规划明确规定了将逐步降低第二产业的GDP比重，减少高污染、高耗能的大型生产性企业数量，集中处理全国部分地区的大中型僵尸企业，将发展的重心逐步向我国第三产业，特别是向高新产业和环保产业进行转移。这一政策法规的颁布和实施具有较短的时滞性，并已经作为正式的制度条例写入了未来五年我国经济发展规划纲要中。而我国已有的经济制度由于其未能很快地进行调整，依然存在相关对大中型国有生产性企业的资源、人力等政策优惠，部分地方依然根据已有的经济发展模式对具有较高污染的生产性企业进行补贴和优惠。这种制度体系内部的矛盾拖慢了“十三五”规划的具体实施，降低了城镇化发展方式的扭转速率，使城镇化的运行发展陷入目标不清晰的两难境地，从而模糊了生态城镇化的发展规划，降低生态城镇化的长期运行效率。

另外，我国的经济制度体系在与资源环境制度体系相互融合上存在一定的矛盾。资源环境制度体系在其客观性、科学性的指导下，已经做出了对环境保护进行引导和规制的科学框架，而经济产业制度体系则更加注重各个地区经济的起飞和快速发展，相对忽视了环境保护和城镇化的生态性，使微观主体在自身逐利性的推动下更加愿意去遵守对自己有利的经济制度体系，而忽视资源环境制度体系的内在约束要求，从而在微观层面影响了城镇化的建设方向，降低了生态城镇化的运行效率。

因此，经济制度体系内部的矛盾性和其与资源环境制度体系的相融矛盾必须受到政府部门的重视，通过加强经济制度的融合性，提高制度效用。

（五）缺乏规制政府行为的经济制度

我国的经济制度体系主要是由中央政府和地方政府共同制定并监督实施的，

中央政府在顶层设计和宏观经济层面制定相应的制度，地方政府在微观运行上制定相应符合地方实际情况的经济政策，同时进行监督和实行。在城镇化的推进过程中，中央政府和地方政府不仅作为顶层设计者、政策制定者和监督者的身份规制城镇化的发展方向，还作为城镇化的主要参与者直接参与到城镇化的运行中。因此，城镇化的建设运行过程包含政府的市场行为。然而，由于经济制度是由政府相关部门制定并实施的，其缺乏相应对政府市场行为和政策行为的规制性，这导致了直接参与城镇化长期运行的政府在制定政策法规和干预市场时缺乏相对应的约束机制，导致政府容易出现政策的动态不一致性和市场干预过度等情况，最终影响生态城镇化的运行发展。

四、完善经济制度的政策措施

在生态城镇化的长期运行中，必须适时调整我国当前的经济政策、经济模式以及金融手段，加快经济制度的改革步伐，使其适应生态城镇化长期运行的需要。针对我国经济制度存在的问题，应从以下五个方面进行改进：第一，加强经济制度在生态城镇化长期运行中的融合性；第二，经济制度需充分考虑微观主体的逐利性；第三，减少经济制度的逐利性，缩短经济制度的真空期；第四，适时淘汰相应落后的经济制度；第五，建立第三方部门，加强政府经济行为的规制。

（一）加强经济制度在生态城镇化中的融合性

在生态城镇化的建设背景下，必须加强我国经济制度体系与资源环境制度体系的融合性，减少制度之间的排异，使经济制度更加适应生态城镇化的运行要求，从而提高生态城镇化的运行效率。

要做到经济制度与资源环境制度的融合，政府相关部门必须加强交流与合作，通过一个共同的合作平台来共享市场信息，共同制定相关的制度体系，使经济制度与资源环境制度能够较好地融合，从而增加对生态城镇化的规制效率。

（二）经济制度需充分尊重微观主体逐利性

我国目前经济制度的出发点依然是由政府主导的强制性约束和主观意识形态的宣传，通过强制性措施以期达到规制微观主体的目的，使微观主体能够符合政府的顶层设计与宏观目标。然而，在市场经济高度发展的今天，微观主体的逐利性行为体现在日常交易的方方面面，使政府部门主导的强制性约束遇到越来越大的阻力。因此，必须改变经济制度体系的指导方式，充分尊重微观主体在市场经济环境下的逐利性特征，在承认微观主体逐利性的基础上，制定出相应符合微观主体特性的经济制度，从而最大化制度规制的效率，利用微观主体的能动性创造出生态城镇化的内在动力。

（三）减少经济制度的时滞性，缩短制度真空期

政府部门必须加快生态城镇化过程中相关制度体系的供给，降低相应经济制度的时滞性，缩短制度的真空期，从而最大限度地保证生态城镇化运行的平稳。从发展规划的改变到相应制度体系的改变是存在真空期的，由于微观主体和经济活动个体天然的逐利性，使其将会抓住制度的空白进行大量不利于生态环境保护与生态城镇化的短期经济行为，导致环境和经济承受较大幅度的损害，甚至比顶层规划之前的情况还要恶化。制度真空期越长，这种在逐利性驱使下的整体逐利行为所造成的危害越大，同时相关个体也不用接受相应的经济和非经济处罚。这对于转变经济发展方式、提高城镇化建设效率、保障生态城镇化长期运行而言是极其不利的，甚至这种制度的空白在顶层战略提出后给生态环境的保护增加了更大的压力。政府在顶层设计的过程中必须充分考虑到这一点，尽可能缩短经济制度供给的时限，甚至在发展战略方面做出调整的同一时间提供相应较为可行的制度体系。在实际的经济发展中，可以采取相应制度设计先行的办法，在顶层发展战略进行转变之前，政府部门就应该着手规划和设计相应符合转变之后的制度体系，从而能够在战略转变伊始便能向市场供给相应的制度体系。

（四）适时淘汰相应落后的经济制度

我国正处于经济发展的转型时期，改革开放不断深化，发展路径也从扩张

型增长逐渐转向集约型增长。在这一历史发展的转折点，经济社会各个方面都必须适应新时期的发展需要，通过不断调整经济发展模式，走可持续发展的道路。而经济发展方式的调整，首先必须是相应经济制度体系的调整。经济制度决定着经济发展的方向，使经济运行能够按照制度的规制与设计来平稳进行。由于经济发展为城镇化的建设提供原动力，因此城镇化的建设发展在很大限度上受到经济发展框架的约束。因此，转变城镇化建设方式，使其符合生态城镇化的建设标准，必须完善相应的经济制度，淘汰不适应新时期的落后制度体系，使制度的发展能够跟上经济社会的发展。

进入“十三五”时期，我国正加大力度处理高污染、高耗能、产能过剩的“僵尸企业”。这一举措是中央政府的强制性政策措施，其通过新时期的顶层设计与调整，责令地方政府淘汰当地的落后产能，以期规制微观市场的发展方向。在这一政策的实施下，一大批产能落后的“僵尸企业”被淘汰，然而相应扶持这些企业的经济制度却依然存在，依然实行着相关的约束职能。因此，在大力发展新型能源、淘汰落后产能的政策号召下，必须及时地供给相应的制度体系，淘汰不符合这一政策措施的经济制度，从而在长期达到制度层面的规制与约束，而不是政策措施上的约束，以保障生态城镇化的有效运行。

（五）建立第三方部门，加强政府经济行为的规制

第三方监督管理机构的建立可以结合资源环境制度体系中的第三方监督主体，通过实现信息的公开化、透明化，在政府与市场中间建立起相应的连接桥梁，同时起到对政府市场行为的规制与监督作用。第三方的监督管理机构，不仅仅是资源环境制度体系下应该具备的，同时也是经济制度体系下所应该拥有的。该第三方监督管理机构，应该由相应无利益关联方组成，同时由政府、微观主体、经济活动个体共同参与建立，其不受地方政府行政命令的支配，对生态城镇化运行中各方参与者行使规制权和监督权，同时为各方参与主体提供相应的信息公开与政策公开，以加强对政府经济行为的规制，从而保障生态城镇化的建设发展步入良性的轨道，避免从制度层面为任何生态城镇化参与主体提供“超权利”，从而减少寻租行为的发生。

第三节　产业制度

产业制度，是国家或地区对整个经济产业的规制政策总和，是政府为了实现一定的社会目标和社会发展而对国家产业的形成、发展进行干预的各种产业政策的总和。其主要包含产业发展规划、产业政策、产业调控手段、产城融合措施等领域。产业政策的功能主要是弥补市场缺陷，有效配置资源；保护民族产业、新兴产业、对国家长期发展具有战略意义的产业等的成长；熨平经济利益博弈；发挥后发优势，增强经济社会建设的适应能力。

生态城镇化的长期运行离不开科学、合理、可持续的产业制度。在生态城镇化建设伊始，产业制度对生态城镇化长期运行的支撑至关重要。在我国经济从高速增长转变为中高速增长的新时期，合理的产业制度是生态文明建设能够得到长期贯彻的前提，是经济建设能否符合资源环境客观规律的首要条件。与生态文明相融合的产业制度，在保障经济和环境可持续发展的前提下，有利于民生的提高、有利于资源与环境的科学高效利用、有利于我国生态城镇化长期平稳运行。

“十三五”时期，随着生态城镇化的不断推进发展，产业制度成为规制我国生态城镇化长期运行的重要保障性制度。在生态城镇化建设中，要发挥环保产业的生态优势，大力推进环保科技产业的发展，实行严格的产业准入制度，实现地区性乃至全国性的产业互补，对环境保护型产业的发展和创新进行产业扶持，充分发挥环境产业的能动性，确保环保产业、绿色产业在我国生态城镇化的长期运行中得到较好较快发展。保障绿色产业的长期健康发展，需要我国的产业制度体系能够及时调整，以符合我国当前生态城镇化建设的需要。建立符合生态城镇化长期运行的产业制度，是我国当前城镇化健康有序推进的重要环节。产城融合，是检验产业制度体系优劣的重要参考。产业制度能够长期保障生态城镇化发展的关键，在于其是否鼓励产业发展与环境保护有机融合。

一、当前实行的产业制度

环境污染问题一直伴随着我国经济的高速增长，成为我国实现经济社会可持续发展的屏障。我国政府也不断通过调整产业政策，以期能够鼓励降低企业环境污染排放量，鼓励环保型产业不断发展，鼓励环保技术创新发展。相关产业政策的实施在一定程度上为我国的环境保护做出了贡献，减少了环境污染量。但随着我国城镇化建设的不断推进和生态城镇化战略的有效实施，相应产业政策也暴露出执行力不足、针对性不强、内生动力缺失等弱点。

当前，我国与环保有关的产业政策可以概括为两类：第一，行业准入制度。行业准入制度是典型的产业政策，通过设定行业准入标准，从源头上控制相应企业的资源消耗、资源利用率和排污量等指标。如果不达到国家规定的相关标准，则禁止该类企业在行业内进行生产活动。这种类似从源头上控制企业准入行业的产业政策都属于行业准入制度的范畴；第二，自然资源的国有制。我国目前的自然资源是实行国有制的，产权属于国家。国家通过转让开发权和使用权，通过相应开采权、使用权等产业政策的调整，来规制自然资源的利用效率，保障自然资源的开发与利用处于科学的生态承载力范围内。

（一）行业准入制度

行业准入制度是目前我国在环境污染源头控制阶段的一个重要的经济制度。国家通过对企业的进入标准进行评估，特别是对其可能造成的环境污染状况进行评估，通过科学有效的环境评估标准和经济评估标准，给出相应科学的准入建议，从而允许环境和经济标准达标的企业进入市场进行生产和交易，同时限制环境污染和经济状况不达标的微观主体进入市场从事生产交易行为。通常，这种市场的准入是通过发放许可证的形式进行，而评估和许可证的发放权力归于政府部门，通常是国家发展改革委、省级发展改革委和生态环境部共同协调制定。行业准入制度的建立目的，是希望从源头上限制高耗能、高污染的企业进入，同时对行业进入的企业进行环境和经济的评估，从而判断该企业的投入和产出是否能够增加社会的福利。

行业准入制度，是我国在规制微观主体使其适应经济可持续发展的一种规制性制度体系。其属于产业制度的体系范畴，通过产业限入对微观主体实行准入监管，使其符合资源与环境保护的相关标准。我国政府希望通过行业准入制度的运行，从源头上淘汰投入/污染比例较低的微观主体，从而使得市场上存在的微观主体都符合绿色经济的发展指标。这种行业准入制度，本身是由行业联盟体制演变而来的，在垄断法还不完善的时期，通过行业联盟来排斥新进的竞争者，从而保持其在行业中的垄断地位。随着产业制度的不断完善，这一行为被认为违反了反垄断法，从而受到相关法律的禁止。随着生态城镇化建设的不断推进，产业制度的设计可以借鉴相应联盟的基本运作方式，对相关的行业联盟制定严格的资源环境保护标准，以淘汰对环境污染大的微观主体，限制和淘汰权为政府部门所有。

（二）自然资源的国有制

我国的自然资源实行的是国有制，即国家拥有中华人民共和国境内自然资源的所有权。国有制的实施，是我国公有制为主体的体现，符合我国当前的宪法要求。因此，任何微观主体计划开采和利用自然资源之前，都必须做出详尽的开采和利用方案，进而上报地方政府和中央政府进行审批。政府部门对微观主体上报的资源与环境开采方案进行评估，进而发放相应的许可证以及开采范围和开采强度，从而对相应的自然资源进行管理约束。自然资源的国有制，使市场上的微观主体在从事资源与环境开采等相关经济行为时，必须上报政府并进行资格审批，从而获得相应的经济生产资格。虽然自然资源的国有产权制度在一定程度上规定了自然资源的开采底线，但其在资源与环境保护过程中一直无法保持高效率的状态。政府部门审批过程繁琐、时效性冗长、容易产生资源环境责任划分不明确等问题，同时微观主体则容易进行相应的寻租行为，在开采时倾向于去发现制度的漏洞，绕过相关政府部门的规定从事经济活动。同时，这种制度在划定生态红线的同时容易降低市场经济的运行效率，增加资源环境市场的运行阻力，可能创造出相应拥有政府背景的超级企业，从而降低整个市场经济运行的效率。

二、产业制度应成为生态城镇化长期运行的重要保障

产业制度作为生态城镇化长期平稳运行的重要保障，在顶层设计中占有重

要的分量。完善的产业制度体系能够扶持新兴环保企业，鼓励环保产业的大力发展，突出环保产业发展优势，充分发挥地方优势产业在城镇化中的带动作用，实现跨区域、跨行业的产业互补政策，充分运用市场经济优势推进环保产业不断发展，形成“产城融合”的生态城镇化发展局面，从而为生态城镇化的长期运行提供保障。

（一）生态城镇化的长期运行应以产业发展为依托

生态城镇化的长期运行应以产业发展为依托。各地区优势产业的不断发展为城镇化的长期推进提供了内在动力，是区域经济发展的重要支撑。生态城镇化的长期运行，必须以区域优势产业的发展为依托，充分发挥区域产业的能动作用，通过产业发展带动区域生态城镇化的不断推进，特别是通过环保产业、高新技术产业、绿色产业等不断发展，推动区域产业转型升级，提升区域产业优势，真正做到区域产业发展与城镇化相互融合的局面，实现“产城融合”，通过绿色产业的创新发展，不断推动生态城镇化的运行。

（二）产业发展与生态城镇化的相互依存关系

产业发展与城镇化的不断推进是相互依存、互相依托的关系。一方面，城镇化的不断推进需要区域产业的发展和升级作为支撑，从而提供城镇化推进的动力；另一方面，区域产业的不断发展和升级也需要城镇化的长期运行作为保障。城镇化的不断推进为产业的发展提供了就业、知识创新、人力资本的提高以及物质资本积累，提高了城镇居民的收入和福利水平，改善了区域的投资环境，进而能够吸收更多的资源用于区域产业的发展与完善。在长期，这种相互依存、相互影响、相互渗透的关系发展为一种良性的运行模式和路径依赖，进而推动区域生态城镇化的不断发展。

（三）产业制度支撑区域产业不断发展

生态城镇化与产业发展的相互依存关系，决定了产业发展在我国未来生态城镇化的长期运行中具有重要的地位。产业制度则是区域产业持续健康发展的重要前提，是产业不断健康发展和升级的最重要顶层设计。

产业制度的优劣直接决定我国产业发展水平。良好的产业制度能够鼓励区域产业不断发展升级、鼓励高新技术产业的发展与完善、鼓励环保产业和绿色产业的推进，而滞后的产业制度则会阻碍产业结构调整，阻碍科学技术的不断创新，影响环保产业、绿色产业和高新技术产业的长期发展。全面推进生态城镇化建设，需要良好的产业发展作为支撑，而良好的产业发展则是由全面完善的产业制度来保障实施的。因此，在我国生态城镇化的长期运行中产业制度体系的建设与完善必须受到重视。产业制度作为支撑区域产业发展的基础，是生态城镇化长期运行的内在动力来源。

三、产业制度存在的问题

产业制度在我国生态城镇化的长期运行中起着至关重要的规制作用。产业制度的优劣也直接决定了生态城镇化的长期运行动力，因此必须重视生态城镇化背景下的产业制度，通过产业制度明确各地方政府经济发展优势，为就地城镇化打下基础。然而，我国当前的产业制度也存在如下四个方面的问题：第一，产业制度过度依赖政府的顶层设计，缺乏微观自主性；第二，产业制度过多集中于第二产业，第三产业相对薄弱；第三，产业制度存在双重标准的现象；第四，产业制度存在一定的路径依赖。

（一）过多依赖政府顶层设计，缺乏微观层面的自主性

我国目前的产业制度，主要是由政府进行调研、设计、具体实施以及监管的。任何与产业发展相关联的微观行为，都必须处于政府设计和制定的制度框架内，否则便被认为是游离于产业制度之外的非法行为。这种过度依赖政府顶层设计的现象，在一定程度上抑制了微观主体自主创新的积极性，使经济发展和城镇化的长期驱动力越来越小，最终影响生态城镇化的长期运行。

由于我国目前处于经济和社会的双重转型时期，政府在我国的经济发展中依然扮演着领航人、执行人以及监督者的多重身份，同时作为经济的参与者涉及我国经济运行的方方面面，这与新时期政府仅作为市场的调节者是不太相符的，这种情况也将会随着我国改革开放的不断完善而有所改变。当前的经济背

景下，在转型前所建立并实行的产业制度在快速的城镇化推进以及经济转型背景下丧失了一部分的针对性、精准性、时效性和监督性。由于我国目前的经济转型尚未完善，微观主体过多地依赖政府的顶层设计，将会使其逐渐淡化创新的动力，同时随着经济转型力度的不断加大，原本符合经济客观规律的顶层设计变得缺乏科学性和合理性，使微观主体在并不合理的产业制度中进行生产交易，从而扭曲了微观市场，降低了经济效率，影响了资源的合理配置。目前我国的产业制度虽然在最大限度地随着经济转型而进行调整升级，但其调整的时滞性和探索性导致一些具体的产业政策还无法适应经济快速发展的需要，而我国产业发展所存在的路径依赖，以及我国政府监管程度较强的经济环境又使大多数微观主体过多地受限于转型前所拥有的产业制度体系，失去了部分创新的动力，从而影响了整个微观经济的运行效率。

同时，我国的产业制度缺乏微观层面的自主性，使微观主体在大多数情况下是被动地接受已有的产业制度体系，同时在面对新的制度体系时往往也存在被动接受和适应的情况，缺乏主动改变不合理制度的渠道和途径，从而影响了微观层面的经济效率。由于我国目前的制度体系主要是由中央政府和地方政府共同制定的，微观主体和经济活动个体作为生态城镇化的重要参与者，在产业制度的制定和执行方面没有太多的话语权，其能改善制度体系的阶段主要集中在政府调研阶段，而当制度供给成型时往往只能被动接受。这种情况的长期存在将会扭曲市场资源的合理配置、降低城镇化的建设效率、抑制微观主体内在动力的释放，从而影响生态城镇化的长效运行。

（二）制度供给过多集中于第二产业，第三产业相对薄弱

第二产业在我国经济发展中起了重要作用，因此产业制度给予了第二产业相对更多的关注，相应的优惠政策也更多地集中于第二产业。然而，随着近年我国步入中高速经济发展阶段，经济下行压力较大，同时资源与环境问题更加突出，我国第二产业的发展方式面临严峻的考验，必须对第二产业实行发展转型，以适应新时期发展的需要。在这一情形下，我国加大了对第三产业的扶持力度，在保证传统发展优势的前提下，更加注重第三产业的发展，使我国的经济发展进入可持续的良性轨道中。然而，在当前的经济发展规划下，由于我国之前所拥有的特定发展路径，致使产业制度的供给过多地集中于第二产业，第

三产业的制度规制相对薄弱。

“十三五”期间，我国面临着转变经济发展方式、提升产业竞争力、走绿色可持续发展道路的多重挑战，产业升级迫在眉睫。在这一经济转型时期，我国已有的产业制度必须做出相应的调整，将重点放在包括节能环保产业、服务业、金融产业等第三产业的发展之上，从而给予我国经济发展新的增长动力。同时，城镇化的不断加深也离不开第三产业的发展，如果一个地方的城镇化进程仅仅局限于土地的扩张和城市面积的扩大，则其不能称为真正的城镇化。只有在城镇化的进程中不断发展第三产业，使其能够跟上土地扩张和城市建设的步伐，才能够从实际角度达到城镇化长期运行的目标，才是有效的城镇化。在这一发展背景下，我国现有过多集中于第二产业的产业制度则必须做出相应的调整，以适应新时期经济发展和产业结构调整的客观需要。

（三）部分产业制度存在双重标准

我国的产业制度体系在针对国有大中型企业时往往给予了一定程度的产业政策优惠，拥有非国有企业所不具备的政策便利、自然资源优势和规模优势。这种双重标准不利于市场经济的运行和竞争性微观主体的培育，从而降低了城镇化的建设效率，增加了微观主体迫切拥有“国有”背景而进行寻租的概率。

同时，产业制度的二重性将会引导非国有企业将部分资源投入寻租行为中，从而降低整体的经济运行效率。寻租行为的产生，便是由于制度存在相应的二元性和不透明性，为微观主体创造出了寻租的理由。在天然逐利性的驱使下，微观主体进行寻租，进而获得相应的经济和产业政策优惠。在城镇化的长期建设中，必定涉及土地的扩张。而产业制度的二重性使具有信息优势、政策优势的国有或拥有国有企业背景的企业相较于非国有企业而言更容易得到区位优势明显的土地。这些二元性所带来的后果，将会直接影响城镇化的长期推进，扭曲自然资源的配置效率，增大国有资源流失的可能。

（四）产业制度存在一定的路径依赖

我国目前的产业制度体系相比于资源环境制度体系，存在着较为明显的路径依赖，这导致产业制度在新时期的调整适应能力较弱，从而影响我国生态城镇化的长期运行。我国由于特殊的历史发展路径，在改革开放初期大力发展第二产业，通过第二产业的相应政策优惠和鼓励措施使经济在较短时期内得到发展，因而其相应的经济产业制度也偏向于第二产业的提升。然而，在新时期发展规划下，必须放弃高污染、高耗能、低产出的行业，大力发展高新技术产业、环保产业，从而保障我国经济发展和生态环境的可持续性。然而，由于之前建立的产业制度存在一定的路径依赖，在这种路径依赖的影响下，我国经济发展方式转变的速率降低，城镇化的建设方式依然固定在之前的土地扩张模式中，很难转变到生态城镇化的运行轨道上。

因此，我国经济产业制度体系存在的路径依赖必须引起顶层设计者的重视，通过对其进行系统的调整以适应当前的发展形势。

四、完善产业制度的措施

在生态城镇化的长期运行中，针对产业制度所存在的问题，必须及时做出相应的调整，提高产业制度的规制效率，从而保障生态城镇化长期平稳运行。具体从以下四个方面着手：第一，要建立合理的倒逼机制，完善产业制度的规制渠道；第二，要明确制度规制重点，加强第三产业制度供给；第三，要杜绝制度的二重性，统一产业制度标准；第四，精简产业制度体系，减少产业制度的路径依赖。通过产业制度的调整和升级，突出各地区生态城镇化建设的特色，以产业发展为依托建立各地区生态城镇化的发展路径，真正做到产城融合，以保障生态城镇化的长期平稳运行。

（一）建立合理的倒逼机制，完善产业制度规制渠道

我国的产业制度体系，其规制机制目前主要集中于自上而下的强制性约束，微观主体作为生态城镇化的重要参与主体缺乏自下而上的反馈机制和倒逼机制，使微观主体在实际的经济运行和城镇化进程中无法发挥自身的主观能动性，要提出实质性改善产业制度的建议并加以实施。因此，必须建立自下而上的倒逼机制，为微观主体改进产业政策提供良好便捷的渠道，从而能够更加高效地完善产业制度体系，保障生态城镇化在微观层面的良好运行。

建立倒逼机制，可以通过运用信息技术和大数据，构建自下而上的建议与

反馈平台，这一平台由第三方运行机构进行维护和管理，目的是为了对政府部门做出相应的信息公开和信息监督，同时在产业制度的完善方面为微观主体和政府部门提供更加快捷便利的双向沟通渠道，开拓出自下而上的合理倒逼机制，从而使产业制度与微观主体的经济行为更加贴合，增加产业制度的兼容性和规制性，提高产业制度对整个微观经济运行以及生态城镇化的规制效率，而不仅仅是作为限制微观主体的手段来进行规制。值得注意的是，这种由第三方机构进行运转与维护的倒逼机制，是建立在大数据时代的信息公开平台之上的，其目的是为了共享信息、尽量避免信息的不对称性，将自上而下的单规制渠道扩展为自上而下与自下而上的双向沟通渠道，保障产业制度的有效调整。

（二）明确制度规制重点，加强第三产业制度供给

“十三五”时期，经济发展应将重心转移到第三产业，尤其是新能源产业、环保产业和环境资源消耗小的服务业。根据这一指导方针，必须明确制度规制的重点，改变过去以第二产业为发展重心的局面，转向第三产业，尤其应鼓励发展新能源产业和环保产业，增加第三产业的制度供给，同时鼓励产业技术转型，降低资源的消耗，在制度层面为市场释放相应的政策信号，从而引导市场上微观主体的经济行为。

（三）杜绝制度二重性，统一产业制度标准

产业制度在对国有企业进行规制时，往往标准较低。国有企业在市场中参与相应的经济行为时，往往拥有较高的平台，拥有诸如低息贷款、融资渠道便利、信息获取成本低廉、国家产业政策优惠面广、产业政策针对性较强、自下而上的反馈渠道畅通等非国有微观主体无法享受到的优惠与便利。这种情况在长期倒逼了制度的运行规制，使制度在规制国有企业时会存在标准较低的问题，扭曲了制度规制的作用，使制度体系出现了标准不一的二重性现象，降低了制度体系规制的权威性，扭曲了整个市场的行为。因此，在转型的新时期，必须统一产业制度的规制标准，杜绝制度出现的二元性，通过完善统一的产业制度来规制城镇化建设的框架，创造公平的城镇化平台，在微观主体层面为生态城镇化提供良性运行的保障。

（四）精简产业制度体系，减少制度性的路径依赖

生态城镇化长期运行必须拥有精简的产业制度体系作为保证，以提高生态城镇化的运行效率。

生态城镇化是我国城镇化的发展方向，应有相应的制度供给来规制与约束。在建立相关配套的产业制度时，政府部门应该秉承尽量改善原有产业制度体系与条例的原则，使其能够适应生态城镇化运行的需要，而不是忽视原有已经运行多年的产业制度，同时花费较多的机会成本去建立新的产业制度体系。这种精简原则能够较好地适应我国经济社会的转型发展，提高制度体系的适应能力，规避产业制度由于路径依赖所带来的效率损失。

第十一章　社会保障制度

社会保障制度是我国城镇化平稳运行的关键性制度，也是覆盖面最广、体系最为庞大的制度。社会保障制度以“人”福利的改善为出发点，是生态城镇化中“以人为本”发展目标的具体保障。

完善配套的社会保障制度能够促进城镇化的建设与发展，提高城镇居民福利，由内而外产生城镇化建设运行的动力。生态城镇化的建设必须从相应配套的社会保障制度进行改革，使其适应生态城镇化运行的内在要求，从而成为生态城镇化建设运行的重要组成部分。

在我国，由于历史发展的原因，城镇居民与农村居民享受的社会保障制度在很长时间存在不一致性。不同的社会保障制度制约着不同的社会群体，产生了不同的福利结果。在城镇化不断加快推进、缩小城乡贫富差距、实现共同富裕等发展目标的共同作用下，社会保障制度的调整和完善势在必行，其改革的成功与否将会直接关系我国城镇居民和农村居民的福利状况，关系城镇化能否在真正意义上达到人力资本有效积累、生态保护与经济发展共同推进等目的。

社会保障制度涉及范围较广，包含内容较多。在我国，社会保障制度大体上包括如下三大方面：户籍制度、土地制度和社会服务保障制度，而社会服务保障制度主要包括就业、教育与公共服务三个分支。这些制度蕴含的边界宽广，共同组成了农村居民与城镇居民社会保障制度体系，共同作用于城镇化建设，保障城镇居民与农村居民在城镇化的发展中得到相应福利的提高。在新时期生态城镇化的运行背景下，社会保障制度的体系必须做出相应的调整，以适应生态城镇化建设发展的需要，符合生态城镇化的建设目的。

第一节 户籍制度

户籍制度是我国由于特殊的历史发展路径所产生的对城乡人员流动和管理的制度，是我国通过对公民实施的以户为单位的户籍人口管理政策，表明了自然人在户籍所在地生活的合法性。我国的人口在户籍制度下分为农业户口和非农业户口，从而统筹规划我国城乡人口比例和人口的流动。户籍制度发展到今天不仅仅表现为单一户口所带来的问题，还涉及一系列复杂的社会管理功能、经济利益分配以及社会福利格局。同时户籍制度还牵涉就业、住房、教育、土地、养老、医疗、生育、信息支持、社会救助、最低生活保障等问题。因此，我国目前实行的户籍制度改革不仅仅是户口的放开，还是一项系统性工程，特别是在生态城镇化长期运行的过程中，其重要性尤其突出。

一、户籍制度改革是生态城镇化长效运行的保障

生态城镇化的长期运行必须有相应科学合理的户籍制度来保障，通过户籍制度的有效管理来调控特大城市的人口规模，鼓励中小型城市人口迁入，全面贯彻就地城镇化和特色小城镇建设等长期运行目标。2014 年 7 月 24 日，国务院印发《关于进一步推进户籍制度改革的意见》（以下简称《意见》），部署深入贯彻落实党的十八大、党的十八届三中全会和中央城镇化工作会议关于进一步推进户籍制度改革的要求，促进有能力在城镇稳定就业和生活的常住人口有序实现市民化，稳步推进城镇基本公共服务常住人口全覆盖。《意见》指出到 2020 年，基本建立与全面建成小康社会相适应，有效支撑社会管理和公共服务，依法保障公民权利，以人为本、科学高效、规范有序的新型户籍制度，努力实现 1 亿左右农业转移人口和其他常住人口在城镇落户①。《2018 年推进新型城镇化建

① 《关于进一步推进户籍制度改革的意见》，2014 年 7 月 30 日。

设重点任务》指出，继续落实1亿非户籍人口在城市落户方案，加快户籍制度改革落地步伐。通过户籍制度的改革和完善，保障生态城镇化长期有效运行。

（一）户籍制度在生态城镇化中的作用

户籍制度在我国生态城镇化的长期运行中主要规制农村居民的安置、转移和流动问题，保障农村劳动力流动的可控性与合法性，使普通农村居民享有基本的社会保障，切实解决农村居民在城市落户后的融合问题。

生态城镇化的长期运行，必定涉及农村居民的转移、安置和长期融合问题。确保广大农村居民在我国生态城镇化的战略推进下有序有效转变身份，并融入城镇建设和发展，是户籍制度高效规制的第一目标。生态城镇化的长期运行首先需遵循以人为本的发展目标，切实提高农村居民的福利水平与收入水平，改善农村居民居住环境，使农村居民在城镇化的长期建设中切实提高生活质量。农村居民在生态城镇化的长期运行过程中面临着身份的转化、居住环境的改变以及收入来源的扩充。传统的户籍制度无法跟上城镇化建设的步伐，导致制度与城镇化长期运行出现动态不匹配的情形，影响生态城镇化平稳运行，阻碍以人为本发展战略的有效贯彻。因此，面对新时期生态城镇化的长期运行，必须坚定不移实行户籍制度改革，以期适应生态城镇化建设的战略目标。

（二）户籍制度在生态城镇化中的地位

户籍制度在我国的社会保障制度体系中具有核心的地位，其直接规制农村居民与城镇居民的社会性质，明确各地区人力资本状况，为农村居民与城镇居民提供最低社会保障。户籍制度作为社会保障制度的重要组成部分，在新时期我国生态城镇化的长期运行中起到核心的作用。户籍制度应提高我国社会保障制度的精确性和高效性，使社会保障制度在生态城镇化的长期运行中能够准确定位覆盖对象，针对不同地区、不同居民制定针对性较强的保障性制度，提高农村居民转移安置效率，保障农村居民市民化顺利推进，切实提高农村居民社会福利水平。因此，户籍制度，是社会保障制度的前提和基础，为生态城镇化的长期运行提供人力资本的有效管理，为生态城镇化中“以人为本”的发展理念提供制度性保障。

（三）深化户籍制度改革是生态城镇化长效运行的保障

户籍制度改革对生态城镇化的长期运行至关重要。由于户籍制度具有较强的路径依赖，并在我国存续了较长时间，其对生态城镇化的长期运行存在耦合性偏低等问题，影响了人力资本积累与流动，降低了人力资本管理效率，影响了生态城镇化的畅通运行。必须坚定不移地贯彻户籍制度改革，提高户籍制度与生态城镇化长期运行的耦合性，切实保障农村居民在城镇化长期运行中的流动、转入与融入，达到生态城镇化“以人为本”的发展目标。

二、当前户籍制度对生态城镇化的影响

我国现阶段的户籍制度根据血缘继承关系和地理位置关系将户口划分为城镇户口和农村户口。虽然这种划分方式在新中国成立初期取得了一定的人口管制便利，但在改革开放不断深化、社会主义市场经济不断完善的背景下，这种简单的农村城镇划分方式为经济发展带来了诸多的问题，一定程度上阻碍了经济社会的健康发展。城乡二元的户籍制度从制度层面上在农村与城市之间竖立了一座高墙，在生态城镇化的背景下阻碍了农村人口的市民化以及农村人口的城市融合，是对公民身份的一种不平等的人为界定。在生态城镇化长期运行的背景下，人为的制度性区分已经引起了争议。我国已有十多个省份不再对农业户口和非农户口进行性质划分，如河北、辽宁等。然而，户籍制度所产生的城乡人口二元性在短期内无法完全消除，对经济所产生的负面影响将会持续显现。

（一）削弱了“五位一体”城镇化建设格局

“五位一体”是对“全面推进经济建设、政治建设、文化建设、社会建设和生态文明建设”的概括性表述，是党的十八大报告关于我国未来战略发展的总体布局。生态城镇化的长期运行是“五位一体”发展战略的具体体现，其将生态文明建设、文化建设、社会建设融入传统的城镇化进程，保障经济社会全面可持续发展。生态城镇化的核心目的是达到“人”的全面发展，因此，在经济长期高速发展的同时还必须注重文化发展、生态发展、社会和谐以及政治繁荣。

我国传统的户籍制度影响了新时代“五位一体”的生态城镇化运行中要素的自由流动，降低了人力资源的积累效率，影响了文化建设、社会建设和生态文明建设的内在要求，与生态城镇化“以人为本”的建设目的不相符合。因此，在“十三五”时期，生态城镇化的长期运行必须遵循我国“五位一体”的顶层设计，确保达到生态城镇化长期运行的内在要求。

（二）当前户籍制度影响市民化进程

生态城镇化的长期建设伴随着农村人口市民化的进程，保障了农村居民收入水平的提高、生活质量的提高以及社会福利的改善。农村人口市民化是指部分农村人口在城市中长期从事非农产业，使该部分人口在文化、生活方式、经济收入等方面融入城市，从而成为推动城市经济、政治、文化、社会建设的重要力量。农村人口的市民化是生态城镇化长期运行的重要议题，对推动城镇化长期健康发展具有积极作用。而当前我国的户籍制度在一定程度上增加了农村人口市民化和就地城镇化的建设成本，提高了人口市民化的相应门槛，使一定数量的农村进城务工人员无法获得相应城市居民拥有的平等的社会保障，增加了劳动力的二元性，降低了生态城镇化长期运行效率。

当前的户籍制度由于缺乏相应的管理经验和管理条例，使农村人口市民化进程受到一定的阻碍，导致了“两栖人”现象的发生，降低了人力资本管理效率，使农村人口在生态城镇化的长期运行中无法达到真正的市民化。

（三）当前户籍制度影响“人与人”关系的和谐建立

在城镇化长期推进的过程中，农村居民与城市居民由于当前户籍制度的区分，导致了“人”的发展二元性现象，增加了社会矛盾激化的可能性，影响了人与人和谐关系的建立，使相应的文化建设、社会建设无法匹配高速运转的经济建设，偏离了以人为本的发展理念，降低了生态城镇化长期运行的积极性。我国的户籍制度将居民人为地分为城市居民与农村居民，导致了城乡割裂状况的加剧，加剧了社会的分化，这与我国新时代共同富裕的城镇化目标是相违背的。城市居民与农村居民身份的不同与我国的住房、消费、子女教育以及医疗保障体系有着直接的联系，导致城乡居民因户籍不同而待遇悬殊。如此户籍制度，短期来看，泯灭了人的平等性原则，长期来看，会加剧贫富差距的扩大，阻碍生态城镇化的长期发展。

（四）降低人口流动管理效率

我国居民在出生时便需在出生地办理户籍手续，以便公安部门更好地进行统计与管理。在早期信息发展相对滞后的背景下，户籍制度这种对人口的管理存在一定的合理性与实效性。然而，进入21世纪以后，随着信息技术的不断发展与完善，户籍制度的弊端也逐步显现出来。人力资源作为我国重要的资源禀赋，在经济长期增长的过程中扮演着举足轻重的角色。市场经济的高速运转需要人力资本高速流动的支撑，而当前的户籍制度则限制了劳动力的自由流动，进而降低了我国经济运行的效率。政府部门面对大量流动人员时，必须增加人口流动管理成本，并增加人口流动管理的财政投入，以确保其在原有的户籍制度下能够平稳运作。在我国中西部的农村，有一些居民有户籍无户口，在我国一些城郊以及城中村，有一些居民虽是农村户口，却并不从事农业；还有一些农村进城务工人员，从事城市的非农工作，却无法脱离农村户口。

当前我国基层劳动力的流动一定程度上受到户籍制度的限制。这增加了农村户籍人员自由流动的成本，也增加了户籍管理部门的管理难度，降低了人口流动管理效率，不符合生态城镇化“以人为本”的发展策略。

三、深化户籍制度改革，保障生态城镇化平稳运行

由于我国目前的户籍制度在一定程度上削弱了经济要素的自由流动、扭曲了城市化建设、遏制了消费市场的长期发展、加剧了城乡割裂状况和社会分化、降低了人口流动管理效率，无法完全达到生态城镇化长期运行的目的。必须深化户籍制度改革，从根本上解决因户籍制度产生的问题，力求改革户籍制度，解决农业人口的迁入、安置与城市居民的融合问题，以保障生态城镇化的长期运行。

深化户籍制度改革，必须从以下四个方面着手：第一，加快农业转移人口市民化。第二，逐步取消城镇居民与农村居民户籍区分。第三，建立网络户籍信息管理平台。第四，建立符合区域生态城镇化的户籍制度。户籍制度改革必须涵盖以上四点，才能更好地为我国经济社会发展提供强有力的制度支持，保

障生态城镇化建设的长期有效运行。

（一）加快农业转移人口市民化

农业转移人口市民化是我国城镇化建设的重要环节，也是生态城镇化平稳运行的重要保障。

1. 配套建立农业转移人口市民化相关政策

在社会主义市场经济高速运行发展的背景下，农村劳动力人口向城镇转移的趋势还将持续，城镇农业转移人口数量不断上升。必须加快农业转移人口市民化，按照《2018 年推进新型城镇化建设重点任务》的要求，全面放宽城市落户条件，对超大城市、特大城市、Ⅰ型城市、Ⅱ型城市制定差别化落户条件。建立收入、纳税和社保三者相结合的管理机制，为农业转移人口的市民化提供政策性支持和相关的法律支持。要配套建立加快农业转移人口市民化的相关政策，更好地推进中小城镇的就地城镇化建设，保障我国各地区在城镇化进程中能提高农村居民和城镇居民的福利水平，填平由于户籍制度本身所带来的城乡鸿沟，保障农村劳动力流动的合法性，激发农业劳动力流动的积极性。

2. 建立因“城”制宜的人口流动政策

值得注意的是，超大城市和特大城市在农业转移人口市民化上的政策导向必须相对谨慎。超大城市和特大城市由于我国发展的特有路径和客观规律，已经逼近甚至超越了相应的城市承载力，导致过度城市化以及城市病问题的出现。例如北京、上海、广州、深圳等地区的流动人口已经超过了城市承载力水平，因此在农业转移人口市民化上，户籍政策必须做出相应的调整，以适应每个城市不同的人口转移状况，合理调配人力资本，保障各地区城镇化均衡发展，生态城镇化平稳运行，避免两极分化情况的出现。

（二）逐步淡化农村居民与城镇居民的户籍区分

城乡二元性在很大程度上是由户籍制度对城乡的定义所产生的。因此，在我国“十三五”时期的户籍制度改革中，必须逐步淡化农村居民与城镇居民的户籍区分，以保障生态城镇化长期运行的内在要求。

1. 城乡户籍区分的弊端

城乡二元性的制度本质在于户籍制度的差异。户籍制度将农业与非农业进行了明文的区分，导致居民被制度性地划分为两个群体。这种制度性的区分逐渐导致城乡二元性的差异、地区发展二元性的差异以及社会阶层的差异，使城镇化的进程受到阻碍，生态城镇化所带来的“人”的福利的提高无法惠及广大农村居民。

2. 淡化城乡户籍区分的措施

户籍制度改革，必须因地制宜，更多地侧重于地域的差异性而非城乡性质的差异。同时，降低农村居民落户中小型城市的门槛，通过相应户籍制度和条例的改进来润滑农村居民与非农村居民的相互转换，进而逐步消除农业户口与非农业户口在人口收入与人口福利上的差距，使农村居民逐渐享受与城镇居民平等的社会福利。在生态城镇化长期运行的背景下，逐步淡化农村居民与城镇居民的户籍区分，将区分重点放在从事劳动生产的性质上，即农业劳动或非农业劳动之上，通过这一区分方式的转变，逐步淡化农村居民与城镇居民的户籍概念，使二者能够平等地享受生态城镇化运行所带来的福利提升，享受改革所带来的红利。

（三）建立网络户籍管理平台，提高户籍管理效率

随着科技不断创新，互联网与移动互联网平台已渗透当今生活的各个方面。信息时代的到来为政府的政策制定与政策反馈提供了更多方便快捷的渠道。在户籍制度管理上，网络户籍管理平台的建立可以较为有效地降低户籍管理成本，提高户籍管理效率。

充分利用信息化科技发展所带来的便利，是我国户籍管理制度在未来发展中所必需注重的问题。技术的发展与制度的创新往往具有较强的相互作用，通过信息技术的有效运用，为户籍制度的创新注入外部的活力与支持，降低户籍制度改革的中间环节和交易成本，从技术上支持我国下一阶段的户籍制度改革。

第二节　土地制度

土地是人类赖以生存的自然资源，是一切生产性劳动实现的必要前提与基

础，是农业与工业最基本的生产资料与资源禀赋。我国的国土面积较广，土地资源较为丰富，但是人均耕地面积较低，远远低于世界平均水平。

随着我国经济社会的高速发展与改革开放的不断深化，城镇化进程不断推进，大中型城市的城乡结合部成为土地利用变化最为快速的地区，土地利用非农化转变加快，集体建设用地流转越来越频繁，这些都迫使我国当前的土地制度做出相应的变革，以适应当前高速发展的社会经济。土地作为城镇化长期运行中的直接生产要素，是重要的自然资源，无论对农村居民或是城镇居民而言都具有举足轻重的地位。

土地制度是我国覆盖范围广、影响深远的制度之一，仍然存在着一定的制度性问题。目前，我国大部分地区农村承包地处于第二轮承包期。党的十九大报告明确提出，保持土地承包关系稳定并长久不变，第二轮土地承包到期后再延长30年。这有利于稳定农民预期，有利于推进农业的规模化经营，培育以家庭农场、农业企业为主的新型农业经营主体，引导更多资金、技术、人才流入农村和农业①。因此，在完善现行土地制度的基础上，淘汰落后的土地制度规章，从制度层面促进土地利用效率的提高，深化土地制度改革，以适应社会主义市场经济和生态城镇化建设的节奏和要求，为生态城镇化的长期运行提供基础性、制度性的支持。

一、土地制度是生态城镇化长效运行的基础

生态城镇化的长期运行必定涉及相关土地性质的转化，涉及农村居民土地使用权的转移和所有权的变更。城镇化的不断推进在资源开发上直观地表现为土地的规划、开发、利用与再利用。土地制度明确规制我国生态城镇化运行过程中土地资源的规划、开发和利用，规定农村居民土地使用权、所有权的转移等，因此其是保障生态城镇化长效运行的基础。

（一）土地在生态城镇化运行中的性质

土地，是生态城镇化长期运行中的一种特殊的自然资源。其不仅为经济发

① 中国共产党第十九次全国代表大会报告：《决胜全面建成小康社会 夺取新时代中国特色社会主义伟大胜利》，2017年10月18日。

展提供原材料，为农业提供最重要的生产资料，而且也为环境保护提供循环基础。土地本身是一种自然资源，而其衍生性较为广阔。森林资源、草地资源等对环境保护和生物循环系统具有重要作用，这些自然资源都是以土地作为支撑的。因此，土地作为辐射面广、经济效益显著的基础性自然资源，在生态城镇化的长期运行中具有重要的地位。

新时期生态城镇化的长期运行，必须依据土地资源的特殊性质，制定出符合生态城镇化运行标准的土地制度体系，保障土地资源利用具有集约性、智能性、绿色性、高效性，使土地作为重要的生产要素和资源要素参与到生态城镇化的长期运行中，保障生态城镇化的平稳推进。

（二）土地制度在生态城镇化中的规制目的

我国是一个农业人口大国，生态城镇化的最终目的是提高广大农村居民的收入和福利，切实保障农村居民的财产权，在城镇化建设中促进城乡协调发展。生态城镇化的长期建设和运行是对我国传统城镇化发展路径的改良，是在重视经济发展的同时兼顾环境保护和可持续发展，因此土地作为城镇化长期推进中的核心要素，对其规制的效率直接决定了生态城镇化的运行效率。土地制度改革，必须高度重视农村居民土地所有权、使用权的合理分配和转让，高度重视农村居民财产权的保护。对于大多数农村居民而言，土地不仅仅是其资产的重要组成部分，而且是其劳动收入的重要来源。因此，土地对于农村居民而言是极其重要的。在生态城镇化的长期推进中，必须重视土地对于农村居民的财产地位，制定合理的规制条例，切实保障农村居民的合法权益，达到生态城镇化“以人为本”的发展目标。

（三）土地制度在生态城镇化中的规制重点

土地制度在生态城镇化的长期运行中，必须更加侧重于土地生态化的明确规制，在 18 亿亩耕地红线的前提下，赋予农村土地明确合理的经济价值，准确评估不同地区土地资源的环境价值，确保农村居民土地流转渠道的畅通，切实保障农村居民的财产安全。

二、土地制度在生态城镇化运行中存在的主要问题

生态城镇化的长期运行需要合理、完善的土地制度作为支撑。现阶段我国在土地使用上仍然存在较多的问题：土地利用效率偏低、对科学合理地开发和利用问题重视不够、耕地面积逐年减少、城市土地滥用乱用、土地占用问题严重，这些问题直接降低了生态城镇化的运行效率。土地制度的建立和实施直接决定土地利用效率与土地利用的公平合理性，是土地资源高效、绿色、合理运用的基础，也是生态城镇化长期建设的重要保障。

我国当前的土地制度存在如下三个方面的主要问题：第一，土地征收制度不合理，滥用土地征收制度现象严重，需进一步改进。土地征收权的滥用导致城市土地建设在市场经济的运行下失去了保障空间，降低了土地收益的法律性。同时，严重影响农村土地流转和农民收入，导致农村居民财产权无法得到高效保障。第二，征地安置补偿制度不合理。城市与农村在征地安置补偿方面存在较为明显的二元现象，贫富差距在制度性的规制下人为拉大，社会问题凸显，城乡协调发展受到阻碍。第三，土地流转制度尚不完善，土地荒芜仍然存在。

（一）土地征收制度有待完善

我国目前的土地征收制度存在一定的缺陷，主要表现在土地征收权的滥用。进入“十三五”时期，随着党的廉政建设和反腐工作的不断推进，相应的土地征收也得到一定的改善，土地征收程序也逐步走向透明、公开与公正。然而，农村居民以土地为主的财产权还无法得到全方位保障，相应土地收入和衍生收入存在部分保障性制度缺失。必须从土地征收制度上进行完善，从而使得土地征收、流转能够得到制度上的长久支持，保障其运行公正公开。

在城镇化建设初期，地方政府在土地征收的决断和实施过程中拥有较大的话语权与裁量权，进而出现地方政府征地权的滥用行为，同时中央政府又由于监督资源不足而无力监督所有地方政府。城镇化推进在征地的过程中存在不透明和不公平的现象，被征地农民与城镇居民的知情权、表达权没有得到有效的发挥，特别是农村居民在信息相对不公开的前提下，土地作为农村居民的重要

财产却出现了被行政权占据的情况。另外，土地征收的相关制度缺失，使城乡土地二元性不断加剧，城镇土地价格普遍高于农村土地，二元化程度加深。这种土地征收制度的相应缺陷在我国城镇化的进程中将会导致土地流转与出让无法得到相应法律制度的保障，影响土地资源的利用效率，加剧社会问题的显现，进而无法实现“以人为本”的发展方针，导致生态城镇化运行受到阻碍，影响生态城镇化的长期发展。

（二）征地安置补偿制度不合理

在城镇化的不断推进过程中，我国的征地安置补偿制度存在不合理的方面。农村土地的征地补偿标准偏低，土地价值的测算仅考虑土地三年平均产值这一指标，忽略了土地区位、用途、对土地拥有者的收入来源占比等因素。同时城镇土地，特别是特大城市、大城市的征地补偿往往又偏高，被征收的城市居民往往通过征地安置补偿一夜暴富，违背了按劳分配的基本分配制度，加剧城乡收入差距，导致贫富差距和一系列的社会问题。另外，对农村征地补偿款往往无法一步发放到位，地方政府克扣、拖欠、挪用等问题时有发生，影响农村居民正常补贴收益，人为导致效率低下，返贫现象在城镇化过程中出现。

生态城镇化的长期运行离不开土地制度的完善，而在土地制度的完善过程中，征地安置补偿制度又直接关系到相应农民与城镇居民的切身利益，关系到生态城镇化建设能否按照“共同富裕”的目标不断发展。我国目前的征地安置补偿制度存在着相应的不合理问题，由于征地安置补偿制度的不明确导致了其伸缩空间的扩大，弹性问题使城乡土地二元性不断扩大，加之其与土地刚性的作用，使城镇居民的补偿水平远远高于农村居民，导致城乡收入二元性的不断扩大，使社会矛盾不断加剧、土地收入公平问题相对突出，生态城镇化的运行效率降低。

（三）土地流转制度尚不完善

在生态城镇化的长期运行过程中，必定伴随着土地的流转出让。当前，我国的土地流转制度尚不完善，导致土地的使用权在征收和交易的过程中出现了制度性保障不足的现象，居民的切实利益无法得到相关的制度保障，增加了失地农民的系统性风险，损害了农村土地所有者的相关利益，使生态城镇化中以人为本的发展理念无法得到有效贯彻。生态城镇化的长期运行必须切实保障农村居民的福利得到提高，土地作为农村居民的主要财产和收入来源，是农村居民赖以生存的经济基础。因此，伴随生态城镇化长期运行的土地流转制度，必须切实明确土地价值，明晰土地流转规则，建立公平合理的土地流转制度，切实保障生态城镇化背景下参与土地流转的相关农村居民的收益得到提高。

由于土地流转尚不完善，伴随着农村劳动力持续向城市转移，闲置的土地没有得到有效利用，使农村土地荒芜问题逐渐凸显，影响了农村居民福利的提高。一方面，土地的荒芜导致土地资源的浪费，使相应的资源无法得到高效的利用，从而无法将土地资源转化为生产力，降低了土地拥有者的收入；另一方面，闲置的土地将会拉低正在合理利用的农村土地价值，降低农民对于土地流转的议价权，甚至是剥夺其定价权，导致农村居民在土地流转过程中所获得的土地价格普遍低于土地资源的实际价值，从而降低农村居民的实际收入。在长期降低了生态城镇化的运行效率。

三、完善土地制度的措施

我国在生态城镇化的建设过程中所存在的一系列土地问题，归根结底是由于土地制度体系的不完善所导致的。因此，土地作为生态城镇化长期运行的重要因素，必须要有相应较为完善的土地制度作为保障。

（一）改革土地征收制度，完善土地征购模式

土地征收制度的改革与完善是生态城镇化运行过程中必不可少的内容，是提高我国土地利用效率的重要环节，也是降低农地冲突、城市房屋拆迁冲突的重要环节。在征地制度的改革中，政府应该明确立法，防止违法征地。建立信息公开平台，征地程序与征地行为，要及时向被征地群众进行通报。同时，需完善土地征购模式，将单方面自上而下的征购方式，转变为多渠道多机构共同征购监督的模式，公开土地征购信息与征购渠道，建立各方主体博弈之间的交流平台，使被征地者得到合理、合法的补偿。

生态城镇化的长期运行离不开土地的流转征购。在信息交流较为通畅的今

天，建立土地征收补偿争议仲裁机构，即土地流转的协调与仲裁平台是极其必要的。该机构的作用是熨平土地征收与流转过程中各主体的利益冲突，协调各主体间的利益博弈，为各主体间提供公开的信息，成为城镇化进程中土地征收、土地补偿环节的信息交流渠道。这种类似土地法庭的仲裁机构需独立于地方政府、大中型企业等，成为独立的信息提供机构，为土地征收与流转提供仲裁与协调，从而保障生态城镇化长久运行。

（二）明晰土地价值，以市场化运作方式管理土地流转、土地补偿

我国的土地管理制度必须根据各地区的实际情况明确土地价值，通过明确的制度规定土地流转，通过市场化的土地运作管理方式对土地进行价值流转。各地区应依据自身发展的客观条件与客观规律，明确地方土地价值，充分发挥市场的调节作用，通过市场化调节土地流转，明确土地补偿价值。农村地区的土地流转应该因地制宜，通过市场化的土地流转制度，逐步取代强制性的行政土地征收制度，充分考虑农村土地在区位、产量、生态条件、自然资源等方面的隐性价值，通过市场的自动调节作用反映土地的真实价格，从而避免农村土地流转价格偏低的问题；城市建设用地的流转应明确市场化的运作程序，通过招投标的方式向全社会公布土地使用权的转移过程，同时以市场化的运作，对相应受影响的主体实行合理公开的征收和拆迁补偿，达到公平、公开与合理的城市土地补偿结果。

在生态城镇化的长期运行中，土地作为重要的城镇化资源，涉及城镇化建设的方方面面。必须从制度上明确我国土地转让和征收的主体，明确市场化运作方式在土地流转中的高效作用，通过充分发挥市场在土地管理中的高效性，使得土地流转能够最大限度地控制在合理、公平、高效的范围内，为生态城镇化的长期运行提供有效的保障。

第三节　社会服务保障制度

社会服务保障制度是生态城镇化长期运行的重要保障，直接规制农村居民

在生态城镇化运行中的进入问题、融入问题和生活质量改善问题。社会服务保障制度是保障经济发展红利能汇集到广大群众的基本制度体系，其直接决定城镇化建设中的社会公平程度。随着我国经济社会的不断发展，社会服务保障制度所涵盖的范围不断扩大，所涉及的地区不断扩大，其不仅仅局限于简单的物质帮助，更重要的是遵循“以人为本”的发展模式。

农村居民进入城市的首要条件是具有稳定合理的就业渠道，保障基本合理的收入水平；农村居民能够顺利融入城市发展、保障城市社会和谐，则需要相应的教育作为支撑，保障农村劳动力能够适应城市发展的需要，改变农村劳动力技能相对单一的情况，确保相关子女能够接受城市较为优质的教育；解决了农村居民进入与融入城市的问题后，生态城镇化运行必须切实提高居民生活质量，而生活质量提高的前提是相应配套医疗制度的完善。医疗制度是城市生活最基本的保障性制度，保障了城镇居民的基本生活和消费水平，杜绝农村居民因病致贫、因病返贫的现象。

因此，就业、教育和医疗保障等相关领域是社会服务保障制度的涵盖重点，是保障生态城镇化长期运行的重要制度体系。在生态城镇化的长期运行中，社会服务保障制度设计的范围相当广泛，涉及的群体也较为庞大。在我国城镇化建设道路逐步转变为生态城镇化的发展过程中，相关社会服务保障制度的调整与完善是至关重要的，特别是就业制度、教育制度与公共服务保障制度（医疗、养老等城镇保障性制度）的改革与完善是重中之重。

一、就业制度

就业制度，也称劳动就业制度，是指为具有劳动能力的公民获得职业提供劳动工作机会的相关制度。在市场经济的运行下，就业制度是否高效，直接决定了劳动力的持续供给和社会治安的稳定。在生态城镇化的长期运行中，就业制度是农村劳动力转移最基本的保障性制度，其主要解决农村劳动力进入城市的问题，在城镇化的长期推进和社会稳定方面具有基础性的地位。

“十三五”时期，随着我国城镇化建设逐步迈向生态城镇化的运行轨道，社会变革不断加深、改革所涉及的方面不断扩大，相应的就业制度也必须适应新时代我国各地区发展的需要，及时做出相应的调整，以适应不断深化的改革步伐。

（一）就业制度是生态城镇化有效运行的前提

生态城镇化的长期运行，必定涉及农村剩余劳动力向城市的转移，涉及农村劳动力和农村居民如何进入城市的问题。就业制度是生态城镇化有效运行的前提，其规制了农村劳动力向城市的合理转移，为农村劳动力在城市提供了合理的消化渠道，保障了生态城镇化运行中农村劳动力的合法收入和财产权益，为农村劳动力的城市进入问题提供了基础性制度措施。必须重视就业制度在生态城镇化中的基础性地位，完善相关制度保障，使其能够更好地与生态城镇化的发展进程相融合。

（二）就业制度存在的问题

当前，城镇就业制度主要包括劳动合同制度、就业准入制度、人事代理制度等。随着我国生态城镇化建设的不断推进和改革开放程度的不断加深，原有的劳动合同制度总纲也相应出现了与时代不匹配、制度期望与结果不匹配等问题。因此，生态城镇化背景下社会服务保障制度中的就业制度，必须实施相应的改革，以期适应新时代城镇化发展的客观规律。

随着生态城镇化建设的不断运行，就业制度也暴露出了以下三个方面的问题：第一，同工不同酬问题；第二，就业中的歧视问题；第三，面临人口红利减弱风险。就业制度是整个社会保障制度中的重要分支，就业制度能否高效运行与其所处的经济社会环境、不同的社会保障制度间协调以及城镇化发展进程等都有着紧密的联系。因此，就业制度对劳动力稳定供给和社会稳定发展所带来的影响是极其深远的。就业制度所引起的相关制度性问题也具有辐射面广、波及群体广泛、影响时限深远等特点。

1. 同工不同酬问题涌现

在生态城镇化的长期运行中，农村劳动力向城镇、城市转移的现象明显，其也在城市的发展进程中拥有举足轻重的地位。然而，农村居民与城市居民、正式职工与非正式职工、劳动合同制与聘任制等对劳动力的种种划分使部分企业出现了较为明显的同工不同酬的情形，这种情况在事业单位和公务员系统中尤为普遍。同时，国有控股公司和企业中也存在类似的现象。这种同工不同酬的现象是由我国独特的就业制度演变路径所产生的，也是我国经济社会转型时期所存在的独特现象。同工不同酬问题造成了社会性的“歧视”，违背了“以人为本”、和谐发展的生态城镇化理念。生态城镇化的运行本身便伴随着经济、社会、文化、环境等方面的强烈变革，每一方面的变革都会相互影响，进而塑造出变革后所期望的社会状态。一旦某一个制度环节无法达到预期的效果，则其将会通过广大农村和城镇劳动者群体，影响整个生态城镇化的运行进程，导致最终的结果无法估计。

2. 就业中的制度性歧视问题

当前，在生态城镇化长期运行的过程中，以人为本的发展理念得到了进一步的贯彻实施。然而，就业制度在市场化的浪潮中依然存在着一定的歧视性，影响了我国劳动力运行的公平性与高效性，进而与生态城镇化长期运行过程中“以人为本”、公平发展的概念有所冲突。就业中的歧视问题，是通过制度性的歧视自上而下蔓延的，其主要包括就业中的性别歧视、身高歧视、地域歧视、户籍歧视、年龄歧视、学历学校歧视以及经验性歧视。在生态城镇化运行的激烈转型期，制度性的歧视使得就业机会在相应的就业制度下无法达到公平，与“以人为本”的发展理念形成了冲突，影响了生态城镇化的长期运行。这种歧视性的产生，是就业制度缺乏系统公平的就业体系与惩罚措施所造成的。当其处于用人单位买方市场的大环境下时，制度性歧视所带来的负面效应被放大，影响了就业制度本应该具有的机会公平性，从而在生态城镇化的运行阶段产生了一定的困扰。

3. 面临人口红利减弱风险

进入新时期，我国生态城镇化的长期运行恰巧面临着人口红利减弱的风险。在这一前提下，农村劳动力向城市和城镇的转移不断面临挑战，就地城镇化的进程也会存在后劲不足的问题。由于我国当前的就业制度、户籍制度以及社会保障制度的差异性，转移到城市的农村劳动力转变成真正的市民较难实现，一方面影响了国家相关政策的效果，另一方面转移到城市的农村劳动力由于生存困难和福利不公平很有可能影响城市的稳定发展和社会和谐。因此，我国的生态城镇化战略的重点就落在了“人”的市民化，这将高效转移我国农村剩余劳动力成为可能。另外，政府必须为转移大批量的农村剩余劳动力付出代价，这意味着各级地方城市将面临更加巨大的转移成本压力。

（三）完善就业制度的措施

要解决就业的相关问题，必须从根本的就业制度入手进行完善，使其能够更加适应生态城镇化运行的内在需要，保障我国广大劳动力的合理、合法的收入与机会的平等，真正达到“以人为本”的生态城镇化发展目标。我国当前的就业制度可以从以下三点进行完善，第一，必须坚定执行就业优先战略；第二，优化经济结构，扩大就业渠道；第三，改善就业制度环境，保障就业机会公平。这样才能够在生态城镇化的运行背景下保障就业的稳定，为生态城镇化的长期建设提供持久的动力。

1. 坚定执行就业优先战略

在生态城镇化的长期运行背景下，就业问题应该成为制定经济社会发展战略的前提，从而促进农村劳动力就业，保持经济平稳发展，转变经济发展方式。建立相应就业制度体系，调整产业结构，保证经济持续健康发展，扶持第三产业发展，提高劳动就业效率。鼓励大中型城市在城镇化进程中发展第三产业，吸纳农村劳动力在第三产业中实现就业，保障经济增长和扩大就业的良性互动发展，为我国经济社会发展提供新的核心动力，通过人力资源建设促进生态城镇化成功推进。

2. 优化经济结构，扩大就业渠道

（1）充分发挥第三产业吸纳劳动力能力。第三产业作为未来经济发展的重要支撑，具有强大的吸纳劳动力的能力。首先，第三产业涉及范围广泛；其次，第三产业善于创新、易于创新的特点使其创造了许多新兴就业岗位。根据历史发展经验和其他发达国家的成果，产业结构升级必然导致劳动力从第一产业和第二产业转向第三产业。当前，相比于第二产业而言，我国的第三产业发展还处于探索阶段，发展潜力巨大。因此，应抓住产业结构调整的契机，充分发展第三产业，利用第三产业创造更多的就业机会，为生态城镇化的长期运行提供有效的劳动力保障，在经济发展方面提供持久的经济动力。

（2）改善中小企业发展环境。在生态城镇化的发展背景下，应进一步改善中小企业发展环境，为中小型企业在二三线城市的生存与发展提供政策性的优惠，更好发挥其带动就业和再就业的作用，为生态城镇化的长期运行提供保障。

应大力扶持，深度挖掘中小企业的吸纳就业作用的能力，为中小企业发展营造良好的外部环境。

3. 改善就业制度环境，保障就业机会公平

就业是关系生态城镇化长期建设的重要保障，是关系民生的重要组成部分，也是城镇化能否朝着“以人为本”的发展理念不断前进的重要环节。必须创造完善的就业制度环境，以适应新时期生态城镇化的运行发展。要加强就业相关的法制建设和宣传，以更好地保障劳动者的平等就业权利。目前，我国劳动力市场制度尚不完善，仍存在许多问题，为此，应在加快改革户籍制度的基础上，建立统一开放的就业服务平台，保障劳动培训与服务机构能够有效适应当前生态城镇化的长期运行要求。另外，要通过互联网科技，建立和完善就业登记制度、再就业培训机制。通过就业制度的完善和就业制度良性环境的塑造，为生态城镇化的长期运行提供有效的劳动力供给，保障生态城镇化长期稳定推进。

二、教育制度

随着我国生态城镇化的不断推进和发展，教育作为未来提高劳动力质量的重要措施和基础性手段，成为我国重要的战略性制度。

教育制度是社会服务保障制度中的重要组成部分，其在生态城镇化的长期运行中主要解决农村劳动力融入城市的问题，保障农村劳动力质量，使其能够不断适应经济发展和产业结构升级所带来的压力。农村劳动力向城市的转移必然伴随着生态城镇化的长期运行而发生，保障农村劳动力和相关农村居民能够长期有效融入城市生活，必须依靠教育制度的改革与完善，再依据生态城镇化的发展要求提供配套的教育制度，保障生态城镇化的长期运行。生态城镇化不断推进的转型期，必须深化我国教育制度改革，改善教育质量，把握“技能培训”与“应试培训”的平衡，以期更好地适应转型期我国经济社会的平稳发展。

（一）教育制度是生态城镇化长期运行的有力保证

教育制度作为生态城镇化运行的重要保障性制度，是社会保障制度的重要分支。其作用是提供平等、科学的教育渠道，保障城镇居民与农村居民能够接

受良好的教育。教育的不断推进在长期提高劳动力质量，获得人力资本的有效积累，不断适应新时期我国经济转型发展和生态城镇化长期推进的要求。教育的优劣直接由相应的教育制度进行规制。因此，教育制度对于农业劳动力的转移安置以及质量提升具有重要的作用，直接决定农村劳动力融入城市的能力，解决城市人口整体素质的提升问题，与国民素质的提升和发展有直接的关联，保障我国未来经济发展的劳动力质量，是生态城镇化长期运行的有力保证。

（二）教育制度存在的问题

教育制度作为人力资本持续积累的重要制度，具有长远的影响意义。教育有效性和公平性是教育制度所应重点关注的两大问题。在有效性方面，我国的教育过多地强调精英教育而相对忽视应用型职业型教育，导致生态城镇化长期运行缺乏相应技术性人才；在公平性方面，教育制度在不同地域的公平性存在差异，使我国教育制度出现相对不公的现象。我国当前教育制度存在的以上两个方面的问题，在生态城镇化的长期运行背景下显得尤为突出，在一定程度上阻碍了城镇化建设的有效推进，降低了人才输送的效率，影响了未来我国经济长期健康稳定的发展。

1. 有效性：忽视职业技术培养导致技术人员紧缺

我国教育制度设计的缺陷是轻视职业教育和技能培训。在人们心目中，职业中学由于历史发展等原因一直处于弱势地位，相较于普通高中和大学而言“低人一等”。尤其是在1999年开始高校扩招，普通高中成为重点培养对象，而职业高中更加备受冷落。这种发展路径直接导致了当前的“技工荒”现象出现，影响到我国制造业的长期发展，阻碍了产业结构的升级。然而在这一前提下，我国普通高等教育和“高考”依然占据教育中的重要地位，高等教育依然是众人趋之若鹜的“象牙塔”。在生态城镇化持续运行的转型时期，各地区各政府在城镇化的长期建设运行中都需要大量的职业型、技术型人才，以保障产业结构的调整升级以及经济社会的不断发展和技术的不断创新。技术型人才和专职技工的相对缺乏影响了我国生态城镇化运行的效率，延缓了生态城镇化的推进速度，使我国的人才输送渠道变得狭窄，进而影响生态城镇化的长期平稳运行。

2. 公平性：教育制度存在公平性差异

新时期下，随着我国生态城镇化建设的不断推进，就地城镇化的浪潮也随之而来。在这一背景下，教育制度所带来的地域不平等、教育资源不平等、高考差异性等问题逐渐显现，教育的公平性原则受到挑战。长期以来，由于受精英教育思想的影响，重点小学、重点中学，重点高中备受青睐，政府不惜投入重金打造重点学校，教育资源发展不均衡。基础教育的不平衡，必然导致高等教育的不平衡。由于缺少相对完善公平的教育制度，各地区政府对重点学校投入大量资金，使地区教育发展出现了不均衡的现象，造成了择校问题。而择校问题的出现进一步加剧了农村居民在城镇化建设中其子女融入城市生活的困难程度，导致了教育不公与教育失衡的问题。这种教育制度所带来的公平性差异在城乡之间、地域之间尤其明显和普遍，最终影响了生态城镇化长期运行效率。

（三）完善教育制度的措施

必须从教育制度的有效性与公平性两大方面着手，提高教育制度对生态城镇化长期运行的有效性，保障教育制度在生态城镇化长期运行中的公平性。相关教育制度只有做到有效性与公平性兼顾，才能为生态城镇化的长期运行提供相应保障。

首先，开拓职业教育发展新模式，将市场能够有效解决的问题放归市场解决，制定科学的校企合作模式。职业教育的好坏直接关系到我国应用型人才培养的成功与否，在目前我国大力培养职业应用型人才的政策方针下，职业学校必须担负更多的培养责任，积极探索行之有效的培养方案。建立完善的职业教育学历体系，逐步打破传统的学历分层制度，培养合理的就业渠道与就业管理体系。要打破传统的学历观念，必须从职业教育制度体系的根本入手，开创新的、广为社会所认可的职业教育认证体系，建立合理有效的校企就业渠道，从而使我国的职业教育体系能够从制度上得到保证，在长期取得职业教育发展所应该拥有的内在动力。

其次，要大力推进教育均衡发展，建立教育寻租惩罚措施。针对我国教育在各地区存在的公平性问题，必须从根本的教育制度入手，全面推进全国范围内的教育公平发展，建立严厉的教育寻租惩罚制度，从制度层面解决教育不公的问题。生态城镇化长期运行的一大目标是各地区协调发展，充分发挥地方资源优势，达到生态城镇化建设在我国各地开花结果的局面。要做到这一点，教育制度作为最基础、最长期的制度体系，具有广泛而深刻的影响力。建立健全严格的教育寻租惩罚制度，从教育制度体系上杜绝权责不清、教育寻租与教育资源投入不公等问题。

三、公共服务保障制度

公共服务保障制度，是生态城镇化长期平稳运行的重要保障，也是保障社会长期稳定、经济平稳健康发展的重要制度体系。公共服务保障制度涉及城镇化主体的方方面面，保障城镇居民与农村居民的基本生活水平、医疗保障、福利水平、文化水平等方面。因此，在生态城镇化的长期运行发展中，公共服务保障制度的有效运行直接决定城镇化参与主体的福利水平，决定着生态城镇化的长期建设能否得到广大受众群体的支持，决定着生态城镇化的发展能否按照既定的“以人为本”发展轨道前进。

公共服务均等化是生态城镇化长期建设运行的重要参考指标。保障公共服务均等化，建立公平、科学、合理的公共服务体系，改善城镇居民与农村居民的公共服务水平，是生态城镇化发展的目的。必须有效防止公共服务的制度性歧视，坚定不移地实行制度的去歧视化，保障农村居民享受生态城镇化带来的公共服务提升。

在生态城镇化的长期运行中，公共服务保障制度体系决定着城镇化建设中普通群体的切身利益和福利水平，是至关重要的保障性制度体系，也是衡量生态城镇化长期运行效率的重要参考标准。医疗保障制度和养老制度是公共服务保障制度体系的核心，其直接决定着公共服务保障制度体系的长效性和高效性，进而决定了生态城镇化的长期运行是否得到有效的保障性制度体系的支持。

（一）医疗保障制度

医疗保障制度的实施与完善，能够有效地保障普通居民的生产生活水平，降低居民因病返贫的风险，增加普通居民安全感，提高普通居民生活福利水平。

1. 医疗保障制度均等化的意义

医疗保障制度是社会保障制度的基础，在社会保障制度中具有基础性的地位。医疗作为广大居民共同的需要，是社会保障制度体系的基础内容，也是农村转移劳动力群体最为关注的内容。在生态城镇化的长期运行中必须坚定不移地实行医疗体制改革，保障医疗制度体系的均等化，杜绝农村居民医疗歧视现象，切实保障广大居民最基本的看病就医渠道，为广大居民提供公平合理的社会保障体系。

2. 医疗保障制度体系存在的非市场性问题

我国医疗保障制度体系目前存在资源配置的非市场性、制度差异性和二元结构的问题。这些问题影响了我国医疗制度体系的规制效率，削弱了普通劳动者医疗保障力度，从而影响了生态城镇化的长期运行。

医疗资源作为公共资源中的重要组成部分，具有稀缺性的特点。必须充分运用市场调节，保障医疗资源的合理公平运用，杜绝医疗资源在非市场条件下的歧视性问题，使全体居民都能公平合理地享受医疗资源。

3. 完善医疗保障制度的措施

在生态城镇化长期运行的过程中，完善的医疗保障制度体系直接关乎普通居民的福利保障，关系到生态城镇化是否能够长期运行。因此，必须坚定地进行医疗制度体系的改革，完善医疗制度体系。需根据生态城镇化的运行规律制定出符合我国国情、符合各地区实际情况的医疗制度体系。第一，要拓展医疗制度的覆盖范围，完善医疗保险制度。第二，要构建科学简约、调控灵敏的政府管理体系，同时充分运用市场的能动性与灵活性，确保医疗保险稳健运行。第三，要构建协同配套、保障有力的支持体系深化医保支付方式改革。

（二）养老制度

1. 养老制度关系到未来保障

养老制度也是社会保障制度的核心制度，与医疗保障制度一样，直接保障着城镇居民的基本生活。养老制度为广大劳动者提供了劳动后的保障问题，是其能够全身心投入劳动和消费的重要保障性制度。养老问题是一个重大的社会问题，在生态城镇化的长期运行中必须注重我国劳动力的养老，特别是农村转移人口的养老问题，杜绝养老福利的身份歧视与地域歧视，保障养老制度均等化。

2. 养老制度存在的问题

在生态城镇化的长期运行中，由于户籍制度的存在和历史发展等原因，我国的养老金制度存在与时代发展不匹配的问题，突出表现在以下三个方面：第一，养老制度的覆盖面偏窄，未来存在隐患。第二，养老金缺乏流动性保障，养老金制度对城镇化建设的促进作用不强。养老金流动性的缺乏致使该制度阻碍了相应管理人才的自由流动，降低了生产效率，阻碍了经济的长期发展，减弱了生态城镇化的内在驱动力。第三，养老金基金储备不足，长期运行存在乏力甚至是风险。养老金制度的完善需要时间的积累，我国由于特殊的发展结构和人口结构，致使我国目前部分地区出现了“未富先老”的局面。这种局面的出现对我国的养老制度产生了巨大的压力，也加重了养老金资本积累不足所带来的问题。这一问题的出现导致了普通居民预期的改变，增加了未来不确定性和风险，影响了社会长期稳定，从而为生态城镇化的长期运行产生了无形的压力。

养老金制度存在的风险必须引起我国相关部门的注意，其能否长期有效提供制度性的保障直接决定了我国未来的经济发展与社会稳定，决定了“以人为本”的发展理念能否得到有效的贯彻执行，也决定了生态城镇化的长期运行能否实现。

3. 养老制度体系的完善

在生态城镇化长期运行的背景下，养老金制度体系的改革与完善直接关系到我国经济的长期发展与社会的稳定。因此，必须坚定不移地推进养老金制度体系的改革，顺应时代发展和社会进步的客观规律，制定相应科学合理的养老制度体系。

（1）建立合理的基本养老金统筹制度。合理确定养老金缴费率，实行社会统筹与个人统筹有机结合的基本养老金制度。在生态城镇化的长期运行过程中，城市劳动力不断融合，相应养老金统筹制度要透明公开，并实行个人与社会统筹的有机结合、个人与用人单位的有机结合，切实做到养老金统筹制度的建立，保障城镇居民与农村进城市民养老的基本要求。

（2）提高养老金制度的公平性。建立科学、开放、透明的养老金顶层设计，增加养老金制度的公平性。养老金顶层设计的科学性、开放性和透明性是保障该制度体系长期运行的关键，在养老金制度改革的关键时期，必须明确养老金的制度设计，最大限度地避免碎片化与修补式的改革；逐步取消城乡、事业单位与非事业单位、公务员与非公务员之间的养老区别，建立更加公开透明、平等的养老制度，保障我国养老金制度的长期有效运行，进而促进生态城镇化建设的有效实施，保障普通居民在养老方面的公平高效性，减少不确定性所带来的效率损失。

（三）建立科学高效的社会服务保障体系

在生态城镇化的长期运行中，建立科学高效的社会服务保障体系，完善公共服务保障制度，保障生态城镇化的运行能够从“以人为本”的角度出发，切实保障广大居民的根本利益，改善广大居民的长期福利，从而为生态城镇化的长期建设运行提供微观层面的支持和动力。

深化社会服务保障体系改革，提高社会服务保障制度所衍生的经济社会效率，必须明确社会保障底线，确保社会保障制度的公平性；必须增加社会保障相应基础性制度的供给；必须深化社会服务保障制度改革；必须大力发展基层社会保障制度。

第六篇
生态城镇化的监督机制

构建生态城镇化监督机制，是对推进生态城镇化的决策、运行进行全程监督。为了保证决策制定过程的科学严谨，决策运行过程不偏离预期路径，避免出现决策失误和运行偏差而造成巨大的经济损失或者严重的生态破坏，在生态城镇化过程中，必须建立一套完善的监督机制加强对生态城镇化全过程的监督，保障生态城镇化的决策合理、运行规范。

第十二章　生态城镇化监督机制的重点：考评体系

构建生态城镇化监督机制，主要在于设计和建立激励约束机制。通过建立和完善生态城镇化考评体系、多方合作机制、公众监督机制、责任追究机制和社会问责机制，来解决约束力问题。其中，完善的考核评价体系是生态城镇化监督机制的重点，在监督机制设计中要强调考评体系的严谨性、合理性。

第一节　生态城镇化监督机制构建的要求和作用

确保生态城镇化长效机制落到实处，需要完善的监督机制来全程督促，监督机制要落实“谁来监督”“监督什么”“采取什么方式进行监督”，以及“采取什么激励约束措施”等问题。完善的监督机制能够保证生态城镇化决策的合理性、运行的规范性，并能够对生态城镇化的成效进行全面考评。监督机制的构建应符合“五位一体”目标导向、能够对生态城镇化进行全过程监督、有健全的法律制度做后盾、体现监督的权威性，并能够强化社会监督。

一、生态城镇化监督机制的基本要素

完善的监督机制是由监督主体、监督制度、监督对象以及奖惩措施等要素构成。

（一）监督主体

确定监督主体也就是解决“由谁监督”的问题，生态城镇化监督主体，表现为多元化的特征，可以分为内部监督主体和外部监督主体两大类。

1. 内部监督主体

生态城镇化内部监督，由各级政府及相关部门完成。政府内部监督主体主要包括上级政府、本级政府行政机关以及内部审计监督等。政府内部监督通常属于“自上而下”的纵向权力监督或者同级专业机构的横向监督，由于权力主体之间的层级关系和利益关联，通常会造成下级普遍的“维上”心理，上级监督部门容易被蒙蔽或拉拢；而政府内部同级横向监督则存在约束软化问题；至于下级监督上级则太难。因此，完善的监督制度，必须引入外部监督主体，探索和完善“自下而上”的社会监督模式。

2. 外部监督主体

引入多元化外部监督主体是政府内部监督的补充和延续，是构建民主社会、法治社会的基本要求。在生态城镇化决策、管理、运行过程中引入外部监督主体，能够保证生态城镇化决策科学民主，避免重大失误；保证生态城镇化运行顺畅。外部监督主体范围比较广，既包括人大、政协等机构，也包括新闻媒体、社会团体、人民群众、利益团体以及相关学者、咨询顾问等主体。

从人大、政协遴选一批素质高、能力强、敢于监督、善于监督的委员担任民主监督员，可以对生态城镇化决策及执行情况、民情民意处理情况、地方政府工作绩效、部门作风、干部队伍建设情况等进行民主监督与评议。由于生态城镇化建设关乎广大人民群众的切身利益，因此，在进行生态城镇化决策、运行与监督时，必须充分考虑人民群众的利益诉求，搭建平台让群众参与监督。人民群众的监督具有广泛性的特点，但也具有分散性特点，单个的群众在面对国家权力的时候是很弱小的，需要依附一定的组织或者借助新闻媒体的力量才能更好地发挥其力量。社会团体组织通过将众多单个个体组织成为社团，使得弱小的个体变得强大，进而成为制约政府公权力的重要力量，对监督与制约城镇化过程中政府决策行为发挥着不可替代的作用。利益团体将具有相同利益诉求的人聚集在一起，在整合其成员需求的同时也具备了成员所赋予的资源和权利，从而具有了影响政府决策的资源和能力，也成为社会监督的重要力量。而新闻媒体是现代公共生活的重要组成部分，在实现公众的知情权、监督权、维护社会公平正义方面有着重要的作用。作为一种特殊的监督主体，新闻媒体影响面广泛、影响力大、渗透性强，在社会监督中最能体现公开监督、广泛监督、民主监督的要求。生态城镇化过程中，通过新闻媒体的参与更能引起社会各界的关注，既能带动公众公开讨论形成公共意见，又能对政府决策管理权利进行约束监督，对政府官员的违法行为进行抨击。

引入社会外部监督主体，提高社会公众的社会监督意识和水平，不仅可以从制度上，更可以从心理上对监督对象造成一种强大的压力，进而防止政府权力部门和行政官员滥用权力，保证生态城镇化建设顺利推进。

（二）监督制度

监督制度是指为规范政策执行的全过程而制定的法律法规。完善的监督制度是保证生态城镇化监督机制规范运行的前提，生态城镇化监督制度主要有考核评价制度、社会监督制度、信息公开制度、激励约束制度等项内容。

1. 考核评价制度

对生态城镇化发展阶段、发展水平与质量进行客观的测评，并对政府及其相关部门在推动生态城镇化过程中的绩效表现加以考评，是进行监督的主要依据，因此，完善的考核评价制度是监督制度的主体内容。

2. 社会监督制度

社会监督制度是对社会团体、公众、媒体等社会主体参与监督制定的法律规范，是保证公众监督权利的依据，同时也是对公众依法监督的规范。完善的社会监督制度，能够保障和规范公众参与生态城镇化建设，引入社会监督能够弥补政府内部监督的缺陷。

3. 信息公开制度

生态城镇化建设牵涉众多社会主体的切身利益，如果政府不能通过有效的制度加强与各方主体的有效沟通，协调好各方利益关系，可能会激化社会矛盾，致使生态城镇化建设的阻力增强。信息公开制度旨在为政府行政主体与社会公众之间建立一个信息交流的平台，通过该平台向社会及时发布生态城镇化建设的相关信息和最新进展，保障公民的知情权。有效的信息公开和交流也能够促进社会的民主公平与和谐。

4. 激励约束制度

激励约束机制是为保证生态城镇化决策的正确、运行的规范，对参与生态城镇化的决策主体与实施主体采取一定的激励与约束措施。激励机制主要是对推进生态城镇化进程做出积极贡献的各类参与主体，给予正面的奖励，包括经济奖励、政治晋升以及社会声誉激励，并推广其成功经验。

5. 责任追究机制

责任追究机制则是对生态城镇化建设的决策主体和执行主体因决策失误或执行不力造成的后果，追究其行政责任、经济责任和法律责任等的机制。有效的责任追究制度能够对政府官员起到一定的威慑作用，责任追究制度要突破官员任期年限的限制，即使参与决策、负责执行的领导已经离任、调任或者退休，也要追究其责任，这可以保证生态城镇化建设的连贯性，防止出现人来政兴、人去政息以及官员短视化行为。

（三）监督对象

监督对象是监督活动所针对的客体与对象，生态城镇化监督对象包括政府生态城镇化决策层和执行层。生态城镇化监督机制要对政府决策层的决策规划的确定、方案的设计与选取、决策程序进行监督与约束，保证决策目标合理、决策方案可行、决策程序规范；还要对生态城镇化建设和管理的各主管部门的执行情况进行监督，杜绝执行不力，防止执行过程中偏离目标的情况。

1. 对决策的监督

对生态城镇化政府决策层的监督主要是一种权力监督，主要是监督检查政府决策部门在参与生态城镇化决策规划工作过程中，有无违法行为，有无越职或失职行为，一旦发现问题要及时纠正、严肃处理，这是防止政府主要负责人滥用职权的基础。

2. 对执行的监督

生态城镇化监督对象不仅包括对决策过程的监督，而且包括对生态城镇化执行过程的监督。对执行过程的监督涉及两个层面：一是上级政府决策机构或部门对下级执行层的监督，主要是监督相关主管部门，比如城市规划委员会、政府规划行政主管部门等，在实施和执行生态城镇化决策过程中执法的公正性、工作积极性和严谨性。二是执行部门或主管部门对参与生态城镇化建设的产业部门、企业的行为进行监督，保证各产业部门及企业能够按照与生态城镇化建设有关的各项产业政策、金融政策、环保政策等规定确定并调整其经济行为。对执行的监督决定了生态城镇化决策规划的贯彻实行，决定了生态城镇化建设的质量。

（四）监督方式

监督方式是监督主体在监督过程中所采用的具体方式。为体现生态城镇化监督机制的民主性与有效性，监督方式应尽量多样化，既要加强内部监督，更要引入外部监督；既要进行结果监督，也要对生态城镇化全过程进行监督。除了上级审查评估、组织视察等传统的内部监督方式以外，还可选择的监督方式有以下几种。

1. 专业监督

专业监督是组建由各类专家组成的专业监督机构或部门，对生态城镇化决策与建设过程中所涉及的专业性强的问题进行监督。比如，在生态城镇化建设中，生态补偿标准和拆迁补偿标准是否合理就是一个专业性非常强的问题，而补偿标准是否合理往往会成为很多社会问题的源头。通常一般的民众只是根据自己的经验来判断，带有很强的主观性，当民众的判断与政府采用的补偿标准差异较大时，民众会对政府的标准产生怀疑，这种不信任会引发群众阻挠拆迁、城管暴力拆迁等严重的社会问题。这时就需要有一个具备专业知识、具有独立性的专业监督机构加以监督。

2. 专项监督

专项监督是指对生态城镇化过程中人民群众反映比较强烈的社会热点问题、焦点问题，积极开展专项调查研究，比如，拆迁安置问题、拆迁补偿纠纷、暴力拆迁问题、生态补偿问题、环境污染问题、教育不公平问题、就医难等问题。由政府有关部门或者由人大、政协委员组成专项调查组，就某一社会问题实施专项监督，具有较强的针对性，能够使很多问题得到及时有效的解决。

3. 法律监督

法律监督是用法治来保证生态城镇化建设的顺利推进。有效监督约束政府权力，企业、公民个体权利与利益才能得到保障，因此，通过设定客观明晰的法律规则及有效的监督机制，约束政府的权力以公平正义地实现决策与监督，达到是法治政府的基本要求。生态城镇化建设实践中，绩效考评监督、专项监督、媒体监督、网络监督等方式存在“软约束”形态，相比较而言，法律监督更具有强制性，约束力更强。

4. 社会监督

社会监督主要包括媒体监督和互联网监督。媒体监督可以发挥强有力的约束作用。在生态城镇化建设中，要充分发挥媒体监督的广泛影响力和有力约束力。新闻媒体应真切地去接触和靠近人民群众，充当群众的“发声器”，去反映生态城镇化过程中群众所关心的住房、教育、户籍等社会热点问题和难点问题。政府部门要充分利用媒体渠道去发布有关生态城镇化建设的信息与公告，公开决策过程与规划方案，增加政府决策的透明度。

互联网监督是社会公众通过网络渠道表达利益诉求和参与监督的一种形式。互联网监督在及时性、透明性、大众性、保密性及畅通性等方面具有很大的优势，公众和社会团体可以通过网络投票和公众舆论等多种方式影响政府决策，并对政府机构和官员进行监督。在互联网环境下，政府机构行为及行政人员的活动可以迅速被公众所了解，一旦存在权力滥用现象，势必会形成巨大的舆论压力。互联网监督给政府部门管理带来了诸多挑战，政府管理部门应着力提升应对网络和媒体的能力，并积极适应变化，主动利用网络渠道发布信息，推进政务公开，了解公众关心的热点难点问题，倾听网民的意见与建议。

网络监督在发挥其积极性的同时，也具有一定的负面效应。网络监督是以社会公众意志、社会道德标准以及舆论力量为监督基础的，主要通过曝光与揭发对监督对象进行监督和施加压力，缺乏法律依据和制度规范约束。由于网络上的信息量大、信息的真伪难以辨别，以至会有不法分子利用网络传播虚假消息，散布谣言，煽动舆论，操控公众意志；也有部分公众以偏概全，仅从自身利益出发抵触政府政策。因此，目前我国网络监督的规范性还需进一步加强，相关法律法规制度亟待完善。

二、生态城镇化监督机制构建的要求

生态城镇化监督机制的构建要依据“五位一体”的目标而进行，要能够实现对生态城镇化规划建设的全过程的监督，这是最基本的要求。此外，还应赋予监督机制足够的权威性，保证监督的有效性；健全法律制度约束，保证监督机制符合法制化的要求；强化社会监督，保证监督机制的公平公正。

（一）符合"五位一体"目标导向

生态城镇化建设的目标是实现经济、社会、文化、政治、生态文明"五位一体"全面协调的发展，对生态城镇化决策、规划和管理各阶段进行评价监督目的之一就是保证生态城镇化建设不偏离既定目标。因此，生态城镇化监督机制的构建要依据"五位一体"目标而进行，制定体现"五位一体"的考评体系、奖惩制度、激励指标和约束指标。比如，生态城镇化建设必然会伴随城镇周边农村的拆迁以及旧城拆迁和改造，在这一过程中，必须协调好城市建设与古村落保护、历史文化保护、城市风貌保护、生态环境保护之间的关系。完善的监督机制应该能够有效防止政府不加保护的、一味大规模的扩建、改建城市。

（二）实现全程监督

全程监督就是让监督贯穿于生态城镇化规划建设的全过程。在生态城镇化规划决策阶段，要对决策目标的合理性、决策主体的合规性、决策方案的可行性以及决策程序的规范性进行监督，以保证政府决策者能够广泛吸收社会各界的意见和建议，决策方案能够充分反映社会各界利益诉求，让决策更加民主化、科学化。在生态城镇化规划实施与管理阶段，政府内部监督主体要定期对生态城镇化发展进程加以评估与监督，对生态城市管理部门的工作表现和绩效进行监督。

（三）体现监督权威

应赋予监督机制一定的权威性，通过监督考评奖优惩差。对在生态城镇化建设中表现良好、取得突出成绩的地方政府或部门，应给予奖励，并向其他地区推广其成功经验。而对于表现欠佳，存在决策失误、行为失范、滥用权利的地方政府或部门，应给予惩罚，被通报批评和惩罚的部门和机构，要做出及时的响应与整改，并对主要负责人追责。

（四）健全法律制度约束

生态城镇化监督机制的构建要符合法制化要求，通过法律赋予其权威性。无论是政府内部主体进行的内部监督考评，还是外部公众、媒体以及社会团体等对生态城镇化全过程进行的社会监督，都必须在相关法律制度的约束内，依法进行监督。因此，应完善相关法律制度，对各类监督主体的职责、权利、权限范围及其监督程序等进行明确的规定，保障监督主体拥有获得相关信息和资料的权利。法律赋予监督主体的监督权利的同时，也对各自的监督权限予以限制，任何主体都不能逾越法律的界限。

（五）强化社会监督

与政府内部监督相比，社会监督更能体现公平、公开及透明性，符合社会民主建设的要求。社会监督可以补齐政府内部监管力量的不足，并防止政府主导下生态城镇化决策与建设中决策失误、执行不力、官员权利滥用、行为失范等现象的发生，保证生态城镇化顺利推进。通过将生态城镇化决策、规划以及实施进展的相关信息通过电视、网络、报刊等媒介向公众全面、及时的公开，充分征求利益相关各方的意见，可以使社会公众能够充分了解生态城镇化建设实施、管理的具体环节和步骤，并据此对政府决策管理部门进行监督。

三、生态城镇化监督机制的作用

生态城镇化建设，影响范围广泛，涉及利益主体众多，因而要求决策方案的制定与选择须经过充分、科学的论证，决策方案的实施须有相应的制度保证，确保其顺利推进。然而，在具体的实践中，受众多主客观复杂因素的影响，决策过程中可能会出现一些难以预料的情况影响决策的质量和生态城镇化的效果，因此，必须对生态城镇化决策、运行过程进行全面的监督。生态城镇化监督机制通过以下三方面产生作用，为生态城镇化建设“保驾护航”。

（一）有效保证生态城镇化决策合理

在生态城镇化决策过程中各类监督主体对决策目标选取的合理性、决策主体行为的合法和合规性、决策程序规范性，进行全方位的监督，可以降低决策失误的概率，提高决策的正确性。引入外部主体对政府决策机构或决策者进行监督，更能够体现决策的公正性和民主性，使决策方案更容易被普遍接受，有利于决策方案的执行实施。

完善的监督机制有利于及时调整生态城镇化的目标方向和政策方案。生态城镇化建设目标能否实现，除了与政策本身的可行性有关外，还受地区经济、社会、资源等因素的影响。同样的生态城镇化建设方案，在有些地区能够取得成功，但是在其他地区实施以后，可能结果并不理想，甚至最终被证明是错误的。一项重大决策的错误会给国家和社会带来巨大的危害和损失，因此，不能任由一项不适合的生态城镇化政策在本地一直执行下去。在执行过程中必须结合地方实情，具体问题具体分析，必须实时地对生态城镇化建设情况进行监督评估，一旦出现决策方案与现实条件不匹配，不适合在当地推广的情况，应及时调整和完善生态城镇化建设方案。

（二）有效保障生态城镇化运行规范

在方案的实施环节，严格有效的监督机制能够保障生态城镇化执行活动按既定目标运行，有效保障生态城镇化运行规范。通过对生态城镇化决策运行过程的监督与控制，可以及时预防可能出现的问题，发现现有决策方案在执行过程中的弊端和缺陷，并及时纠正和解决所存在的问题。若在方案实施过程中发现存在重大偏离，必须及时反馈、上报，通过具体分析查明原因，根据具体情况区别处理。如果在实施环节执行部门执行不力或执行有误，则采取一定的惩罚措施，要求其按既定方案认真执行；若决策方案本身存在问题，则应会同有关部门和人员进行协商，修改方案；若决策方案存在根本性错误，则应立即停止方案的执行。而且，加强对决策执行过程中执行主体的监督，可以规范各执行主体的行为活动，提高其行政管理效率和公共服务水平，预防政府官员及行政管理人员利用职务犯罪，消除公共权力异化及腐败现象，保证生态城镇化建设按照既定的目标运行。

（三）全面考评生态城镇化的成效

生态城镇化决策方案是否科学、合理，就其本身来看是无法判断的，只有通过执行实施才能检验其效果。通过对生态城镇化运行过程的监督，可以对政府及其相关执行主体的执行活动及其效果做出客观公正的评价。完善的考评体系是生态城镇化监督机制的主体，科学的考评体系能够对地区生态城镇化建设的成效进行综合全面的评价，并将考评结果等有关信息及时反馈给政府决策者和方案的执行主体。通过这种全面考评、监督与及时的信息反馈，可以为政府决策主体和执行主体改进工作方式提供经验，为后续的决策管理提供重要的依据。

第二节　生态城镇化监督机制的重点环节：考评体系

完善的考评体系是生态城镇化监督机制的重点，生态城镇化考评体系是指在生态城镇化建设过程中，由内、外部考评主体定期检查和评估生态城镇化方案制定、执行情况及目标的实现程度，对地区生态城镇化发展阶段与水平，以及政府部门在推动生态城镇化建设中的工作绩效进行考核评价。

一、生态城镇化考评主体

目前，城镇化考核评价主要属于政府内部监督，考评主要由上级政府部门或主管部门定期组织进行，目的是评价生态城镇化发展进程，以及在推动生态城镇化发展中各级政府、各部门工作绩效情况。

政府内部考评主体掌握着政府决策管理及其绩效的完整信息，并且相对明晰政府制度安排及运行规则，依此制定出相对科学合理、具有实际操作性和可行性的考评标准，可以更加全面客观地评价生态城镇化发展水平及反映其存在的问题，评估政府绩效情况，并提出解决问题的有效对策。另外，这种以上级对下级进行考评为主的考核方式，存在考评主客体身份重叠的现实，某一级政府可能既是上级又是下级，一方面负责对下级部门的考评，另一方面需接受上级部门的考评，这往往造成评估的困境，直接降低了评估的真实性。因此，对生态城镇化的考核评价，既要完善现有的政府内部主体评估，保证内部考评结果的科学性和有效性，又要建立以公众为核心的外部评估主体体系。

首先，加强政府内部专门评估机构是第一步，应包括对于政府审计部门、司法部门、检查部门等的政府绩效评估，与此同时，在坚持上级机关及主管部门对下级机关和分管部门绩效评估的前提下，"从下向上"（即下级机关和分管部门对上级机关）的绩效评估也应进一步加强。其次，以公众为核心的评估体系需进一步发展，外部评估主体（专业评估主体、第三部门及网络媒体等）也应积极参与。应注重第三方评估组织的发展，第三方评估组织通常是具有相对独立地位的非官方、非营利性的组织，一般是高校及科研部门、学术团体、中介组织和志愿者组织等，且其评估更具理性和科学性。政府应该鼓励第三方评估组织的参与，加强双方的交流，并为其提供良好的政策环境和适当可靠的信息、数据，增强其独立自主性，以提高其评估的积极性和科学性。

二、生态城镇化考评体系的内容

生态城镇化考评体系包括两大部分：一是要在绿色发展观和协调发展观的指导下，构建"五位一体"的生态城镇化绿色发展评价体系，对生态城镇化综合发展水平和质量进行综合、客观的测度；二是建立生态城镇化绿色绩效评估体系，对地方政府官员在生态城镇化建设中的政绩表现加以考核，既要考核其经济绩效，又要将社会效益、生态环境效益列入绩效考核之中，彻底摒弃"惟GDP论"的考核方法。

（一）生态城镇化绿色发展评价

生态城镇化绿色发展评价，主要是在绿色发展观的导向下，在"五位一体"的总体布局下，建立可计量、可实施、可评估的生态化城镇指标体系，对地区生态城镇化的综合发展水平进行客观的测度和评价。生态城镇化建设是经济、社会、文化、政治、生态文明建设协调推进的过程，对生态城镇化建设的评价不能单纯地以城镇化率或者经济发展水平加以测度，必须采用多指标的综合评价方法，构建兼顾经济、社会、资源与环境效益的生态城镇化绿色发展指数，全面反映生态城镇化的发展质量。生态城镇化综合评价指标应该能够反映地区经济发展、文化传承与进步、生态环境、政治民主、民生福祉的综合发展情况。

对生态城镇化发展水平进行综合的评价，具有重要的意义。首先，当前我国生态城镇化建设处于起步探索阶段，社会各界对生态城镇化的概念、内涵、目标、规划方法等还没有达成一致的认识，在实践中也缺乏成功的示范指引，因此，构建一套科学、合理的、具有操作性的指标体系，可以为生态城镇化的发展指明方向，能够有效推动我国生态城镇化管理和实践。其次，应用所构建的指标体系，对地区生态城镇化建设进程进行科学、客观的评价，可以有效把握当前生态城镇化发展水平，及时发现所存在的问题和不足，并寻求改进措施以提升生态城镇化建设的水平和质量。最后，生态城镇化评价指标体系，以及对各方面发展的评价结果，是对生态城镇化过程加以监督的依据。

（二）政府绿色绩效评估

政府绩效是政府执政活动的结果，是政府在推动社会经济发展和行政管理中体现的效率、效果和质量的综合反映。绩效考核既是政府工作的“导向标”“指挥棒”，也是达成预期战略目标的必要手段。在生态城镇化建设中，构建公开、公平、公正的绿色绩效考核机制，对政府及其相关部门在决策、规划、建设、管理中的工作表现和绩效进行考核，是实现生态城镇化长效发展的客观要求。

基于绿色发展要求，对生态城镇化过程中政府绩效进行评估，是规范城镇化中政府官员行政行为、提高其行政效率的重要制度和有效方法。对政府绩效的评估可以分为两类：一是作为生态城镇化决策、执行主体的政府部门为提高自身的效率和责任而对其决策规划、管理运行活动及其效果进行评估，这类评估可以是生态城镇化成本—效益评估、经济性评估、环境效果评估、资源配置效率评估以及社会公平性评估。这种评估对明确政府管理职责、保证其行为不偏离生态城镇化目标是必要的。二是对政府决策管理行政能力进行评估，与第一类效果评估相比，对政府管理能力进行评估目前较少采用。能力评估多为政府外部评估，评判目标主要是制度建设。

生态城镇化绩效考核机制在促进各级政府和部门官员科学决策、规范履行职责等方面发挥了积极的作用。但由于目前政府绩效考核主体通常是上级政府或上级主管部门，为了得到较高的评价结果以通过考核，官员干部唯上级领导“马首是瞻”，决策时揣摩领导的意思，这种“维上”心理的存在，会直接影响其价值取向和判断，从而对其工作出发点和决策标准产生消极影响。因此，在生态城镇化过程中，要将对政府的绩效评估与政府职能转变相结合起来，引入外部监督，让民众参与政府绩效考核。另外，进行绩效考核时必须充分考虑地区差异，依据差异设定不同的考核标准。

第三节　生态城镇化监督机制的配套机制

完善的生态城镇化监督机制除了其主体内容外，还需要辅之以一系列的配套机制，包括建立监督的多方合作机制，保证生态城镇化决策的科学性与运行的畅通性；完善信息公开制度，规避政府与公众之间的信息不对称，保障公众的知情权；深化公众参与机制，增强生态城镇化决策与运行的透明性和民主性；强化激励约束机制，保证监督的权威性。

一、监督多方合作机制

在生态城镇化建设中，政府不再充当城镇化进程中的唯一权力核心，应当让一些社会组织、非营利组织、公众自治组织等第三部门和私营机构充分积极参与其中，寻求政府与非政府组织及公众的最佳协同与合作模式。对监督主体、监督机制和监督方式等进行优化和创新，建立起政府和非政府社会组织、经济组织、公众等多方合作的生态城镇化监督机制，并将多方监督与多方合作理念贯穿于生态城镇化决策、运行和监督的全过程。

（一）多方合作综合决策，保证决策的合理性

生态城镇化决策的制定通常涉及多个部门、多个层次，各部门不仅要为整

体经济利益和社会利益服务，还有着自身的利益诉求，他们所要解决的问题以及关注的利益往往不同，这使决策过程成为一个复杂的利益博弈和权利划分的过程。要保证决策的科学性，必须协调好各部门组织之间的利益分配，建立多方合作的综合决策机制。

生态城镇化综合决策机制是一种多方合作参与、协调各方利益、平衡多方关系的方法，能够兼顾生态环境与经济、社会共同发展。这与中国构建社会主义和谐社会、全面建成小康社会，实现“五位一体”全面发展的总体要求是完全契合的。生态城镇化综合决策致力于统筹社会、经济、自然生态等综合协调发展，要求把城市生态空间与产业结构、社会生产方式、居民生活方式进行整体规划布局；要求各级、各部门决策单位要用发展的、科学的眼光发现问题，用合作的、协调的方式确定决策目标、制定决策方案。在制定和执行有关生态城镇化决策时各部门要进行广泛的交流合作，并相互协调、相互制约，严格执行法律法规。

决策过程中的多方合作，不仅仅包括政府机构部门之间的合作交流，还应该包括政府部门机构与非政府组织（NGO）及社会公众的广泛合作。让一些非政府的经济组织、社会组织和公众充分参与生态城镇化的决策过程中，让各方主体在一起各自表达其利益诉求、进行充分的谈判与博弈，最终达成共识。多方合作产生的决策方案蕴含了各方主体的利益，经过了充分的谈判与协调，实施起来更加容易，遇到的阻力会较小。

（二）多方合作完善各项制度，保障运行的规范性

生态城镇化建设的顺利推进，需要建立一系列产业与经济制度、资源环境保护制度、社会保障制度等，通过设计合理化、常态化制度体系来平衡各方利益，保障生态城镇化运行畅通规范。

在具体实践中，经济、环保、文化、社会保障等各领域的政策的制定分属不同的部门，如果这些部门条块分割，不进行充分的合作与沟通，就可能会出现各自为政、政出多门，令公众无法适从的情况；也可能出现制度的空白领域，导致制度保障缺失；甚至出现不同部门出台的制度出现冲突等情况，这些都会阻碍生态城镇化建设的运行畅通。因此，必须加强各部门之间的合作机制，确保各项制度的完善与协调。

（三）多方合作形成综合考评，确保监督的有效性

在生态城镇化过程中，构建多方合作的监督机制，形成多元监督合力，可以确保城镇化实现路径不偏离既定目标。监督过程中的多方合作表现在两个方面：一是监督主体与监督对象之间的协调合作；二是监督主体之间的协调合作。

在监督过程中，监督主体与监督对象之间进行充分的信息交流与沟通、加强合作，既可以预防监督对象可能出现的失误或不合规行为，也可以提高监督主体的监督效率和效果。通过合作交流，被监督的决策对象更加明确其工作的目标、所承担的责任，以及决策失误、绩效不佳、工作失责等行为可能带来的惩罚措施，这样决策会更加谨慎、执行会更加有力，履职会更加到位。而对于监督主体来说，通过与被监督的对象的合作交流可以提高监督的效率，效果会更加突出，考评会更加准确。

生态城镇化监督主体是多元化的，有内部监督部门，也有众多的外部监督主体。通过各监督部门、组织及个体的通力合作，可以对生态城镇化全过程进行全方位的监督，让监督对象的活动暴露在阳光之下，提高生态城镇化过程的透明性和公正性。内部监督主体与外部监督主体之间的协调与合作，是生态城镇化建设政治民主、社会和谐的基本要求。

二、信息公开制度

在生态城镇化决策的制定过程中，建立有效的信息公开制度，不仅对决策和运行，而且对于监督本身都具有非常关键的作用。第一，有利于规避信息不对称，保障企业和公民的知情权、参与权。信息公开制度旨在建立信息交流的平台，通过该平台将与生态城镇化决策实施相关信息通过网络、报刊等媒介向社会全面、及时公开，能够使公众获取全面的生态城镇化决策与运行信息，获取相关利益主体的诉求，及时有效地调整行动策略，从而保障和维护自身合法权益。

第二，信息公开制度是社会公众对政府部门决策和管理活动进行有效监督

的保证，有利于增进生态城镇化决策过程的透明度，预防决策过程中的暗箱操作等腐败现象，避免管理执行过程中的行政不作为现象。而且，信息公开也有助于增进公民对政府的信任感和对政府决策方案的认同度，有利于生态城镇化建设方案的顺利推行。

第三，有利于推进政府决策管理工作的合法性、民主性，提高行政效率。通过信息公开的制度平台，政府决策机关与公众就生态城镇化建设中的具体事项进行双向的沟通与交流，促使生态城镇化决策更加民主，并保证政府部门决策行为的合法性。而且，信息公开平台发挥其高效的特点，可及时将政府决策的有关信息传递至公众，方便公众及时调整自身行为，这样可以大大提高行政效率、降低行政成本。

第四，有利于促进运行规范和社会公平。信息公开，有利于各方参与者理性沟通，限制权力滥用和暗箱操作，避免生态城镇化进程过程中出现和激化矛盾。

三、公众参与机制

生态城镇化建设要坚持“以人为本”的理念，实现“人的城镇化”，而“人的城镇化”不仅仅是指农民身份的转变，更重要的是要尊重和重视城镇化过程中人的权利，实现人的主体性。这就要求建立有效的公众参与机制，让公众全程参与生态城镇化建设的全过程，参与生态城镇化决策的形成、规划方案的制定与实施，并对从决策到运行、管理的全程进行监督。公众参与的程度决定了生态城镇化决策的科学性与民主性，决定了生态城镇化在实质上能否实现，也决定了能否顺利解决伴随而来的相关问题。在生态城镇化建设过程中，深化公众参与机制，既是科学决策的应有之义，也是加强监督，保证生态城镇化建设沿着正确方向顺利推进的保证。

（一）公众参与的内涵

1. 定义

公众参与是指公民积极和主动地参与公共事务过程，有效地表达他们的利益、切实地影响公共决策，有利于公民利益的表达、公民参与能力的提升以及国家与社会伙伴关系的建立。有效的公众参与能够使公众参与到生态城镇化决策、建设全过程，有助于减少决策失误、增强规划的合理性，防止和化解公众与开发商、政府机构之间的矛盾与冲突。

2. 公众参与方法

随着现代社会经济与技术的高速发展，尤其是信息技术和网络技术的普遍应用，在公众参与实践中，公众参与主体越来越广泛，公众参与政府重大行政决策的形式也日趋多样化，参与的方法与渠道也更加便捷、畅通。在生态城镇化过程中，公众参与决策与监督可以采取以下方法：一方面政府采用电视、广播、展览等形式对生态城镇化的规划、建设，以及与城镇化有关的具体事项进行的信息公示和宣传。另一方面通过社会调研、问卷调查、焦点小组、互联网等方式了解各阶层公众对生态城镇化建设的愿景与构想，掌握生态城镇化进程中存在的问题及矛盾；通过情况说明书以及网络平台对公众的意见与建议进行反馈。

（二）公众参与决策

生态城镇化决策关乎社会公共利益和公众切身利益，其影响范围广泛，具有全局性、长期性及综合性特点。因此，生态城镇化决策必须要考虑各方公众的利益诉求与意见，向社会公开征求意见，让公众参与决策的各阶段，以增强决策的透明度和民主性。虽然实践中生态城镇化决策无法满足所有公众或利益群体的需求，但通过在公众参与的制度平台上表达各自的利益诉求，并进行充分的交流与理性的协商，可以权衡和整合各方利益，使最终形成的决策方案能够被普遍认同和接受，进而保证方案顺利实施。

（三）公众意见反馈与公众监督

建立公众意见反馈机制，是为了保证政府以及相关主管部门在决策过程中认真对待公众的意见，让公众得知生态城镇化规划决策是否体现了自己的意愿。在生态城镇化建设过程中，构建健全的公众意见反馈机制要求政府对公众的意见做出积极的回应，明确在何种情况下要采纳公众意见，而又在何种情况下不采纳公众意见，如果公众的意见未被采纳，其被否决的理由是什么，应该做出解释，并尽可能缩短反馈回应的时间，加大回应力度，提高回应质量。公众意见反馈机制的建立可以使政府行政决策与管理体系由封闭式转变为开放式，由单一的自上而下的运行体制转变为双向运行的体制，这有利于公众与政府之间进行密切的联系，并展开真正的协商和对话，从而避免在具体建设时产生纠纷与摩擦。

生态城镇化公众监督机制是引入社会公众参与对政府决策过程、实施效果及决策效率进行监督的一种方式，是公众的参与权得以行使和实现的保障。而且，公众的表达权和知情权只有在有效的公众监督保障下才能够真正实现。

公众意见反馈与监督应贯穿于生态城镇化过程中的每一个阶段，政府有关部门需及时关注公众意见等信息的反馈和对工作的评价，以便及时解决城镇化建设中可能出现的突发问题，以免造成重大损失，甚至阻碍生态城镇化的顺利推进。

四、激励约束机制

生态城镇化建设涉及中央政府、地方政府、居民和企业等行为主体的利益诉求，建立科学、严格的激励约束机制，“奖优惩差”，有助于强化政府权责一致的运行规则，保持对表现优异者的激励和对决策失误、执行不力者的惩罚，这是生态城镇化监督机制的重要组成。生态城镇化激励约束机制包含激励机制、责任追究机制和社会问责机制三方的内容。

（一）激励机制

有效的激励机制能够通过外在的刺激来影响经济主体的行为动机，达到引导行为的作用。在生态城镇化建设中，当经济主体的行为取向与生态城镇化发展的内在要求相符时，通过嘉奖方式可以进一步激发其积极性，鼓励其继续维持这种积极行为。生态城镇化激励机制应该包含两个层次的内容：一是上级政府或部门对下级政府或部门的激励；二是政府部门对产业部门或企业、个人的激励。

上级政府或部门对下级政府或部门的激励，主要是对在生态城镇化建设中绩效表现良好、取得突出成绩的地方政府或部门，应给予一定的嘉奖，并向其他地区推广其成功经验。地方政府是生态城镇化建设的主要决策者与实施者，对生态城镇化的顺利推进具有举足轻重的作用，然而，地方政府在推动地区城镇化发展的同时，也使其和政治利益、经济利益与社会利益交织于一体。对地方政府或部门的激励应与考评机制相结合，为避免地方政府借助城镇化发展扩张财税收入、谋求政治职位升迁以及个人利益的行为，应逐步淡化对经济绩效的激励，而强化对社会绩效和生态文明绩效的激励。

政府对产业部门或企业、个人的激励措施可以有多种形式，比如对环保产业、高新技术产业等给予财政金融政策倾斜；对节能环保事业做出突出贡献的个人或企业给予一定的经济奖励；对生产节能产品和绿色产品的企业给予税收减免或优惠；对购买绿色产品的个人给予一定的补贴等。

（二）责任追究机制

加强监督与管控，实施责任追究制度，是“十三五”时期推进生态城镇化的重要保障。建立有效的责任追究制度的重要性在于保障决策者采取负责的规划决策态度。完善我国生态城镇化决策责任追究制度可以重点加强以下三方面的建设。

第一，建立生态城镇化决策责任档案。生态城镇化建设是一项长期艰巨的工程，从问题的提出，决策方案的制定，到规划实施，再到效果的显现需要很长的时间，在这期间内曾经的决策者可能会更替。因此，为了强化决策者的责任感，保持政策的连贯性，解决决策显效的长时性与决策者在任的短时性之间的矛盾，凸显建立生态城镇化决策责任档案的必要性，这有利于为对决策者追责提供事实依据。决策责任档案是对生态城镇化决策过程的纪录，即详细记录决策过程中的每一个环节，包括各个环节的负责人、经手人的细节都需要标记记录备案；个人决策时个人决策者应该承担决策失误的全部责任；集体决策时领导的发言都需对应记录，并要求参会领导审查会议记录的真实性并签名确认，签名后的记录归档入案；集体表决时宜采取记名投票表决制，作为日后查询和追责的依据。生态城镇化决策责任档案能够为日后决策责任追究提供真实的第一手材料，防止某些领导不经过仔细调研与论证就随意决策以及集体决策“无人负责”的情况，改善决策者调离或退位以后就无法追究责任的现状。

第二，建立科学的生态城镇化决策评估制度。对生态城镇化决策活动和决策结果进行科学评估，是对决策者进行奖励或责任追究的依据。加强责任追究要求建立科学、规范的生态城镇化决策评估制度，从决策的及时性、针对性、适度性、可行性、公开性、公正性以及创新性等方面选取指标对生态城镇化决策过程与质量进行有效评估。评价指标体系要能够反映以下问题：决策制定是否及时？决策程序是否规范？决策是否具有针对性，是否恰当，是否过度？决策信息是否公开、公众对该决策的了解程度、参与程度如何？决策能否体现各方的利益、有无利益偏向或不公正情况发生？决策方案是否合理、是否可行、是否平衡了经济效益、社会效益与生态效益？决策能否推动制度创新、提升城市竞争力？另外，各项指标的权重应根据决策内容的不同灵活调整，比如对城市基础设施建设规划的决策要更加注重适度性，对保障房建设规划的决策要更加注重公正性。

第三，规范生态城镇化责任追究办法。责任追究办法是在出现决策失误甚至错误、执行不力等情况，以至给国家、社会造成经济损失和不良社会影响的时候，对主要决策者及相关负责人追究责任的具体办法。生态城镇化责任追究办法要能够体现出责任的层级性，应根据决策失误的情节轻重划定和追究责任。（1）道德追究一般是针对情节较轻的情况，对出现失误的生态城镇化决策者或相关人员进行批评教育和自我批评教育，责令其尽量采取补救措施，力求把损失和不良社会影响降到最低程度。（2）行政责任追究，对在生态城镇化过程中存在玩忽职守、贻误工作、弄虚作假、贪污受贿、滥用职权等违规行为的行政管理人员依照《中华人民共和国公务员法》的相关规定给予行政处罚。（3）政治责任追究是对存在决策失误的政务类领导应该追究其政治责任，给予组织处理，情节严重的予以责令辞职、免职或引咎辞职等处罚。（4）经济责任追究是对给国家和社会造成经济损失的决策人员，应根据经济损失的严重程度要求其承担经济损失。（5）刑事责任追究是对在生态城镇化决策及执行过程中存在严重违法行为，构成犯罪的，依法追究刑事责任。五种责任的追究办法之间并不是相互独立的，有时需视情节轻重结合使用。

此外，在生态文明建设的总体要求下，要特别强化地方政府生态责任，地方政府在推进生态城镇化建设发展中，要遵循可持续发展战略，担负环境保护与治理、平衡和修复生态环境的义务和责任，以保持本地区生态平衡和良性发展。相应的，要建立地方政府生态责任追究机制，激励和约束地方政府及环境保护部门行为，确保其环境保护主体责任的履行。对于因生态决策失误而导致的生态环境破坏或损害现象，要严加查处，追究决策者的终生生态责任。

第十三章　生态城镇化考评体系的构建与完善

构建和完善生态城镇化考评体系，对推进生态城镇化建设“五位一体”的融合进行全面的测度与评价，是构建生态城镇化监督机制的主体。通过设计一套科学、合理的生态城镇化评价指标体系，作为定性、定量分析的有效工具，让推进生态城镇化建设可测量、可考评、可监督，可以使各决策、运行、监督主体明晰生态城镇化的发展方向，发现生态城镇化决策、运行中存在的不足，进而为引导生态城镇化朝着正确方向发展提供考评依据。

第一节　生态城镇化考评体系的构建

生态城镇化考评体系着重对生态城镇化综合发展水平进行测度与评价，对推进生态城镇化建设的考核评价要符合当前我国国情和当地实际，能充分反映“五位一体”的综合发展水平，要能反映监督、指导和促进各地区降低资源环境损耗、提高生态效率。考评体系的构建要在绿色发展观和协调发展观的指导下，从经济、社会、文化、政治及生态文明建设成效五大方面进行综合、客观的测评。评价指标的选取要遵从多方兼顾、科学合理、量化可比、动态开放等原则，能够为推进生态城镇化建设提供目标导向；评价方法要科学、严谨；评价结果要能够检验生态城镇化长效发展的实现程度，能客观反映各地生态城镇化综合发展的水平、当前所处的阶段、存在的问题及薄弱环节，能够为未来城镇化的可持续发展提供支持。

结合国内外权威机构和国家各部委制定的指标体系，从五个维度出发构建生态城镇化考评体系，通过考评既有效引导生态城镇化建设，又在宏观层面对生态城镇化发展进行城市间的横向对比和评价。

一、生态城镇化考评体系的指标设定

生态城镇化考评体系的指标设定，依据“五位一体”总体布局要求，遵循一定的原则，能够多方兼顾，综合反映生态城镇化动态发展的过程。

（一）考评体系指标设定的依据

由经济、政治、文化、社会建设“四位一体”向包括生态文明建设在内的“五位一体”提升转变。这一转变将生态文明建设上升到国家的战略高度。“五位一体”的总体布局要求，成为生态城镇化考评体系指标设定的依据。

在“五位一体”总体布局下，生态城镇化综合评价指标体系，应由能够综合反映地区经济、社会、政治、文化、生态文明建设融合发展的五个维度的指标构成。评价指标的选取必须围绕“五位一体”的总体布局，地区经济、社会、文化、政治及生态文明建设的发展情况，能够反映生态城镇化动态发展的过程。

在具体的考核体系指标设定中，利用经济持续发展指数反映经济建设水平，社会和谐指数反映社会建设水平，科教文化进步指数反映文化建设水平，制度完善指数反映政治建设水平，资源环境支持指数反映生态建设水平，每一类指数又由一系列具体的指标构成。

（二）考评体系指标设定的原则

考评体系指标既要反映生态城镇化建设的现状，又要呈现生态城镇化的发展潜力。为保证评价结果的科学性与合理性，全面地反映生态城镇化中所涉及各种因子，及其这些因子之间内在的相互关联，考评体系指标的设定，应遵循以下原则：

（1）合理兼顾原则。生态城镇化涉及经济、社会、政治、文化、生态文明“五位一体”的内容，因此，选择指标构建评价体系时，应合理兼顾多个方面、多个维度，以确保指标体系能够全面综合反映生态城镇化的本质特征。把握其所涉及的指标因子的演化规律。合理兼顾，并非将各个方面所涉及的指标统统纳入，而是要在了解学界现有研究基础，并在征求相关领域专家的基础上选取指标，以确保所选取的指标符合逻辑，具有充分的代表性和论证性，能够突出反映发展特色指标。

（2）量化可比原则。生态城镇化考评体系指标的设定，应从多维度、多层次出发，由不可量化、无形化的考评向可观测、可量化的考评转变，在设计考评体系指标上，应尽可能选择可量化、可对比的指标，来科学合理地反映、比较不同区域生态城镇化的发展水平和质量。

（3）纵横开放原则。推进生态城镇化建设，是一个动态发展过程，也是一个相互促进的过程，其考核指标的选定不仅应该反映动态过程性具有开放性，而且应该反映不同区域的发展成效和自身的进步成效，因而要根据城镇化不同地区的阶段性发展特征，选取能够动态开放和纵横结合的指标来完善考核体系建设。

二、生态城镇化考评的指标体系

从经济、社会、文化、政治、生态文明建设五个维度，遵循考评体系指标设定的四个基本原则，考虑设置三个层级的系列指标，来构建生态城镇化综合评价指标体系。

（一）指标体系

根据考评体系的指标设定依据和原则，参考联合国和21世纪议程可持续发展指标；OCED环境指标；以及住房和城乡建设部国家生态园林城市标准；中科院可持续城市指标体系；四川大学“美丽中国”省会及副省级城市建设指标体系等国内外有关指标体系，以“五位一体”总体布局为依据，根据考评体系指标设定的原则，从五个维度，设置经济发展指数、社会和谐指数、文化进步指数、政治民主指数、生态环境健康指数5个一级指标，14个二级指标和58个三级指标，来构建了生态城镇化综合评价指标体系，见表13－1。

表 13-1　生态城镇化绿色发展评价指标体系

评价维度	一级指标	二级指标	三级指标	单位
经济建设	经济发展指数	发展水平	人均 GDP 增长率	%
			城镇居民人均可支配收入	元
			农村居民人均纯收入	元
			人均消费支出	元
		经济结构	第三产业增加值占 GDP 比重	%
			第三产业与第二产业比值	%
			居民消费支出占 GDP 比重	%
			固定资产投资占 GDP 比重	%
			城镇人口比重	%
			战略新兴产业比重	%
			高新技术产品产值比重	%
		发展质量	单位 GDP 能源消费总量	万吨标准煤
			单位 GDP 电力消费总量	千瓦小时
			单位 GDP 废水排放总量	万吨
			单位 GDP 二氧化硫排放总量	万吨
			单位 GDP 固体废弃物产生量	万吨
			R&D 经费占 GDP 比重	%
社会建设	社会和谐指数	生活水平	城镇恩格尔系数	—
			农村恩格尔系数	—
			城镇登记失业率	%
			城镇人均居住面积	平方米
		社会公平	城乡居民收入比	%
			城镇基尼系数	—
			农村基尼系数	—
		公共服务	医疗卫生机构床位数	张/万人
			每万人拥有公共交通车辆	标台
			城市人均道路面积	平方米
			平均受教育年限	年
		民生投入	教育支出占财政支出比重	%
			医疗卫生支出占财政支出比重	%
			社会保障支出占财政支出比重	%

续表

评价维度	一级指标	二级指标	三级指标	单位
文化建设	文化进步指数	文化传承	国家级文物保护单位数量	个
			国家非物质文化遗产数量	个
			世界非物质文化遗产数量	个
		文化设施	人均拥有图书馆藏书量	册
			每百万人拥有博物馆数量	个
			每百万人拥有文化馆数量	个
			有限广播电视覆盖率	%
			人均公共体育设施用地面积	平方米
		文化消费	人均文化教育娱乐支出占全部消费支出比重	%
政治建设	政治民主指数	政治参与	是否制定地方生态城镇化建设规划	—
			是否设有面向公众的政府信息公开网络平台	—
			社区服务机构覆盖率	%
		制度完善	是否实施差额选举	—
			是否推行官员财产公示	—
			贪污腐败案件数量	件
生态文明建设	生态环境健康指数	生态条件	森林覆盖率	%
			人均水资源量	立方米/人
			人均绿地面积	平方米
			建成区绿化覆盖率	%
			城镇建设用地面积占总面积比重	%
			人均建设用地面积	平方米
		环境治理	节能环保支出占 GDP 比重	%
			生活垃圾无害化处理率	%
			固体废弃物综合利用率	%
			生活污水集中处理率	%
			工业污水达标率	%
			空气质量达到二级以上天数占全年比重	%

（二）指标说明

促进经济“又好又快”的持续发展是生态城镇化建设的基本物质保证。生态城镇化经济建设指标包含发展水平、发展质量、经济结构三类指标，不仅能反映经济发展水平与速度，还能反映经济结构和经济发展质量，能够体现生态文明融入经济建设、建立资源节约和环境友好型社会的要求。

反映经济发展水平与增长速度的指标包括：人均 GDP 增长率、城镇居民人均可支配收入、农村居民人均纯收入、人均消费支出。这些指标能够反映经济增长速度和发展水平，选用增长速度充分考虑经济发展的动态变化，以衡量经济发展的实际绩效，选用人均指标能够体现生态城镇化“以人为本”的基本理念。经济发展指标包括：单位 GDP 能源消费总量、单位 GDP 电力消费总量、单位 GDP 废水排放总量、单位 GDP 二氧化硫排放总量、单位 GDP 固体废弃物产生量、R&D 经费占 GDP 比重，这类指标能够反映出地区经济可持续发展水平、经济发展过程中的资源节约与利用效率、环境友好度以及科技含量，符合生态文明建设和“两型社会”建设要求。经济结构类指标包括：第三产业增加值占 GDP 比重、第三产业与第二产业比值、居民消费支出占 GDP 比重、固定资产投资占 GDP 比重、城镇人口比重、战略新兴产业比重、高新技术产品产值比重，这些指标能够反映出地区经济结构、产业结构、消费结构、人口结构等的优化与升级程度，对于经济发展方式的转变以及地区整体竞争力的提升具有重要意义。其中，城镇人口比重反映了地区城镇化水平的高低，能够衡量城乡二元结构改善的状况。

1. 社会建设指标

保障和改善民生，促进社会公平正义，推进基本公共服务均等化，大力促进教育公平，统筹推进医疗卫生综合改革，是加强和谐社会建设的基本要求，也是“以人为本”的基本要义。生态城镇化社会建设指标的选取要体现以上要求，本课题选取的社会建设指标包含：人民生活水平、公共服务、政府民生投入和社会公平四类指标。

反映人民生活水平的指标包括：城镇恩格尔系数、农村恩格尔系数、城镇登记失业率、城镇人均居住面积四类，可以衡量城乡居民消费支出情况、就业情况以及居住条件。反映社会公平正义的指标包括城乡居民收入比、城镇基尼系数、农村基尼系数三类，城乡收入比可以衡量城乡之间的收入差距，基尼系数能够衡量城镇、农村内部收入不平等状况。反映社会公共服务发展水平的指标包括：医疗卫生机构床位数、每万人拥有公共交通车辆、城市人均道路面积、平均受教育年限，这些指标能够衡量社会医疗卫生、教育、道路和公共交通的基本情况。民生投入指标包括：教育支出占财政支出比重、医疗卫生支出占财政支出比重和社会保障支出占财政支出比重，能够反映出政府在教育、医疗卫生、社会保障这些关乎民生的项目上的投入情况。

2. 文化建设

生态城镇化文化建设既要保护和传承历史优秀文化，又要培育和弘扬当代先进文化。相应的，文化建设指标包含文化传承和文化设施建设两大类。

文化传承就是要在生态城镇化建设中弘扬中华民族优秀传统文化，留住历史记忆、延续历史文脉，保护好祖先留下的文化遗产。文化传承与保护可以用国家级文物保护单位数量、国家非物质文化遗产数量以及世界非物质文化遗产数量来反映。当代先进文化发展情况用政府在文化设施建设方面的投入以及为群众提供文化服务的指标来衡量。文化设施建设指标包括：人均拥有图书馆藏书量、每百万人拥有博物馆数量、每百万人拥有文化馆数量、有限广播电视覆盖率、人均公共体育设施用地面积，这些指标可以反映城市文化设施建设水平、城市文化投入水平以及公众文化生活水平。

3. 政治建设

生态城镇化政治建设需要一系列完善的制度保证，这些运行制度都是以基本的政治制度为基础的。政治民主、全民参与是生态城镇化建设的重要制度保证，所设定指标需要能够体现民主、法治的基本要求。政治参与指标包括：是否制定地方生态城镇化建设规划、是否设有面向公众的政府信息公开网络平台、社区服务机构覆盖率。这类指标主要衡量生态城镇化过程中政府对生态文明的重视程度和社会公众的参与程度，公众的知情权、决策权、监督权的行使情况。制度完善指标包括：是否实施差额选举、是否推行官员财产公示、贪污腐败案件数量。这类指标能够反映，生态城镇化过程中政治制度的完善程度以及政府官员廉洁自律、依法履责的程度。

4. 生态文明建设

生态文明建设必须树立尊重自然、顺应自然、保护自然的生态文明理念，必须要基于城市资源承载力、环境容量等生态条件而展开，不能以环境污染、资源浪费和生态恶化来换取城市的扩张和经济的增长，在生态城镇化过程中必须加强生态文明指标建设，具体包括两方面指标：一是生态条件指标，其包括：人均指标，人均绿地面积、人均水资源量、人均建设用地面积；也包括比率指标：森林覆盖率、建成区绿化覆盖率、城镇建设用地面积占总面积比重，这些指标能够反映地区资源禀赋和生态环境的基本条件，这些条件会对生态城镇化建设起到约束作用，不同的地区生态环境条件会有所差异。二是环境治理指标，其包括：节能环保支出占 GDP 比重、生活垃圾无害化处理率、固体废弃物综合利用率、生活污水集中处理率、工业污水达标率、空气质量达到二级以上天数占全年比重，这些指标能够反映地区政府、企业在生态环境保护和治理上所做的努力，能够体现出生态文明建设中人的主观能动性。

第二节　生态城镇化考评体系的完善

生态城镇化考评体系的构建，着重对地区生态城镇化发展进行客观综合的评价，尚未对生态城镇化中经济主体的绩效表现加以评估，评价能够反映地区“五位一体”建设情况，但还不能明确反映在推进生态城镇化过程中地方政府的绩效表现。地方政府作为生态城镇化建设的主导者，其决策规划的正确性、长效性，实施管理的执行力、贯彻力等都会对生态城镇化的发展产生重要影响，直接关系到生态城镇化建设的步伐和进程。因此，进一步完善生态城镇化考评体系的重点，是强化生态城镇化中政府绿色绩效评估，政府绿色绩效评估特别强调在对政府绩效进行考核评估时以绿色发展观为基本导向，将生态环境绩效纳入其中。

政府绩效评估是政府公共管理的重要内容，是政府内部组织或社会其他组织通过多种方式对政府部门在管理社会公共事务和提供公共服务过程中所产生的经济、政治、文化、环境等长短期的影响和效果进行测量评价和分析比较。充分公正地评价政府绩效，具有激励和监督政府行为、加强政府责任、提升政府形象、提高政府绩效等作用。生态城镇化建设背景下，政府治理和履责的关键应是立足促进社会经济发展、生态环境保护、人民生活水平提高、社会公平正义与和谐社会建设，构建功能完善、集约高效、环境友好、生态宜居、协调发展的城镇化格局，全面提升生态城镇化质量和水平。政府绩效表现为生态城镇化顶层设计、制度安排、政策执行落实、为公众提供优质的服务等。

一、生态城镇化绿色绩效评估的基本原则

生态城镇化综合评价是在全国层面以统一的标准进行测度，测度的结果可以衡量各地生态城镇化的发展水平，可以进行横向对比和纵向比较。但由于地区经济基础、文化历史背景、资源禀赋、生态环境条件等存在差异，总体功能部署不同，不能单纯地用评价生态城镇化发展水平的指标来考核地方政府在生态城镇化建设中的治理绩效，比如，我国西部地区的经济增长、社会建设无法与北京、上海等发达地区相比；煤炭资源和能源为主导产业的地区的生态环境水平必定劣于水资源、森林资源丰富的地区；为保障粮食安全，作为粮食主产区的农业大省，必须保证一定农业产出。对地方政府在生态城镇化建设中行政管理职能履行结果及治理绩效进行考核评估，必须充分考虑地区差异，从政治绩效、经济绩效、社会绩效、生态环境绩效和文化绩效五个方面进行全面评估、衡量，同时要将对政府的绩效评估与政府职能转变相结合。

（一）按照监督机制构架的总体要求全面落实绩效考核

绩效考核应该是“五位一体”的全面考核，包括政治绩效、社会绩效、经济绩效、文化绩效、生态绩效。其中，政治绩效是根本，表现为政府制度安排和制度创新；经济绩效是核心，表现为经济增长可持续与经济结构优化；社会绩效反映社会的全面进步，体现在人民生活水平和质量的改善、社会稳定与公平正义等方面；文化绩效是国家软实力的提升，表现为对历史文化的传承与保护，对现代科技与文化的发展的促进；生态绩效是生态文明的基本要求，体现在环境治理保护、生态修复和资源节约方面的成绩。传统城镇化过程中对政府绩效的考核偏重于经济建设和政治建设方面的显性绩效，对民生改善、特色文化和历史文化保护方面关注不够，忽视生态环境方面的隐性绩效评估。生态城

镇化建设与绩效评估要摒弃以往错误的观念与做法，要将生态环境绩效考核列入考核范围，要增加社会绩效、文化绩效、生态绩效所占比重。

绩效考核需充分考虑时间因素。生态城镇化建设不可能一蹴而就，需要经历一个较长的时期，尤其社会绩效、生态绩效的显性需要很长时间，生态环境保护政策所产生的效应，在短时间可能难以得到全面体现，这就要求在绩效考核时应充分考虑周期问题、政策的时滞问题以及考核方法技术问题。

（二）依据决策确定的目标定位实行差别绩效考核

生态城镇化绩效考核应依据决策目标定位有所差异，生态城镇化的总体目标是“五位一体”协调发展，然而由于各个地区的环境承载能力、资源禀赋、现有开发水平不同，未来的发展也会不同，在未来生态城镇化建设中，地区生态城镇化发展的重点和目标定位会有所差异。各地生态城镇化的顶层设计和目标定位要依据地区实情而定，城镇化开发的强度、开发的方式要符合地区发展要求，其绩效考核也不能搞“一刀切”，应该通过实行差别绩效考核，体现出这种差异性。

依据决策目标定位实行差别绩效考核更具科学性、公平性。比如，在一些耕地较多、农业发展条件较好的农产品主产区，其主要目标是增强农业综合生产能力，保障国家粮食安全。因此，在这类地区应实行农业发展优先的绩效评价，强化地区对粮食和农产品保障能力的评估，强化对农业综合生产能力、农民收入的考核，弱化地区生产总值、工业总产值相关指标的评价。对于一些生态系统脆弱、资源环境承载力差的地区，加强生态保护优先的绩效考核，弱化对工业生产总值指标的评价，强化对森林覆盖率、水体和大气质量、环境保护与治理等生态文明建设方面的评价。对于国家划定的一些禁止城镇化和工业化开发的地区，其主要任务是保护自然资源、历史文化资源的完整性，其绩效考核不宜列入城镇化率和经济增长等指标，而应重点进行文化绩效考核和自然保护和环境保护方面的绩效考核。

（三）把完善绩效考评与转变政府职能有机结合起来

生态城镇化要立足“人的城镇化”，实现人的全面发展。而“人的城镇化”的基本前提是实现公共服务均等化，让人人都可以分享到城镇化带来的增值收益，而这一目标的实现依赖于政府职能的准确定位。因此，完善生态城镇化绩效考评应与政府职能转变有机结合起来。

政府职能就是政府的行政职能，是国家行政机关依法对国家和社会公共事务进行管理时所具有的权力、应承担的职责和应发挥的功能。合理的生态城镇化建设离不开政府职能的适时转变和不断优化，生态城镇化建设过程中，地方政府职能的定位应该由过去的“管理型政府”转向“服务型政府”，而服务型政府必须是服务人民、合法高效、公平公正的政府，对服务型政府的绩效评估必须以社会公共利益为导向，以满足公众的社会需求为准则。

对生态城镇化过程中政府绩效的评估，应与政府职能转变相结合。将政府绩效的评估与政府职能转变相结合，可以防止一些地方政府在短期政绩和利益的诱导下，片面追求城市规模扩张，盲目攀比跟风冒进，以至无力提供足够的公共服务。

二、生态城镇化绿色绩效评估体系的完善

构建科学的政府绿色绩效评估体系，是为了进一步完善生态城镇化考评体系，更有效地推进生态城镇化建设进程。生态城镇化建设要求各级政府必须提高其生态城镇化的决策、管理和服务能力，积极履行其行政管理职能。政府绩效评估体系由确定绩效目标、构建绩效评估标准及指标体系、制定绩效评估方案、收集和处理相关信息、完成绩效评估报告等环节等组成，是构建绩效指标，收集资料以便描述、报告和分析绩效的动态过程①。

推进生态城镇化建设中完善对政府绿色绩效评估，需要构建一套科学的绩效评估指标体系。指标的选取关系绩效评估整体的公正性、科学性和可操作性，应立足城镇化建设与社会转型的时代背景，遵循服务导向、科学全面、实用科学等原则，选取能够体现科学发展、绿色发展和生态文明建设理念的评估指标。所构建的绩效评估体系不仅包含效果指标，也包含效率和质量指标，不仅能够体现在地方政府主导下的地区生态城镇化综合发展水平，也能体现地方政府在城镇化顶层设计、运行管理、社会治理等方面的能力与效率。表13－2为生态城镇化绿色绩效评估体系。

---

① 卓越：《政府绩效评估指标设计的类型和方法》，载于《中国行政管理》2007年第3期，第25～28页。

表 13－2 生态城镇化绿色绩效评估体系

一级指标	二级指标	三级指标	单位
经济绩效	经济增长	人均 GDP 增长率	%
		城镇居民人均可支配收入	元
		农村居民人均纯收入	元
		人均消费支出	元
	经济结构优化	第三产业增加值占 GDP 比重	%
		第三产业与第二产业比值	%
		居民消费支出占 GDP 比重	%
		固定资产投资占 GDP 比重	%
		城镇人口比重	%
		战略新兴产业比重	%
		高新技术产品产值比重	%
	发展质量提升	单位 GDP 能源消费总量	万吨标准煤
		单位 GDP 电力消费总量	千瓦小时
		单位 GDP 废水排放总量	万吨
		单位 GDP 二氧化硫排放总量	万吨
		单位 GDP 固体废弃物产生量	万吨
		R&D 经费占 GDP 比重	%
社会绩效	生活水平	城镇恩格尔系数	—
		农村恩格尔系数	—
		城镇登记失业率	%
		城镇人均居住面积	平方米
	社会公平	城乡居民收入比	%
		城镇基尼系数	—
		农村基尼系数	—
	民生改善	人均医疗卫生机构床位数	张/人
		每万人拥有公共交通车辆	辆
		城市人均道路面积	平方米
		平均受教育年限	年
		社会保险覆盖率	%
		商品房单位面积价格上涨率	%

续表

一级指标	二级指标	三级指标	单位
文化绩效	文化传承	国家级文物保护单位数量	个
		国家非物质文化遗产数量	个
		世界非物质文化遗产数量	个
		历史文化名城名镇名村数量	个
	文化进步	人均拥有图书馆藏书量	册
		每百万人拥有博物馆数量	个
		每百万人拥有文化馆数量	个
		有限广播电视覆盖率	%
		人均公共体育设施用地面积	平方米
		人均文化教育娱乐支出占全部消费支出比重	%
政治绩效	政治参与	是否制定地方生态城镇化建设规划	—
		是否设有面向公众的政府信息公开网络平台	—
		社区服务机构覆盖率	%
		政务公开程度	—
		公民参政与评议状况	—
	制度完善	法律法规的完善程度	—
		是否实施差额选举	—
		是否推行官员财产公示	—
		贪污腐败案件数量	件
生态环境绩效	生态宜居	森林覆盖率	%
		人均水资源量	立方米/人
		人均绿地面积	平方米/人
		建成区绿化覆盖率	%
		城镇建设用地面积占总面积比重	%
		人均建设用地面积	平方米
	环境治理	节能环保支出占 GDP 比重	%
		生活垃圾无害化处理率	%
		固体废弃物综合利用率	%
		生活污水集中处理率	%
		工业污水达标率	%
		空气质量达到二级以上天数占全年比重	%

续表

一级指标	二级指标	三级指标	单位
政府管理绩效	顶层设计能力	预算编制计划完成情况	—
		规划管理执法情况	—
		城乡综合环境整治情况	—
		保障性住房建设情况	—
		城镇化规划用地增长率	%
		市政设施投资规划完成情况	—
	行政管理效率	行政人员比重	%
		政府信息管理水平	—
		电子政务发展水平	—
	行政成本节约	行政管理费用占地方财政支出的比重	%
		国家机关在岗职工年工资总额占地方财政支出的比重	%
		政府决策或行为失误造成的损失	—
	公共服务水平	公务人员业务熟练程度	—
		行政管理人员办事态度和服务意识	—
		公众满意度	—

（一）强化经济绩效指标考核

生态城镇化建设要求实现经济“又好又快”的增长，对经济绩效的衡量不能单纯地看经济增长的速度与幅度，还要考核经济结构是否优化、发展质量是否提升。本书对经济绩效的考核从经济增长、经济结构优化和经济发展质量提升三个方面加以衡量，具体来看，反映经济增长的指标包括：人均GDP增长率、城镇居民人均可支配收入、农村居民人均纯收入、人均消费支出；反映经济结构优化升级的指标有：第三产业增加值占GDP比重、第三产业与第二产业比值、居民消费支出占GDP比重、固定资产投资占GDP比重、城镇人口比重、战略新兴产业比重、高新技术产品产值比重；反映经济发展质量提升的指标有：单位GDP能源消费总量、单位GDP电力消费总量、单位GDP废水排放总量、单位GDP二氧化硫排放总量、单位GDP固体废弃物产生量、R&D经费占GDP比重。生态城镇化绿色绩效考核应强化绿色发展的指标，比如强化经济结构优化和经济发展质量指标考核，而弱化经济增长速度方面的指标。

（二）强化社会绩效指标考核

生态城镇化建设要坚持“以人为本”，提高民众的生活水平，要为公众提供均等化的公共服务和产品，致力于城乡统筹发展，社会公平和谐。相应地，对社会绩效的考核，可以从居民生活水平、社会公平、民生改善三个方面加以衡量。具体来看，居民生活水平可以用以下指标衡量：城镇恩格尔系数、农村恩格尔系数、城镇登记失业率、城镇人均居住面积；对社会公平的测度可以选用以下指标：城乡居民收入比、城镇基尼系数、农村基尼系数，其中城乡居民收入比可以反映城乡之间的收入差距，城镇基尼系数和农村基尼系数分别反映城镇内部和农村内部的收入差距；民生改善可以采用下列指标衡量：人均医疗卫生机构床位数、每万人拥有公共交通车辆、城市人均道路面积、平均受教育年限、社会保险覆盖率、商品房单位面积价格上涨率，这些指标可以反映与民生密切相关的医疗、交通、教育、社会保障、住房相关情况。

（三）强化政治绩效指标考核

生态城镇化进程的顺利推进，离不开完善的制度支撑，也需要广泛的公众参与以推动民主社会的进步。对政府政治绩效的考核可以从两个方面加以展开：公众政治参与程度和政治制度完善程度。公众政治参与能够反映政府民主管理的成效，也体现了公众对政府治理的关注与认可程度，公众参与积极性越高说明政府治理能力越进步。反映政治参与度的指标有：是否参与制定地方生态城镇化建设规划、是否设有面向公众的政府信息公开网络平台、社区服务机构覆盖率、政务公开程度、公民参政与评议状况。完善的政治制度是生态城镇化顺利推进的政治保障，完善法律法规、打击贪污腐败是政府依法执政的要求。反映制度完善程度的指标有：法律法规的完善程度、是否实施差额选举、是否推行官员财产公示、贪污腐败案件数量。

（四）强化文化绩效指标考核

对政府文化绩效的考核可以从文化保护与传承和文化进步两个方面进行。文化传承与保护指标体系包括：国家级文物保护单位数量、国家非物质文化遗产数量、世界非物质文化遗产数量、历史文化名城名镇名村数量。文化进步指标体系包括：人均拥有图书馆藏书量、每百万人拥有博物馆数量、每百万人拥有文化馆数量、有限广播电视覆盖率、人均公共体育设施用地面积、人均文化教育娱乐支出占全部消费支出比重。

（五）强化生态环境绩效指标考核

生态城镇化是全面融入生态文明建设的城镇化，要实现绿色、低碳、智慧、生态、宜居五位一体融合发展，政府在生态城镇化建设中的作用举足轻重，加强对其生态绩效的考核可以保证生态文明建设的顺利推进。生态环境绩效考核是基于生态环境保护目标或维护环境公共利益，政府及其相关部门通过生态环境管理与治理投入而实现的效果。对生态环境绩效的考核可以从生态宜居水平和政府环境治理投入两方面进行。其中，生态宜居水平可以用森林覆盖率、人均水资源量、人均绿地面积、建成区绿化覆盖率、城镇建设用地面积占总面积比重、人均建设用地面积等指标加以反映；环境治理投入与成效可以用节能环保支出占 GDP 比重、生活垃圾无害化处理率、固体废弃物综合利用率、生活污水集中处理率、工业污水达标率、空气质量达到二级以上天数占全年比重等指标加以衡量。

（六）强化政府管理绩效考核

生态城镇化建设要求政府具有高瞻远瞩的顶层设计能力，具有高效、节约的城市管理和公共服务能力，因此，需要不断地进行行政体制改革创新，为生态城镇化建设提供切合实际的服务管理与支撑，并对政府的管理绩效进行合理的评价。在生态城镇化建设和政府职能转变背景下，对政府公共管理能力与绩效的考核可以从四方面展开：政府顶层设计能力、政府行政管理效率、行政成本节约和公共服务水平。

科学的顶层设计是生态城镇化建设成功的关键，顶层设计能力指标包括：预算编制计划完成情况、规划管理执法情况、城乡综合环境整治情况、保障性住房建设情况、城镇化规划用地增长率、市政设施投资规划完成情况。行政管理效率指标包括：行政人员比重、政府信息管理水平、电子政务发展水平。行政成本节约指标包括：行政管理费用占地方财政支出的比重、国家机关在岗职工年工资总额占地方财政支出的比重、政府决策或行为失误造成的损失。对政府行政成本考核指标能够反映政府自身的经营管理情况，也可反映政府决策行为给社会带来的负担，是建设廉洁、节约政府的要求。公共服务水平指标包括：公务人员业务熟练程度、行政管理人员办事态度和服务意识、公众满意度。提高行政管理人员的公共服务意识、服务水平，以及业务能力，提高民众及企业的满意度是构建服务型政府的要求，是推进生态城镇化建设有效保障。

结 语

生态城镇化长效机制的研究十分必要，通过长效机制的构建，把城镇化融入经济建设、政治建设、文化建设、社会建设、生态文明建设中，依据“五位一体”的总体要求全面推进，从根本上改变我国传统的城镇化模式，促使城镇化从仅注重规模扩张和数量增加向绿色、低碳、智慧、生态、宜居融合的方向转型发展，从而实现生态城镇化的可持续发展。

一、本书的新思想

第一，从理论上详细提出并论证了“生态城镇化”的概念，它是城镇化融入经济、政治、文化、社会和生态文明“五位一体”建设中形成的最佳组合，为我国城镇化的长效发展提供理论基础和理论创新。

第二，全面分析制约我国生态城镇化长效建设的因素、现实困境。通过对生态城镇化建设的立足点进行全面详细的论述，揭示生态城镇化所面临的现实困境，从而指明生态城镇化长效推进的客观障碍，归纳出生态城镇化建设的关键着眼点，为长效机制的设计提供现实的科学基础。

第三，按“五位一体”总体布局要求来系统研究长效推进生态城镇化建设，在研究内容和视角上进行创新。对比以往的研究，系统研究生态城镇化建设及长效机制的文献很少，本书不仅进行了系统研究且把城镇化建设纳入“五位一体”建设总格局中，使生态城镇化遵循“五位一体”相融合原则。

第四，明确“五位一体”总体框架来构建生态城镇化建设长效机制，在研究框架和政策导向上进行创新。生态城镇化长效机制由决策机制、运行机制、监督机制三大机制构成，形成有机整体。在三大支撑机制中突出主体要件、解决重点问题，分项提出政策导向，落实发展路径。

本书主要从决策、运行、监督三个大的方面来着力考虑，设定生态城镇化长效机制的总体框架，具体包括决策机制、运行机制、监督机制三大机制，这三大机制具有内在关联性，相辅相成，协同作用，共同构成推进生态城镇化建设的长效机制。这三大机制的作用原理是：通过设计生态城镇化决策机制，科学地确定生态城镇化的建设战略；通过构建生态城镇化运行制度体系，保障生态城镇化的运行；通过生态城镇化的监督机制，对城镇化的全过程进行监督，保证生态城镇化的长效推进。

生态城镇化决策机制的重点是顶层设计，具有前瞻性、战略性的顶层设计可以保障决策的科学化。顶层设计要贯彻以人为本、生态伦理、精明增长、低碳绿色发展的基本理念，遵循战略性、关联性和可操作性原则，在顶层设计中要突出特色功能定位，不同区域的城镇化建设模式不要千篇一律，也不要“一刀切”，要体现差异化、特色化、个性化。生态城镇化的运行机制，核心是制定生态城镇化建设的制度体系。而运行机制的制度体系构建，主要依托生态城镇化相关制度规则的设计与实施。一套完善的生态城镇化制度体系应该包括资源环境保护制度、经济产业制度和社会保障制度这三大制度范式，通过这三大制度范式的综合规制，涵盖生态城镇化建设的各个方面，从而使生态城镇化保持良好的运行态势，保障生态城镇化长期有效推进。构建生态城镇化监督机制，是对推进生态城镇化建设中的决策、运行过程进行全程监督。构建生态城镇化监督机制，主要在于设计和建立激励约束机制。通过建立和完善生态城镇化考评体系、多方合作机制、公众监督机制、责任追究机制和社会问责机制，来解决约束力问题。其中，完善的考核评价体系是生态城镇化监督机制的主体，在监督机制设计中要强调考评体系的严谨性、合理性。

二、长效机制发挥作用的应用性

本书从决策机制、运行机制、监督机制三方面，构建了生态城镇化的长效机制，并提出了使长效机制发挥作用的应用性对策建议：

1. 增强决策机制的科学性

建全生态资源和自然资源监管体制，由一个部门统一行使国土空间的用途管制职责；探索编制自然生态资源资产负债表，测度城镇化生态承载力，建立生态环境承载能力监测预警机制，对资源消耗和环境容量超过或接近承载能力的地区，实行预警提醒和限制性措施。

健全生态城镇化决策流程管理机制，实现流程可控。建立健全专家咨询论证与公众参与机制，实现科学决策并体现社会最大公约数。建立生态城镇化决策顾问委员会、决策专家咨询委员会，保障公众参与机制。建立生态城镇化决策部门协调机制，建立部门联席会议机制，协调各部门的工作进度和对外统一发布。

建立生态城镇化决策责任档案制度，实现决策追责有据。生态城镇化决策责任档案是指详细记录决策环节，对决策会议参与人、参与人意见等记录备案，签名确认、归档入案，实现追责有据，作为日后查询和追责的依据。

2. 保障运行机制的规范性

保障市场运行机制有效发挥。培育市场主体，组建或改组设立国有资本投资运营公司，推动国有资本加大对环境治理和生态保护等方面的投入。支持生态环境保护领域国有企业实行混合所有制改革。实施行业准入，采用许可证的形式，对企业行业进入管制。推行碳排放权交易、排污权交易制度。建立全国碳排放权交易市场，制定全国碳排放权交易总量设定与配额分配方案。在重点流域和大气污染重点区域，合理推进跨行政区排污权交易。

保障资源有偿使用和生态补偿的规范运行。健全资源有偿使用，加快自然资源产品价格改革，将生态环境损害等纳入资源产品价格形成机制。推进农业水价综合改革，全面实行非居民用水超计划、超定额累进加价制度；全面推行城镇居民用水阶梯价格制度，阶梯设置应不少于三级，阶梯水价按不低于1∶1.5∶3的比例安排。探索建立多元化生态补偿机制，逐步增加对重点生态功能区转移支付，完善生态保护成效与资金分配挂钩的激励约束机制。制定横向生态补偿机制办法，以地方补偿为主，中央财政给予支持。

保障城市和农村土地资源的有序开发、流转。建立国土空间开发保护制度，完善主体功能区制度，健全国土空间用途管制制度，划定并严守生态红线。探索实行土地弹性出让年限以及长期租赁、先租后让、租让结合供应，降低工业用地比例。完善基本农田保护制度，划定永久基本农田红线，完善耕地占补平衡制度。建立农村产权流转交易市场，在尊重农民意愿前提下，进城落户农民可有偿退出“土地承包经营权、宅基地使用权、集体收益分配权”，不强制退出。

3. 完善监督机制的公开、有效性

健全生态城镇化建设信息公开制度。全面推进大气、水、土壤、排污单位、监管部门等环境信息公开，健全建设项目环境影响评价信息公开机制。政府生态城镇化重大决策前必须充分征集公众意见，保障公众依法、有序行使生态环境监督权。

完善生态城镇化绩效评价体系，建立第三方监督管理体系，并赋予第三方相应权限。制定生态城镇化建设目标评价考核办法，把资源消耗、环境损害、生态效益纳入城镇化及经济社会发展评价体系，要依据地区实情，城镇化开发的强度、开发的方式实行差别绩效考核。

完善责任追究制度。建立生态环境损害责任终身追究制。实行地方党委和政府领导成员生态文明建设一岗双责制。对领导干部在任及离任后出现重大生态环境损害并认定其需要承担责任的，实行终身追责。

总之，生态城镇化长效机制由决策机制、运行机制、监督机制三大机制构成，形成有机整体，只有三大机制共同作用，才能保证生态城镇化建设融入经济建设、政治建设、文化建设、社会建设、生态文明建设中，形成“五位一体”总布局来全方位推进城镇化进程，形成长效发展格局。

参考文献

［1］［美］阿瑟·奥沙利文著，周京奎译：《城市经济学（第六版）》，北京大学出版社2008年版。

［2］［美］埃莉诺·奥斯特罗姆：《公共资源的未来：超越市场失灵和政府管制》，中国人民大学出版社2015年版。

［3］［美］埃莉诺·奥斯特罗姆：《制度激励与可持续发展：基础设施政策透视》，上海三联出版社2000年版。

［4］［美］艾米丽·泰伦著，王学生、谭学者译：《新城市主义宪章》，电子工业出版社2016年版。

［5］包双叶：《论新型城镇化与生态文明建设的协同发展》，载于《求实》2014年第8期。

［6］蔡定剑：《公众参与：风险社会的制度建设》，法律出版社2009年版。

［7］蔡小波：《“精明增长”及其对我国城市化规划管理的启示》，载于《热带地理》2010年第1期。

［8］蔡云楠、刘琢义：《生态城市建设的环境绩效评估探索》，载于《南方建筑》2015年第1期。

［9］蔡长昆：《制度环境、制度绩效与公共服务市场化：一个分析框架》，载于《管理世界》2016年第4期。

［10］曹萍、龚勤林：《论中国特色城镇化道路及其推进机制》，载于《四川大学学报（哲学社会科学版）》2016年第6期。

［11］曹艳春：《论社会保障制度中贫困群体的稀缺心态及其破解——基于经济学、社会学和心理学跨学科的分析视角》，载于《浙江社会科学》2017年第5期。

［12］曾建平：《自然之思：西方生态伦理思想探究》，中国社会科学出版社2004年版。

[13] 曾湘泉、陈力闻、杨玉梅:《城镇化、产业结构与农村劳动力转移吸纳效率》，载于《中国人民大学学报》2013 年第 4 期。

[14] 曾小春、李娟:《城镇化建设中地方政府与当地企业的协调机制——基于陕西省的调研结果分析》，载于《社会科学研究》2013 年第 4 期。

[15] 柴锡贤:《田园城市理论的创新》，载于《城市规划汇刊》1998 年第 6 期。

[16] 陈纯槿、李实:《城镇劳动力市场结构变迁与收入不平等：1989 ~ 2009》，载于《管理世界》2013 年第 1 期。

[17] 陈海嵩:《“生态红线”制度体系建设的路线图》，载于《中国人口·资源与环境》2015 年第 9 期。

[18] 陈洪毅、穆久顺:《农村城镇化经济探讨》，载于《经济与社会发展》2006 年第 4 期。

[19] 陈婧:《政府公共决策支持信息系统的构建》，载于《情报资料工作》2012 年第 5 期。

[20] 陈军:《生态文明融入新型城镇化过程的实现形式和长效机制》，载于《经济研究参考》2014 年第 8 期。

[21] 陈恬恬、李芳凡、栾先骏:《统筹城乡发展建立健全适应流动性的我国社会保障体系研究》，载于《改革与战略》2017 年第 1 期。

[22] 陈晓春、蒋道国:《新型城镇化低碳发展的内涵与实现路径》，载于《学术论坛》2013 年第 4 期。

[23] 陈新厦:《可持续发展与人的发展》，人民出版社 2009 年版。

[24] 陈璇:《把握生态文明与城镇化建设的三大契合点——我国生态城镇化进程中的问题与对策研究》，载于《山东农业大学学报（社会科学版)》2014 年第 3 期。

[25] 陈志勇、陈思霞:《制度环境、地方政府投资冲动与财政预算软约束》，载于《经济研究》2014 年第 3 期。

[26] 程名望、史清华、潘烜:《劳动保护、工作福利、社会保障与农民工城镇就业》，载于《统计研究》2012 年第 10 期。

[27] 仇保兴:《深度城镇化——十三五期间增强我国经济活力和可持续发展能力的重要策略》，载于《中国名城》2016 年第 9 期。

［28］崔木花：《我国生态城镇化的考量及构建路径》，载于《经济论坛》2014 年第 2 期。

［29］［美］道格拉斯・C. 诺思：《制度、制度变迁与经济绩效》，格致出版社 1990 年版。

［30］［美］道格拉斯・C. 诺思：《理解经济变迁过程》，中国人民大学出版社 2005 年版。

［31］［美］道格拉斯・法尔著，黄靖、徐燊译：《可持续城镇化—城市设计结合自然》，中国建筑工业出版社 2012 年版。

［32］邓韬、张明斗：《新型城镇化的可持续发展及调控策略研究》，载于《宏观经济研究》2016 年第 2 期。

［33］邓佑文：《公众参与行政决策：必然、实然与应对》，载于《理论探讨》2011 年第 2 期。

［34］董战峰、郝春旭：《积极构建环境绩效评估与管理制度》，载于《社会观察》2015 年第 10 期。

［35］都阳、蔡昉、屈小博、程杰：《延续中国奇迹：从户籍制度改革中收获红利》，载于《经济研究》2014 年第 8 期。

［36］段龙龙、张健鑫、李杰：《从田园城市到精明增长：西方新城市主义思潮演化及批判》，载于《世界地理研究》2012 年第 2 期。

［37］方匡南、章紫艺：《社会保障对城乡家庭消费的影响研究》，载于《统计研究》2013 年第 3 期。

［38］［美］巴利・C. 菲尔德著，原毅军、程艳莹译：《环境经济学（第五版）》，东北财经大学出版社 2010 年版。

［39］丰雷、蒋妍、叶剑平：《诱致性制度变迁还是强制性制度变迁？——中国农村土地调整的制度演进及地区差异研究》，载于《经济研究》2013 年第 6 期。

［40］冯南平、杨善林：《循环经济系统的构建与“技术—产业—制度”生态化战略》，载于《科技进步与对策》2009 年第 1 期。

［41］高珮义：《中外城市化比较研究（增订版）》，南开大学出版社 2004 年版。

［42］葛察忠、李晓亮、李婕旦、杜艳春、王青：《建立中国最严格的环境

保护制度的思考》，载于《中国人口·资源与环境》2014 年第 5 期。

［43］耿波：《城市边界、地方城市与新型城镇化建设中的文化城市》，载于《天津社会科学》2015 年第 5 期。

［44］耿黎明：《新型城镇化引领中国未来发展》，载于《中国商界》2017 年第 3 期。

［45］顾爱华：《公共管理》，东北大学出版社 2002 年版。

［46］顾孟潮：《历史进程中的山水城市》，载于《城乡建设》2014 年第 11 期。

［47］顾钰民：《论生态文明制度建设》，载于《福建论坛（人文社会科学版）》2013 年第 6 期。

［48］关大卫：《产业升级背景下我国经济发展的制度创新》，载于《改革与战略》2017 年第 6 期。

［49］关海玲、孙玉军：《我国省域低碳生态城市发展水平综合评价》，载于《技术经济》2012 年第 7 期。

［50］郭爱军、王贻志、王汗栋：《2030 年的城市发展－全球趋势与战略规划》，世纪出版集团 2012 年版。

［51］韩波：《城市化失序、新市民与民事纠纷解决机制的便利化升级》，载于《中国政法大学学报》2016 年第 2 期。

［52］韩柯子、刘春：《新型城镇化下城市开发边界设定的思考》，载于《宏观经济管理》2014 年第 3 期。

［53］［美］郝尔曼·E. 戴利、乔舒亚·法利著、金志农、陈美球、蔡海生译：《生态经济学：原理和应用（第二版）》，中国人民大学出版社 2013 年版。

［54］何绍田：《制度创新推动中国珠三角新型城镇化研究》，武汉大学博士论文，2014 年。

［55］何天祥、廖杰：《城市生态文明综合评价指标体系的构建》，载于《经济地理》2011 年第 11 期。

［56］［加］怀特著，沈清基、吴斐琼译：《生态城市的规划与建设》，同济大学出版社 2009 年版。

［57］黄冬娅：《城市公共参与和社会问责——以广州市恩宁路改造为例》，载于《武汉大学学报（哲学社会科学版）》2013 年第 1 期。

［58］黄冬娅：《以公共参与推动社会问责——发展中国家的实践经验》，载于《政治学研究》2012 年第 6 期。

［59］黄胜、叶广宇、周劲波、靳田田、李玉米：《二元制度环境、制度能力对新兴经济体创业企业加速国际化的影响》，载于《南开管理评论》2015 年第 3 期。

［60］冀福俊、焦斌龙：《转型期中国经济增长产业结构效应的制度原因分析》，载于《经济问题探索》2014 年第 10 期。

［61］贾滨洋、曾九利、李玫、柏松：《"多规融合"下的城市开发边界与最小生态安全距离》，载于《环境工程》2015 年。

［62］贾玉娇：《社会保障制度：国家治理有效性提升的重要途径——基于欧洲的分析兼论对中国的启示》，载于《社会科学战线》2016 年第 5 期。

［63］解然：《绿色"一带一路"建设的机遇、挑战与对策》，载于《国际经济合作》2017 年第 4 期。

［64］解艳：《霍华德"田园城市"理论对中国城乡一体化的启示》，载于《上海党史与党建》2013 年第 12 期。

［65］靳卫东、王鹏帆、毛中根：《城镇居民医疗保险制度改革的文化消费效应研究》，载于《南开经济研究》2017 年第 2 期。

［66］［意］康帕内拉著，陈大维、黎思复、黎廷弼译：《太阳城》，商务印书馆 1980 年版。

［67］老子著，徐澍、刘浩注译：《道德经》，安徽人民出版社 1990 年版。

［68］［美］蕾切·尔卡逊著，吕瑞兰译：《寂静的春天》，科学出版社 1979 年版。

［69］李海龙、于立：《中国生态城市评价指标体系构建研究》，载于《城市发展研究》2011 年第 7 期。

［70］李佳佳、罗能生：《制度安排对中国环境库兹涅茨曲线的影响研究》，载于《管理学报》2017 年第 1 期。

［71］李剑荣：《多路径推进低碳绿色新型城镇化发展研究》，载于《东北师大学报》2016 年第 2 期。

［72］李玲、陶锋：《中国制造业最优环境规制强度的选择——基于绿色全要素生产率的视角》，载于《中国工业经济》2012 年第 5 期。

［73］李鹭：《推动特色城镇发展的文化路径探析》，载于《四川行政学院

学报》2016年第3期。

［74］李胜兰、初善冰、申晨：《地方政府竞争、环境规制与区域生态效率》，载于《世界经济》2014年第4期。

［75］李万峰：《卫星城理论的产生、演变及对我国新型城镇化的启示》，载于《经济研究参考》2014年第41期。

［76］李文钊、蔡长昆：《政治制度结构、社会资本与公共治理制度选择》，载于《管理世界》2012年第8期。

［77］李晓燕：《以长效联动的实施机制建设城镇生态文明》，载于《农村经济》2013年第9期。

［78］李子联：《人口城镇化滞后于土地城镇化之谜—来自中国省际面板数据的解释》，载于《中国人口·资源与环境》2013年第11期。

［79］［美］理查德·瑞吉斯特著，王如松等译：《生态城市——建设与自然平衡的人居环境》，社会科学文献出版社2002年版。

［80］林闽钢：《中国社会保障制度优化路径的选择》，载于《中国行政管理》2014年第7期。

［81］刘传江、赵晓梦：《新型城镇化背景下环境污染的博弈分析》，载于《经济问题》2014年第7期。

［82］刘钦普：《国内构建低碳城市评价指标体系的思考》，载于《中国人口·资源与环境》2013年11期。

［83］刘少华、夏悦瑶：《新型城镇化背景下低碳经济的发展之路》，载于《湖南师范大学社会科学学报》2012年第3期。

［84］刘亭：《城市要坚持特色化发展》，载于《浙江经济》2016年第12期。

［85］刘婷：《环境伦理视角下的新型城镇化的生态文明建设》，载于《科教文汇》2015年第10期。

［86］刘伟红：《生态城镇建设中市场介入环境治理的路径分析》，载于《东岳论丛》2015年第1期。

［87］刘卫平：《以金融创新推动生态城镇化建设》，载于《环境保护》2014年第4期。

［88］刘文革、孙瑾：《中国特色经济发展模式的逻辑演化与多元特征》，载

于《经济社会体制比较》2016 年第 4 期。

［89］刘一博：《循环经济与产业集群关系的理论与实证分析》，载于《北方经贸》2013 年第 11 期。

［90］［美］刘易斯·芒福德：《城市发展史：起源、演变和前景》，中国建筑出版社 2005 年版。

［91］刘郁、陈钊：《中国的环境规制：政策及其成效》，载于《经济社会体制比较》2016 年第 1 期。

［92］楼继伟：《建立现代财政制度》，载于《人民日报》2013 年 12 月 16 日。

［93］卢洪友、许文立：《中国生态文明建设的“政府—市场—社会”机制探析》，载于《财政研究》2015 年第 11 期。

［94］［法］卢梭：《社会契约论》，商务印书馆 2015 年版。

［95］卢伟、王丽：《绿色、循环、低碳的新型城镇化发展研究》，载于《中国经贸导刊》2013 年第 4 期。

［96］［英］罗纳德·哈里·科斯：《社会成本问题》，载于《法律与经济学杂志》1960 年第 10 期。

［97］罗能生、李佳佳、罗富政：《中国城镇化进程与区域生态效率关系的实证研究》，载于《中国人口·资源与环境》2013 年第 11 期。

［98］马道明：《城市的理性—生态城市调控》，东南大学出版社 2008 年版。

［99］马骁：《城市生态文明建设知识读本》，红旗出版社 2012 年版。

［100］［美］马修·凯恩、郑思齐：《中国绿色城市的崛起》，中信出版社 2016 年版。

［101］［美］马修·凯恩著，孟凡玲译：《绿色城市》，中信出版社 2008 年版。

［102］孟健军：《城镇化过程中的环境政策实践：日本的经验教训》，商务印书馆 2014 年版。

［103］墨子著，李小龙译：《墨子》，中华书局 1978 年版。

［104］聂英芝、梁俊卿：《探析生态文明建设与城镇化发展融合的制约因素》，载于《中国人口·资源与环境》2014 年第 12 期。

［105］［美］诺克斯、麦肯锡著，姜付仁等译：《城市化：城市地理学导论（第三版）》，电子工业出版社 2016 年版。

[106] 欧阳志云、郑华、岳平:《建立我国生态补偿机制的思路与措施》,载于《生态学报》2013 年第 3 期。

[107] [美] 帕克:《城市社会学——芝加哥学派城市研究》,商务印书馆 2012 年版。

[108] [英] 帕特里克格迪斯:《进化中的城市:城市规划与城市研究导论》,中国建筑工业出版社 2012 年版。

[109] 潘家华:《生态文明的新型城镇化关键在科学规划》,载于《环境保护》2014 年第 7 期。

[110] 裴玮、邓玲:《新型城镇化与生态文明建设协同推进的机理与实现路径》,载于《西北民族大学学报(哲学社会科学版)》2017 年第 1 期。

[111] [英] 佩珀著,刘颖译:《生态社会主义:从深生态学到社会正义(第二版)》,山东大学出版社 2012 年版。

[112] 彭琴:《生态文明视角下我国新型城镇化建设的路径分析》,载于《经营管理者》2017 年第 8 期。

[113] 彭星、李斌:《不同类型环境规制下中国工业绿色转型问题研究》,载于《财经研究》2016 年第 7 期。

[114] 齐骥:《新型城镇化背景下文化发展的维度与路径》,载于《城市发展研究》2014 年第 3 期。

[115] 钱学森:《社会主义中国应该建设山水城市》,载于《城市问题》1993 年第 3 期。

[116] 钱易:《城镇化与生态文明建设》,载于《中国环境管理》2016 年第 2 期。

[117] 钱玉英、钱振明:《制度建设与政府决策机制优化:基于中国地方经验的分析》,载于《政治学研究》2012 年第 2 期。

[118] 任保平、周志龙:《新常态下以工业化逻辑开发中国经济增长的潜力》,载于《社会科学研究》2015 年第 2 期。

[119] 邵光学:《新型城镇化背景下生态文明建设探析》,载于《宁夏社会科学》2014 年第 9 期。

[120] 邵红伟:《如何实现效率与公平的统一——推进保障机会平等的制度公平》,载于《经济学家》,2017 年第 1 期。

［121］申晨、贾妮莎、李炫榆：《环境规制与工业绿色全要素生产率——基于命令—控制型与市场激励型规制工具的实证分析》，载于《研究与发展管理》2017年第2期。

［122］沈满洪、谢慧明、余冬筠：《生态文明建设：从概念到行动》，中国环境出版社2014年版。

［123］沈清基：《论基于生态文明的新型城镇化》，载于《城市规划学刊》2013年第1期。

［124］石峰：《我国低碳经济的发展及政策研究》，载于《宏观经济管理》2016年第2期。

［125］宋永昌、由文辉、王祥荣：《城市生态学》，华东师范大学出版社2000年版。

［126］孙黄平、黄震方等：《泛长三角城市群城镇化与生态环境耦合的空间特征与驱动机制》，载于《经济地理》2017年第2期。

［127］孙久文：《城市经济学》，中国人民大学出版社2016年版。

［128］孙晓雷、何溪：《新常态下高效生态经济发展方式的实证研究》，载于《数量经济技术经济研究》2015年第7期。

［129］唐忠义、顾杰、张英：《我国公共服务监督机制问题的调查与分析》，载于《中国行政管理》2013年第1期。

［130］田文：《新常态下我国经济增长与产业升级的融合发展路径》，载于《改革与战略》2017年第2期。

［131］田志龙：《欠发达地区财政支持城镇化建设的个案研究》，载于《经济纵横》2016年第12期。

［132］［英］托马斯·莫尔著，戴镏龄译：《乌托邦》，商务印书馆1959年版。

［133］万军、于雷等：《城市生态保护红线划定方法与实践》，载于《环境保护科学》2015年第1期。

［134］万晓琼：《生态城镇化：可持续发展的城镇化道路》，载于《区域经济评论》2014年第9期。

［135］王蓓、于海、王燕、李志勇：《新型生态化城镇路在何方?》，载于《环境经济》2013年第5期。

［136］王春光：《论城乡经济发展机会的一体化》，载于《中共中央党校学

报》2016 年第 1 期。

[137] 王格芳:《科学发展对中国新型城镇化的内在要求》，载于《理论学刊》2013 年版。

[138] 王开泳、李苑溪、丁俊、陈好凡:《全面放开二孩政策背景下人口增长对资源环境的影响和需求分析》，载于《中国人口·资源与环境》2017 年第 2 期。

[139] 王梦奎、冯冰、谢伏瞻:《中国特色城镇化道路》，中国发展出版社 2004 年版。

[140] 王冉冉:《“创新驱动发展战略”下制度供给促进技术创新的作用机理分析——以美国电影产业为例》，载于《学术论坛》2015 年第 11 期。

[141] 王伟玲、肖拥军等:《打破发展困境：智慧城市建设运营模式研究》，载于《改革与战略》2015 年第 2 期。

[142] 王小明:《区域传统优势产业与战略性新兴产业协同融合发展研究》，载于《经济体制改革》2016 年第 4 期。

[143] 王延中、龙玉其:《社会保障与收入分配：问题、经验与完善机制》，载于《学术研究》2013 年第 4 期。

[144] 王艳成:《论新型城镇化进程中生态文明建设机制》，载于《求实》2016 年第 8 期。

[145] 王阳:《居住证制度地方实施现状研究——对上海、成都、郑州三市的考察与思考》，载于《人口研究》2014 年第 3 期。

[146] 王振忠:《中国的城镇化道路》，社会科学文献出版社 2012 年版。

[147] 蔚超:《优化与平衡：完善我国公众监督机制的路径研究》，载于《安徽行政学院学报》2015 年第 1 期。

[148] 魏澄荣:《推进新型城镇化与生态文明融合发展》，载于《城乡建设》2015 年第 31 期。

[149] 魏后凯:《中国城镇化新问题新趋势调查》，载于《党政干部参考》2016 年第 17 期。

[150] 温家成:《新型城镇化进程中的公共资源合理配置问题研究》，载于《甘肃理论学刊》2014 年第 6 期。

[151] 温铁军、谢欣、高俊、董筱丹:《地方政府制度创新与产业转型升

级——苏州工业园区结构升级案例研究》，载于《学术研究》2016 年第 2 期。

［152］文吉：《把脉开方：绿色城镇化的节能建设路径》，载于《中国建筑报》2015 年 10 月 26 日。

［153］吴立明：《公共政策分析》，厦门大学出版社 2006 年版。

［154］向春玲等著：《城镇化进程中的热点难点前沿问题》，中共中央党校出版社，2014 年版。

［155］肖严华：《劳动力市场、社会保障制度的多重分割与中国的人口流动》，载于《学术月刊》2016 年第 11 期。

［156］肖瑛：《从“国家与社会”到“制度与生活”：中国社会变迁研究的视角转换》，载于《中国社会科学》2014 年第 9 期。

［157］辛桂香、王娅：《生态文明城市建设领域中的法律监督机制研究》，载于《人民论坛》2016 年第 4 期。

［158］熊勇清、杨评防、白云：《生态文明视阈新型城镇化建设的分析评价》，载于《中国科技论坛》2015 年第 12 期。

［159］徐传谌、王鹏、崔悦、齐文浩：《城镇化水平、产业结构与经济增长——基于中国 2000 ~ 2015 年数据的实证研究》，载于《经济问题》2017 年第 6 期。

［160］徐强、张开云、李倩：《我国社会保障制度的建设绩效评价——基于全国四个省份 1600 余份问卷的实证研究》，载于《经济管理》2015 年第 8 期。

［161］徐双明：《基于产权分离的生态产权制度优化研究》，载于《财经研究》2017 年第 1 期。

［162］徐晓亮、程倩、车莹：《中国区域“资源诅咒”再检验——基于空间动态面板数据模型的分析》，载于《中国经济问题》2017 年第 3 期。

［163］许耀桐：《改革和完善政府决策机制研究》，载于《理论探讨》2008 年第 3 期。

［164］薛莲、庞昌伟：《践行依法治国方略：推进生态文明建设的重要保障》，载于《学术交流》2015 年第 10 期。

［165］薛文碧、杨茂盛：《生态文明城镇化评价指标体系构建及应用》，载于《西安科技大学学报》2015 年第 4 期。

［166］［苏］亚尼茨基著，夏博铭译：《社会主义都市化的人的因素》，载

于《现代外国哲学社会科学文摘》1987 年第 10 期。

[167] 杨宜勇、张强、梅冬梅:《制度分割视阈下的中国社会保障制度与社会分层——基于 CLDS (2014) 数据》,载于《宏观经济研究》2017 年第 2 期。

[168] 杨宜勇、张强:《我国社会保障制度反贫效应研究——基于全国省际面板数据的分析》,载于《经济学动态》2016 年第 6 期。

[169] 余谋昌:《生态伦理学——从理论走向实践》,首都师范大学出版社 1999 年版。

[170] 张成、陆旸、郭路、于同申:《环境规制强度和生产技术进步》,载于《经济研究》2011 年第 2 期。

[171] 张康之:《寻找公共行政的伦理视角》,中国人民大学出版社 2002 年版。

[172] 张可云、杨孟禹:《城市空间错配问题研究进展》,载于《经济学动态》2015 年第 12 期。

[173] 张怡恬:《探寻"社会保障之谜":社会保障与经济发展关系辨析》,载于《南京社会科学》2017 年第 4 期。

[174] 张载:《张载集》,中华书局 1978 年版。

[175] 赵曦、赵朋飞:《现代农业支撑下西部农村小城镇建设机制设计》,载于《经济与管理研究》2015 年第 7 期。

[176] 赵晔琴、梁翠玲:《融入与区隔:农民工的住房消费与阶层认同——基于 CGSS 2010 的数据分析》,载于《人口与发展》2014 年第 2 期。

[177] 赵永平、徐盈之:《新型城镇化、制度变迁与居民消费增长》,载于《江西财经大学学报》2015 年第 11 期。

[178] 郑功成:《中国社会保障改革:机遇、挑战与取向》,载于《国家行政学院学报》2014 年第 6 期。

[179] 郑沃林、袁嘉蔚、郑荣宝:《经济快速发展地区的城镇化发展综合机制研究——以广东省为实证分析》,载于《南方农村》2015 年第 5 期。

[180] 中国城市科学研究会编:《中国低碳生态城市发展战略》,中国城市出版社 2009 年版。

[181] 中国电信智慧城市研究组:《智慧城市之路:科学治理与城市个性》,电子工业出版社 2011 年版。

［182］周毅、邱本：《论自然资源环境法的学科意义》，载于《学术论坛》2017 年第 1 期。

［183］朱鹏华、刘学侠：《新型城镇化：基础、问题与路径》，载于《中共中央党校学报》2017 年第 2 期。

［184］诸大建：《生态文明与绿色发展》，上海人民出版社 2008 年版。

［185］综合开发研究院：《新城市主义的中国之路》，中国建筑工业出版社 2003 年版。

［186］郑永兰等：《从互斥到共生：新型城镇化背景下农民工与城市关系重构》，载于《中州学刊》2019 年第 10 期。

［187］Alan L. Gustman，Thomas L. Steinmeier. Effects of Social Security Policies on Benefit Claiming，Retirement and Saving［J］. Journal of Public Economics，Vol. 129（Sept 2015），pp. 51－62.

［188］Ali Hasanbeigi，Greg Harrell，Bettina Schreck et al.. Moving Beyond Equipment and to Systems Optimization：Techno-economic Analysis of Energy Efficiency Potentials in Industrial Steam Systems in China［J］. Journal of Cleaner Production，Vol. 3（2016），P. 23.

［189］Andrew Flynn. Eco-cities，Governance and Sustainable Lifestyles：The Case of the Sino-Singapore Tianjin Eco-City［J］，2015，P. 4.

［190］Angelo，Hillary，Wachsmuth，David. Urbanizing Urban Political Ecology：A Critique of Methodological Cityism［J］. International Journal of Urban and Regional Research，Vol. 39（Jan 2015）.

［191］Anne Carroll，Hope Corman，Marah A. Curtis，Kelly Noonan，Nancy E. Reichman. Housing Instability and Children's Health Insurance Gaps，Academic Pediatrics，In press，corrected proof［Z］. Available online 21（Feb. 2017）.

［192］Antoine Dedry，Harun Onder：Ierre Pestieau. Aging，Social Security Design，and Capital Accumulation［J］. The Journal of the Economics of Ageing，available online，17（Nov 2016）. http：//dx. doi. org/10. 1016/j. jeoa. 2016. 10. 003.

［193］Azmat Gani，Frank Scrimgeour. Modeling Governance and Water Pollution Using the Institutional Ecological Economic Framework［J］. Economic Modelling，Vol. 42（Oct 2014），pp. 363－372.

[194] BethGazley. Beyond the Contract: The Scope and Nature of Informal Government-Nonprofit Partnerships: Public Administration Review [J]. Vol. 68 (2008).

[195] Caitlin C. Corrigan. Breaking the Resource Curse: Transparency in The Natural Resource Sector and The Extractive Industries Transparency Initiative [J]. Resources Policy, Vol. 3 (2013).

[196] Dirk Krueger, Alexander Ludwig, On The Optimal Provision of Social Insurance: Progressive Taxation versus Education Subsidies in General Equilibrium [J]. Journal of Monetary Economics, Vol. 77 (Feb. 2016), pp. 72–98.

[197] Downsz, Anthony. Smart Growth, Journal of the American Planning Association, Vol. 71 (2015), pp. 33–37.

[198] Edward L. Glaesera, Matthew E. Kahnb. The Greenness of Cities: Carbon Dioxide Emission and Urbon Development [J]. Journal of Urban Economics, 2010, pp. 9–31.

[199] Edwards Mary M. Haines Anna. Evaluating Smart Growth: Implications for Small Communities [J]. Journal of Planning Education and Research, Vol. 27 (2007), pp. 49–64.

[200] Ephraim K. Munshifwa, Manya M. Mooya. Institutions, Organizations and The Urban Built Environment: Facilitative Interaction as a Developmental Mechanism in Extra-legal Settlements in Zambia [J]. Land Use Policy, Vol. 57 (Nov. 2016), pp. 479–488.

[201] Evangelia Apostolopoulou, William M. Adams. Cutting Nature to Fit: Urbanization, Neoliberalism and Biodiversity Offsetting in England, Geoforum, In press, corrected proof [Z]. Available online 10 (Jun 2017).

[202] Ezdini Sihem. Economic and Socio-cultural Determinants of Agricultural Insurance Demand Across Countries, Journal of the Saudi Society of Agricultural Sciences, In press, corrected proof [Z]. Available online 4 May 2017.

[203] Farzana Afridi, Sherry Xin Li, Yufei Ren. Social Identity and Inequality: The Impact of China's Hukou System [J]. Journal of Public Economics, Vol. 123 (Mar 2015), pp. 17–29.

[204] G Anne Marieoetz, Rob Jenkins, Hybrid Forms of Accountability: Citi-

zen Engagement in Institutions of Public-Sector Oversight in India: Public [J]. Management Review, Vol. 3 (2001), pp. 363 - 383.

[205] Gerda J. Kits. Good for the Economy? An Ecological Economics Approach to Analyzing Alberta's Bitumen Industry [J]. Ecological Economics, Vol. 4 (2017), pp. 139.

[206] Giuseppe Feola. AdaptiveIinstitutions? Peasant Institutions and Natural Models Facing Climatic and Economic Changes in The Colombian Andes [J]. Journal of Rural Studies, Vol. 49 (Jan 2017), pp. 117 - 127.

[207] Hossein Mirshojaeian Hosseini, Shinji Kaneko, Can Environmental Quality Spread Through Institutions? [J]. Energy Policy, Vol. 56 (May 2013), pp. 312 - 321.

[208] Johanna Rickne, Labor Market Conditions and Social Insurance in China [J]. China Economic Review, Vol. 27 (Dec 2013), pp. 52 - 68.

[209] John R. Harris and Michael P. Todaro, Migration Unemployment and Development: A Two-Sector Analysis [J]. American Economic Review, Vol. 6 (1976), P. 126.

[210] Julie Battilana, The Enabling Role of Social Position in Diverging from the Institutional Status Quo: Evidence from the UK National Health Service [J]. Organization Science, Vol. 4 (2011), P. 57.

[211] Jun Qiang Miao, Analysis of the Application of New Energy when Constructing a Low-Carbon Eco-Cit [J]. Advanced Materials Research, Vol. 10 (2012), pp. 374 - 377.

[212] Kayleigh Barnes, Arnab Mukherji: Atrick Mullen, Neeraj Sood. Financial Risk Protection From Social Health Insurance [J]. Journal of Health Economics, In press, corrected proof, Available online 7 June 2017.

[213] Lim, Chaeyoon, Social Networks and Political Participation: How Do Networks Matter? [J]. Social Forces, Vol. 87 (2008), pp. 961 - 982.

[214] Losser Tom, Still-City Crisis: Fujisawa Eco-city, Energy, and The Urban Architecture of Crisis [J]. Boundary, Vol. 3 (2015), P. 10.

[215] Maria Ioncică, Eva-Cristina Petrescu, Diana Ioncică, Mihaela Constantinescu, The Role of Education on Consumer Behavior on The Insurance Market [J].

Procedia – Social and Behavioral Sciences, Vol. 46 (2012), pp. 4154 – 4158.

[216] Maria Stavropoulou, Rebecca Holmes, Nicola Jones, Harnessing Informal Institutions to Strengthen Social Protection for The Rural Poor [J]. Global Food Security, Vol. 12 (Mar 2017), pp. 73 – 79.

[217] Mehdi Abid, Does Economic, Financial and Institutional Developments Matter for Environmental Quality? A Comparative Analysis of EU and MEA Countries [J]. Journal of Environmental Management, Vol. 188 (Mar 2017), pp. 183 – 194.

[218] Michael A. McNeil, Wei Feng, Stephane de la Rue du Can et al., Energy Efficiency Outlook in China's Urban Buildings Sector Through 2030 [J]. Energy Policy, Vol. 7 (2016), P. 33.

[219] Palamalai, Srinivasan, Tourism Expansion, Urbanization and Economic Growth in India: An Empirical Analysis [J]. IUP Journal of Business Strategy, Vol. 13, Issue 4 (Dec 2016).

[220] Scott, Allen J, Urbanization, Work and Community: The Logic of City Life in the Contemporary World, Quality Innovation Prosperity / Kvalita Inovácia Prosperita [J]. 2017 Special Issue, Vol. 21, Iss. 1.

[221] Stefan Gössling, Daniel Metzler, Germany's Climate Policy: Facing an Automobile Dilemma [J]. Energy Policy, Vol. 3 (2017), P. 105.

[222] World Bank. Social Accountability: An Introduction to the Concept and Emerging Practice [J]. Social Development Paper, No. 76 (2004).

后 记

研究生态城镇化的规范性、长效性、连续性旨在将生态文明的理念和原则落实到城镇化的全过程中去，处理好人与人、人与自然、人与经济和社会的关系，使城市建设体现自然美，使城市再现青山绿水、宜人和谐，为推动绿色发展，尽绵薄之力。

在本书的写作过程中，我指导的博士生和研究生付出了辛勤的劳动，在此非常感谢他们所做的前期工作。具体如下：郑涵茜、张庄雅（第一篇、第二篇、第四篇），李丹青（第三篇），陶静（第五篇），吕衍超（第六篇），方永丽（第七篇）。

本书在写作过程中，得到了中国生态文明可持续发展研究中心、中国生态经济教育专业委员会刘思华教授的悉心指导，在此一并感谢！

本书能够付梓出版，还要感谢经济科学出版社的编辑们，正是他们的辛勤工作，使最初的思考转换成这一最终成果。

生态城镇化是将生态文明建设融入经济建设、政治建设、文化建设、社会建设中，形成“五位一体”总布局来全方位推进城镇化进程，是城镇化道路的新探索，在理论和实践中还有待进一步完善。鉴于作者能力所限，疏漏和错误之处敬请批评指正！

胡雪萍

于中南财经政法大学南湖之畔